光盘界面

视频欣赏

案例欣赏

素材下载

视频文件

1.avi 2.avi 3.avi 4.avi 5.avi 6.avi 7.avi 8.avi 9.avi

10.avi 11.avi 12.avi

制作动态图标

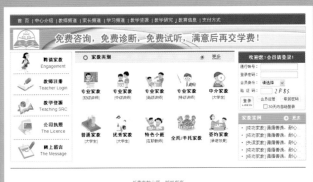

制作个人网站动态 Logo

制作独立按钮的制作

制作商业网站导航图标

制作静态 Logo

制作网站 Logo

制作茶叶网页

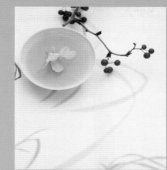

ASA 美食网页

制作休闲类网站

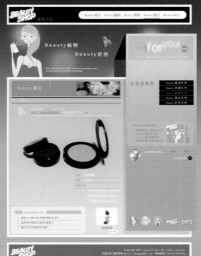

制作糖果字效

制作金属字效

制作射线字效

制作钻石字效

制作珠宝字效

制作静态全屏广告

制作摄影网动态 Banner

制作饮食类网站

首页　　饮食文化　　特色佳肴　　企业介绍　　网上订餐

人生百味 尽在江南美味

江南介绍　▶ MORE

　　江南，字面上的含义为江的南面。但作为一个典型的历史地理概念，江南本意指长江以南的地区。在古代，江南往往代表着繁荣发达的文化教育和美丽富庶的水乡，区域大致划分为长江中下游南岸的地区。

名菜品鉴

蟹粉狮子头

做法与配料都跟传统的狮子头有所不同，味道鲜美且不腻，烹制好的狮子头口感非常好，鲜香滑嫩，入口即化。

了解更多

响油鳝糊　▶ MORE

是一道上海名菜，我们的原料来自武汉野生的小黄鳝，规格大小都有一定的标准，营养价值极高，而且有南方烹饪大师亲自烹制，味道正宗，口味鲜美

了解更多

7×24小时联系电话

010-12345678
010-87654321

点此开始网上订餐　▶

Kappa产品

服装　　　鞋类　　　配饰

Kappa女子

Kappa男子

情侣装

Kappa专卖店

主题活动

Kappa介绍　（1969年－2009年）

1969年，一对男女模特在工作间隙坐下来休息，摄影师无意中捕捉到了这个画面，由此诞生了这个享誉世界的品牌LOGO。这个充满浪色彩的任务标记一直沿用至今，到2009年已经走过了整整40个年头，成为风靡世界的视觉符号。Kappa是希腊文字幕第10字，Kappa的LOGO发音时Omini(双子)。1999年2月9日，Kappa获得了顶尖……

运动　时尚　性感　品味

关于Kappa

Kappa定位

创意+

DVD
超值多媒体光盘
16段本书实例视频
50个Photoshop实例素材文件

全彩印刷

Photoshop CS5

网页设计与配色实战攻略

方宁　王英华　等编著

清华大学出版社

北　京

内 容 简 介

Photoshop是当前最流行的图形图像处理软件之一,广泛应用于广告、平面设计及网页制作等领域。本书详细介绍网页设计理论、网站的布局结构等知识,涵盖网页设计人员应该掌握的所有知识和操作技法。本书的内容包括网页设计中色彩的应用、版面的设计、文字特效、按钮的制作及应用;如何使用Photoshop制作网页动画如Banner、导航条和网络广告;网页其他组成部分的设计和制作、优化Web页和网页界面特效实例等。

本书既适合研究网页美工的网页设计师,又适合网页制作初学者学习使用,是一本美术院校网页美工与设计制作的推荐教材,适用于网页设计师、网站编辑和美工、平面设计从业者、在校师生、社会培训班以及网页设计爱好者。

图书在版编目(CIP)数据

创意⁺:Photoshop CS5网页设计与配色实战攻略/方宁等编著.— 北京:清华大学出版社,2013.1
(2020.3重印)
ISBN 978-7-302-29356-9

Ⅰ.①创… Ⅱ.①方… Ⅲ.①网页制作工具 Ⅳ.①TP393.092

中国版本图书馆CIP数据核字(2012)第156942号

责任编辑:夏兆彦
封面设计:柳晓春
责任校对:徐俊伟
责任印制:刘祎淼

出版发行:清华大学出版社
　　　　网　　　址:http://www.tup.com.cn,http://www.wqbook.com
　　　　地　　　址:北京清华大学学研大厦 A 座　　　　邮　　编:100084
　　　　社 总 机:010-62770175　　　　　　　　　　邮　　购:010-62786544
　　　　投稿与读者服务:010-62776969,c-service@tup.tsinghua.edu.cn
　　　　质 量 反 馈:010-62772015,zhiliang@tup.tsinghua.edu.cn
印 装 者:北京鑫丰华彩印有限公司
经　　销:全国新华书店
开　　本:190mm×260mm　印　张:18.25　插　页:4　字　数:506 千字
　　　　附光盘 1 张
版　　次:2013 年 1 月第 1 版　　　　　　　印　　次:2020 年 3 月第 10 次印刷
定　　价:59.80 元

产品编号:047814-01

前言 Preface

Photoshop CS5被业界公认为是图形图像处理专家，也是全球性的专业图像编辑行业标准。该软件在网页前期设计中，无论是色彩的应用、版面的设计、文字特效、按钮的制作，还是网页动画如Banner、导航条和网络广告的制作，均占有重要地位。而本书在提供大量的网页设计实例的同时，还介绍如何使用Photoshop CS5设计与制作各种网页图像效果。

1. 本书主要内容

全书共分为16章，内容概括如下。

第1章简要介绍网页设计的相关知识，以及在设计网页之前所要了解的网页制作流程。

第2、3章则根据网页设计所用到的关于Web的专业知识，讲解Photoshop的部分功能，使读者在制作网页图像之前熟练掌握Photoshop的制图功能。

第4章介绍网页中装饰效果最为强烈的Banner设计方法，包括静态Banner与动画Banner。

第5、6章分别从文字与图像方面，讲解网页中LOGO以及图标的制作方法，并且根据制作过程中所遇到的难点进行详细地介绍。

第7章详细介绍网站建立的附加元素——各种类型、各种方式的网络广告的制作方法。

第8章介绍色彩以及网页色彩的基本知识，这样为读者浏览网站、设计网站打下一个良好的基础。

第9章不仅介绍基本的网站制作技术，还讲解网站的风格、配色等设计艺术。其中，色彩在网站设计中占据相当重要的地位。

第10章介绍如何有计划性地进行色彩布局和色彩组合，以突出的色彩设计来形成网站的风格。

第11～16章分别从企业、艺术、餐饮、休闲、旅游以及购物等领域，介绍整体网页界面的设计要点与过程，使读者能够独立地完成网站界面的设计与制作。

2. 本书特色

本书是一本全彩印刷的Photoshop网页制作图书，其版式具有杂志版面风格，富有时代气息。

● **全面系统 专业品质** 本书全面介绍如何使用Photoshop CS5设计与制作网站网页图像，书中实例经典、创意独特、效果精美，并且搭配Photoshop专业知识以及网页色彩搭配知识。

● **版式美观 图文并茂** 本书采用全彩印刷，版式风格活泼、紧凑美观；图解和图注内容丰富，抓图清晰考究。

● **虚实结合 超值实用** 知识点根据实际应用安排，重点和难点突出，对于主要理论和技术的剖析具有足够的深度和广度。在相同的内容下，篇幅缩减了30%，实例数量增加了50%。

● **书盘结合 相得益彰** 多媒体光盘提供了本书实例完整的素材文件和全程配音教学视频文件，便于读者自学和跟踪练习本书内容。

前　言

3. 随书光盘内容

为了帮助读者更好地学习和使用本书，本书专门配带了多媒体学习光盘，光盘提供了本书实例源文件、最终效果图和全程配音的教学视频文件。本光盘使用之前，首先需要安装光盘中提供的tscc插件才能运行视频文件。这3个文件夹的具体内容如下。

- example文件夹提供了本书主要实例的全程配音教学视频文件。
- downloads文件夹提供了本书实例素材文件。
- image文件夹提供了本书主要实例的最终效果图。

4. 读者对象

本书凝结了作者使用Photoshop进行网页设计和制作的切身感受，既适合研究网页美工的网页设计师，又适合网页制作初学者学习，是一本美术院校网页美工与设计制作的推荐教材，适用于网页设计师、网站编辑和美工、平面设计从业者、在校师生、社会培训班以及网页设计爱好者。

除了封面署名人员之外，参与本书编写的人员还有李乃文、孙岩、马海军、张仕禹、夏小军、赵振江、李振山、李文采、吴越胜、李海庆、何永国、李海峰、陶丽、吴俊海、安征、张巍屹、崔群法、王咏梅、康显丽、辛爱军、牛小平、贾栓稳、王立新、苏静、赵元庆、郭磊、徐铭、李大庆、王蕾、张勇、郝安林等。由于编者水平有限，书中难免会有疏漏之处，欢迎读者通过清华大学出版社网站www.tup.tsinghua.edu.cn与我们联系，帮助我们改正提高。

编者
2012年4月

目 录 Contents

目 录

目 录

16 购物类网站设计

Photoshop CS5网页设计

网页是图像与图像、图像与文字以及图像与图案之间的组合，网站是展现企业形象、介绍产品和服务、体现企业发展战略的重要途径。虽然网页设计也是平面设计的一个方面，但是网页设计有其独特的设计要求与原则，在设计网页之前要对其有所了解。

在设计网页的软件中，Adobe公司的Photoshop中具有许多能让用户把图像有效地保存为Web格式的特性。Photoshop集图像设计、扫描、编辑、合成以及高品质输出功能于一身，在使用Photoshop设计网页时，要根据网页的特点，有机地结合Photoshop中的相关工具和命令。

1.1 网页界面的构成要素

网页是通过视觉元素的引人注目而实现信息内容的传达的，为了使网页获得最大的视觉传达功能，使网络真正成为可读性强而且新颖的媒体，网页的设计必须适应人们视觉流向的心理和生理特点，并由此确定各种视觉构成元素之间的关系和秩序。

1．网页显示尺寸 >>>

网页在屏幕上显示的页面尺寸和显示器大小及分辨率有关系，网页的局限性在于网页无法突破显示器的范围，而且浏览器本身也将占去不少空间，因此留给网页的页面范围变得越来越小。

一般来说，当显示器分辨率为1024×768时，页面的显示尺寸为1002×600像素；当显示器分辨率为800×600时，页面的显示尺寸为780×428像素，如图1-1所示。从以上数据可以看出，分辨率越高页面的尺寸就越大。

图1-1 不同分辨率下的网页显示

提示

浏览器的工具栏也是影响页面尺寸的因素。目前一般的浏览器的工具栏都可以取消或者增加，那么当显示全部工具栏和关闭全部工具栏时，页面的尺寸是不一样的。

2．网页中的五大元素 >>>>

了解网页中的基本元素，可使浏览者对网页中各部分内容的安排有总体认识。在网页设计过程中，向下拖动页面是唯一给网页增加更多内容的方法。但是除非站点的内容能够吸引大家拖动，否则不要让访问者拖动页面超过三屏高。如果需要在同一页面显示超过三屏的内容，那么最好能在上面做上页面内部连接，方便访问者浏览。另外还需要考虑到网页元素——图片、文本、多媒体，以及页眉和页脚等，如图1-2所示。

>> **页眉** 又可称之为页头，其作用是定义页面的主题。比如一个站点的名字多数都显示在页眉里，这样，访问者能很快了解该网页的主要内容。在页眉部分通常放置站点名字、图片和公司标志以及旗帜广告。

>> **文本** 在页面中文本多数是以行或者块（段落）出现的，它们的摆放位置决定着整个页面布局的可视性。随着DHTML（动态HTML）的普及，文本、段落已经可以通过层的概念按要求放置到页面的任何位置。

>> **页脚** 是指在页面最下方的一块空间，它和页眉相呼应。页眉是放置站点主题和标识的地方，而页脚则通常是放置制作者、公司相关信息、版权的地方，有时候，还会放置一个导航栏。

图1-2 网页中的基本元素

▶▶ **图片** 图片和文本是网页的两大构成核心，缺一不可。如何处理好图片和文本的排列放置关系成了整个页面布局的关键。

▶▶ **多媒体** 除了文本和图片，还有声音、动画、视频等其他媒体。虽然它们不经常被利用，但随着动态网页的兴起，它们在网页布局上也将变得更重要。

1.2 网页设计的审美需求

　　人们对美的追求是不断提高的，网页设计同样如此。为使受众能更好地、更有效率地接收网页上的信息，这就需要从审美的方面入手。网页设计的审美需求是对平面视觉传达设计美学的一种继承和延伸，两者的表现形式和目的都有一定的相似性。把传统平面设计中美的形式规律同现代网页设计的具体问题结合起来，运用一些平面设计中美的基本形式到网页中去，可以增加网页的美感和大众的视觉审美需求。

　　首先，网页的内容与形式的表现必须统一和具有秩序，形式表现必须服从内容要求，网页上各种构成要素之间的视觉流程，能自然而有序地达到信息诉求的重点位置。在把大量的信息放到网页上的时候，要考虑怎样把它们以合理、统一的方式排列，使整体感强的同时又要有变化，如图1-3所示。

图1-3 网页内容与形式的统一

　　其次，网页要突出主题要素，必须在众多构成要素中突出一个清楚的主体，它应尽可能地成为阅读时视线流动的起点，如图1-4所示。如果没有这个主体要素，浏览者的视线将会无所适从，或者导致视线流动偏离设计的初衷。

　　作为形式美的法则，也随着时代的变化而不断发展进步，特别是在生活节奏如此快的互联网时代，由于追求目标的变化，人们的审美观念也在不断地变化，但是美的本质是一样的。

图1-4　突出网页主题

PHOTOSHOP

1.3　网页设计的艺术表现

　　网页作为一种新的视觉表现形式，它的发展虽然没有多长时间，但它兼容了传统平面设计的特征，又具备其所没有的优势，网页已成为信息交流的一个非常有影响的途径。所以网页在一定意义上也是一种艺术品，因为它既要求文字的优美流畅，又要求页面的新颖、整洁，而色彩的应用可以产生强烈的视觉效果，使页面更加生动。

图1-5　秩序美

1．秩序产生美感 ❯❯❯❯

　　秩序是通过对称、比例、连续、渐变、重复、放射、回旋等方式，表现出严谨有序意境的设计理念，是创造形式美感的最基本的方式之一，如图1-5所示。

2．和谐产生美感 ❯❯❯❯

　　和谐是以美学上的整体性观念为基础的。构成界面形式的文字、图形、色彩等因素之间相互作用，相互协调映衬，都为界面的功能美与形式美服务，如图1-6所示。

图1-6　和谐美

3．变化产生美感 ❯❯❯❯

　　变化的法则体现了设计存在的终极意义，即不断推陈出新、创造新的形式。图1-7所示为具有创意的网页效果。

图1-7　变化美

1.4 网站策划

网站策划是一项比较专业的工作，是指应用科学的思维方法，进行情报收集与分析，对网站设计、建设、推广和运营等各方面问题进行整体策划，并提供完善解决方案的过程。

1. 网站开发流程 ▸▸▸▸

为了加快网站建设的速度和减少失误，应该采用一定的制作流程来策划、设计、制作和发布网站。通过使用制作流程确定制作步骤，以确保每一步顺利完成。好的制作流程能帮助设计者解决策划网站的烦琐性，减小项目失败的风险。制作流程的第一阶段是规划项目和采集信息，接着是网站规划和设计网页，最后是上传和维护网站阶段。每个阶段都有独特的步骤，但相连的各阶段之间的边界并不明显。每一阶段并不总是有一个固定的目标，有时候，某一阶段可能会因为项目中未曾预料的改变而更改。步骤的实际数目和名称因人而异，但是总体制作流程如图1-8所示。

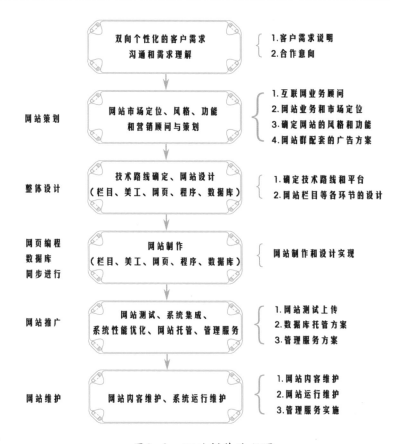

图1-8 网站制作流程图

2. 目标需求分析 ▸▸▸▸

提出目标是非常简单的事情，更重要的是如何使目标陈述得简明并可以实现。在很多Web网站项目中，有包容一切的倾向。实际上一个网站不可能满足所有人的需求，对设计者来说，网站一定要有特定的用户和特定的任务。为了确定目标，开发小组必须要集体讨论，讨论的目的是让每一个成员都尽可能提出对网站的想法和建议。通常，集体讨论可以集中大家一致感兴趣的问题，通过讨论可以确定网站的设计方案。应该让参与讨论者意识到其最终目标是网站不能太慢或难以使用。

在对某个网站进行升级或全面重新设计时，一定要注意不要召开集体会议来讨论已有网站中出现的问题，防止项目偏离初衷的方法，是让网站原来的设计者谈自己的设计思想和对问题的考虑点。集体会议中的要点是挖掘各种各样的被称为"期望清单"的想法。"期望清单"就是描述各种不考虑价格、可行性、可应用性的有关网站的想法。

通过集体讨论的设计方案，能够兼顾到各方的实际需求和设计开发的技术问题，能够为成功开发Web网站打下良好的基础。

3. 网页制作 ▸▸▸▸

网页制作包括网站的选题、内容采集整理、图片的处理、页面的排版设置、背景及其整套网页的色调等。

网站定位

在网页设计前，首先要给网站一个准确的定位，是属于宣传自己产品的一个窗口，还是用来提供商务服务或者提供资讯服务性质的网站，从而确定主题与设计风格，如图1-9所示。网站名称要切题，题材要专而精，并且要兼顾商家和客户的利益。在主页中标题起着很重要的作用，它在很大程度上决定了整个网站的定位。一个好的标题必须有概括性、简短、有特色且容易记，还要符合自己主页的主题和风格。

网站规划

在设计之前，需先画出网站结构图，其中包括网站栏目、结构层次、连接内容等。首页中的各功能按钮、内容要点、友情链接等都要体现出来，一定要切题，并突出重点，同时在首页上应把大段的文字换成标题性的、吸引人的文字，将单项内容交给分支页面去表达，这样才显得页面精炼。也就是说，首先要让访问者一眼就能了解这个网站都能提供什么信息，使访问者有一个基本的认识，并且有继续看下去的兴趣。此外，设计者要细心周全，不要遗漏内容，还要为扩容留出空间。分支页面内容要相对独立，切忌重复，导航功能要好，如图1-10所示。网页文件命名开头不能使用运算符、中文字等，分支页面的文件存放于自己单独的文件夹中，图形文件存放于单独的图形文件夹中，汉语拼音、英文缩写、英文原义均可用来命名网页文件。在使用英文字母时，要区分文件的大小写，建议在构建的站点中，全部使用小写的文件名称。

图1-9　企业网站与娱乐网站

内容的采集

采集内容必须与标题相符，在采集内容的过程中，应注重特色。主页应该突出自己的个性，并把内容按类别进行分类，设置栏目，让人一目了然，栏目不要设置太多，最好不要超过10个，层次上最好少于5层，而重点栏目最好能直接从首页到达，同时要保证用各种浏览器都能看到主页最好的效果，如图1-11所示。

图1-10　网站首页与分页

主页设计

主页设计包括创意设计、结构设计、色彩调配和布局设计。创意设计来自设计者的灵感和平时经验的积累。结构设计源自网站结构图。在主页设计时应考虑到："标题"要有概括性和特色，符合自己设计时的主题和风格；"文字"的

图1-11　网站导航

组织应有自己的特色，努力把自己的思想体现出来；"图片"适当地插入网页中可以起到画龙点睛的作用；"文字"与"背景"的合理搭配，可以使文字更加醒目和突出，使浏览者更加乐于阅读和浏览。整个页面的色彩一定要统一，特别是背景色调的搭配一定不能有强烈的对比，背景的作用主要在于统一整个页面的风格，对视觉的主体起一定的衬托和协调作用，如图1-12所示。

▶▶ 图片

主页不能只用文字，必须在主页上适当地添加一些图片，增加可看性，当然处理得不好的以及无关紧要的图片最好不要放上去，否则让人觉得累赘，同时也影响网页的传输速度。一般来说，图片颜色较少、色调平板均匀以及颜色在256色以内的最好把它处理成GIF图像格式，如果是一些色彩比较丰富的图片，如扫描的照片，最好把它处理成JPG图像格式，因为GIF和JPG图像格式各有各的压缩优势，应根据具体的图片来选择压缩比，如图1-13所示。另外，网页中最好对图片添加注解，当图片的下载速度较慢时，在没有显示出来时注解有助于让浏览者知道这是关于什么的图片，是否需要等待，是否可以单击。特别考虑到纯文本浏览者浏览的方便，很有必要为图片添加一个注解。

▶▶ 网页排版

要灵活运用表格、层、帧、CSS样式表来设置网页的版面。网页页面整体的排版设计是不可忽略的，很重要的一个原则是合理地运用空间，让自己的网页疏密有致，井井有条，留下必要的空白，让人觉得很轻松，如图1-14所示。不要把整个网页都填得密密实实，没有一点空隙，这样会给人一种压抑感。

图1-12　主色调与文字颜色的搭配

图1-13　网页中的图片

提示

图片不仅要好看，还要在保证图片质量的情况下尽量缩小图片的大小（即字节数），在目前网络传输速度不是很快的情况下，图片的大小在很大程度上影响网页的传输速度。小图片（100×40）一般可以控制在6KB以内，动画控制在15KB以内，较大的图片可以"分割"成小图片。

图1-14　网页中的排版

注意

为保持网站的整体风格，开始制作时千万不要把许多页面一起制作。许多新手会急不可待地将收集到的各种资料填入各个页面。转眼间首页制作完成，可等想要修改一些页面元素时，却发现一页一页改得好辛苦。建议先制作有代表性的一页，将页面的结构、图片的位置、链接的方式统统设计周全，这样制作的主页，不但速度快，而且整体性强。

▶▶ 背景

网页的背景并不一定要用白色，选用的背景应该和整套页面的色调相协调。合理地应用色彩是非常关键的，根据心理学家的研究，色彩最能引起人们奇特的想象，最能拨动感情的琴弦。比如说做的主页是属于感情类的，那最好选用一

图1-15　网页背景颜色

些玫瑰色、紫色之类比较淡雅的色彩，而不要用黑色、深蓝色这类比较灰暗的色彩，如图1-15所示。黑色是所有色彩的集合体，黑色比较深沉，它能压抑其他色彩，在图案设计中黑色经常用来勾边或点缀最深沉的部位，黑色在运用时必须小心，否则会使图案因"黑色太重"而显得沉闷阴暗。

▶▶ 其他

如果想让网页更有特色，可适当地运用一些网页制作的技巧，诸如声音、动态网页、Java、Applet等，当然这些小技巧最好不要运用太多，否则会影响网页的下载速度。另外，考虑主页站点的速度和稳定性，不妨考虑建立一两个镜像站点，这样不仅能照顾到不同地区网友对速度的要求，还能作好备份，以防万一。等主页做得差不多了，可在上面添加一个留言板、一个计数器。前者能让你及时获得浏览者的意见和建议，及时得到网友反馈的信息，最好能做到有问必答，用行动去赢得更多的浏览者；后者能让你知道主页浏览者的统计数据，你可以及时调整设计，以适应不同的浏览器和浏览者的要求。

1.5　网页效果图设计流程概述

要想设计效果精美的网页图像，可以在Photoshop中进行制作。在该软件中，不仅能够像制作平面图像一样来制作网页图像，还可以使用网页特有的工具来创建并保存网页图片，从而完成网页效果图的前期设计。

1. 创建辅助线 ▶▶▶▶

当网站资料收集完成，并且确定网站方向后，就可以在Photoshop中开始设计网页图像了。为了更加精确地建立网页图像的结构，首先要通过参考线来确定网页结构的位置，如图1-16所示。

2. 绘制结构底图 ▶▶▶▶

根据参考线的位置，由底层向上，在不同的图层中，建立不同形状的选区并填充不同的颜色，从而完成网页结构图的雏形，如图1-17所示。

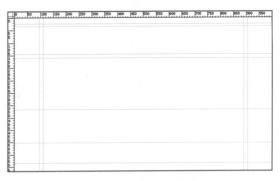

图1-16　创建网页参考线

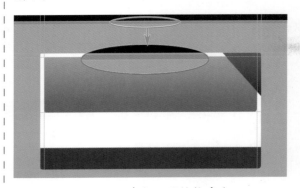

图1-17　填充网页结构底色

3. 添加内容 >>>>

当网页基本结构完成后，就可以在相应的区域内添加导航、LOGO、主题标题等网站内容，来充实整个网页图像，如图1-18所示。

图1-18 添加网页元素

4. 切片 >>>>

当一切网页图像设计完成后，为了后期网页文件的制作，需要将这幅网页图像切割成

若干个网页图片。这里使用的是Photoshop中的【切片工具】来实现的，如图1-19所示。

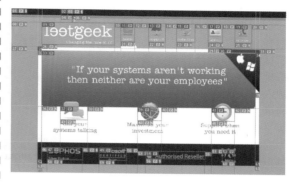

图1-19 创建切片图像

5. 优化 >>>>

在网页文件中，虽然能够同时插入JPEG、GIF、PNG和BMP格式的图片，并且在后期网页制作软件Dreamweaver中还能够插入PSD格式的图像，但还是需要找到最适合网页的图片，并且在不影响图片质量的情况下，将图片文件容量压缩至最小。这样就需要用到Photoshop中的【存储为Web和设备所用格式】命令，来优化网页图片，如图1-20所示。

图1-20 优化切片图像

6. 导出 >>>>

在【存储为Web和设备所用格式】对话框中设置参数后，就可以将整幅网页图像保存为若干个网页图片，如图1-21所示，从而方便后期网页文件的制作。

图1-21 导出切片图像

1.6　图像管理

网页设计是个逐步发展成熟的领域，网络技术的不断提高，为设计创建了表现的基础，使得更多图像元素可以融入网页之中，适应更高标准的浏览者需求。网页中的图像与平面印刷图像有所不同，在Photoshop中设计与制作网页图像时，要了解它们之间的区别。

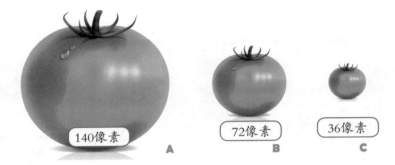

图1-22　不同分辨率的图像

1．图像分辨率 ▶▶▶▶

分辨率确定了一幅图像的品质和能够打印或显示的细节含量，分辨率表示最终打印的图像上每一线性英寸的像素数，所以说线性是因为在直线上计算像素数。如果图像的分辨率是72ppi，即每英寸72个像素，则每平方英寸上有5184个像素。假设图像中的像素数是固定的，增加图像的尺寸将降低其分辨率，反之亦然。如图1-22所示。

无论分辨率和比例值如何设置，Photoshop都根据缩放比例在屏幕上显示每个像素。例如如果缩放比例是100%，则每个图像像素占用一个屏幕像素。

2．图像格式 ▶▶▶

Photoshop CS5能够支持包括PSD、TIF、BMP、JPG、GIF和PNG等20余种格式的文件。在实际工作中，由于工作环境的不同，要使用的文件格式也是不一样的，用户可以根据实际需要来选择图像文件格式，以便更有效地将其应用到实践当中。

下面主要介绍关于图像文件格式的知识和一些常用图像格式的特点以及在Photoshop中进行图像格式转换应注意的问题。表1-1列举了编辑

表1-1　编辑图像时常用的文件格式

文件格式	后缀名	作用
PSD	.psd	该格式是Photoshop自身默认生成的图像格式，它可以保存图层、通道和颜色模式，还可以保存具有调节层、文本层的图像，PSD文件自动保留图像编辑的所有数据信息，便于进一步修改
TIFF	.tiff	TIFF格式是一种应用非常广泛的无损压缩图像格式，用于在应用程序之间和计算机平台之间的交换文件，它的出现使得图像数据交换变得简单。TIFF格式支持RGB、CMYK和灰度3种颜色模式，还支持使用通道、图层和裁切路径的功能，它可以将图像中裁切路径以外的部分在置入到排版软件中（如PageMaker）时变为透明
BMP	.bmp	BMP图像文件是一种MS-Windows标准的点阵式图形文件格式，最早应用于微软公司推出的Microsoft Windows系统。BMP格式支持RGB、索引颜色、灰度和位图颜色模式，但是不支持Alpha通道，这种格式的特点是包含的图像信息较丰富，几乎不进行压缩，但占用磁盘空间较大
JPEG	.jpg	JPEG是目前所有格式中压缩率最高的格式，普遍用于图像显示和一些超文本文档中。JPEG格式支持CMYK、RGB和灰度颜色模式，不支持Alpha通道。在压缩保存的过程中与GIF格式不同，JPEG保留RGB图像中的所有颜色信息，以失真最小的方式去掉一些细微数据，因此印刷品最好不要用此图像格式
GIF	.gif	GIF格式是CompuServe提供的一种图形格式，只是保存最多256色的RGB色阶数，它使用LZW压缩方式将文件压缩而不会占磁盘空间，因此GIF格式广泛应用于因特网HTML网页文档中，或网络上的图片传输，但只能支持8位的图像文件。还可以支持透明背景及动画格式

图像时常用的文件格式，其中GIF（Graphics Interchange Format，图形交换格式）、JPEG（Joint Photographic Experts Group，联合照片专家组）和PNG（Portable Network Graphics，可移植网络图形格式）是Web浏览器支持的3种主要图形文件格式。

续表

文件格式	后缀名	作用
PNG	.png	PNG是一种新兴的网络图形格式，采用无损压缩的方式，与JPG格式类似，网页中有很多图片都是这种格式，压缩比高于GIF，支持图像半透明，可以利用Alpha通道调节图像的透明度。用于在网上进行无损压缩和显示图像，在网页中常用来保存背景透明和半透明的图片，是Fireworks默认的格式
PDF	.pdf	PDF格式是应用于多个系统平台的一种电子出版物软件的文档格式，它可以包含位图和矢量图，还可以包含电子文档查找和导航功能
EPS	.eps	EPS是一种包含位图和矢量图的混合图像格式，主要用于矢量图像和位图图像的存储。EPS格式可以保存一些类型信息，例如多色调曲线、Alpha通道、分色、剪辑路径、挂网信息和色调曲线等，因此EPS格式常用于印刷或打印输出

3. 单位与标尺 >>>>

由于网页图像是应用在网络中，也就是通过屏幕显示的，所以网页中的图像需要根据屏幕显示要求，来设置尺寸与单位。

由于网页效果是显示在显示器中的，所以在设计网页图像时，其标尺的单位应该设置为像素。方法是，执行【编辑】|【首选项】|【单位与标尺】命令，即可在打开的【首选项】对话框中，设置【标尺】的选项，如图1-23所示。

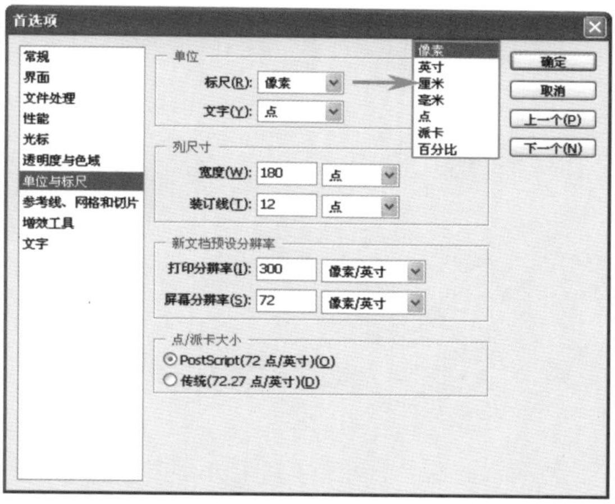

图1-23 设置单位与标尺

提示

在【首选项】对话框的【单位与标尺】选项卡中，还可以设置新文档的预设分辨率，并且能够分别设置打印和屏幕的分辨率。

4. 图像调整 >>>>

一个图像品质的好坏跟图像的分辨率和尺寸是息息相关的，同样大小的图像，其分辨率越高图像越清晰。每单位尺寸含有的像素数目是决定分辨率的主要因素，因此像素数目与分辨率之间也是相关的。在像素数目固定的情况下，当分辨率变动时，图像尺寸也必定跟着改变；同样，图像尺寸变动时，分辨率也必定随之变动。但是，在实际工作中，通常需要在不改变分辨率的情形下调整图像尺寸，或者是固定尺寸而增减分辨率，在这种情况下，像素数目也就会随之改变。当固定尺寸而增加分辨率时，Photoshop必须在图像中增加像素数目；反之，当固定尺寸而减少分辨率时，则会删除部分像素。这时，Photoshop就会在图像中重新取样，以便在失真最少的情况下增减图像中的像素数目。

无论是改变图像尺寸、分辨率还是增减像素数目，都需要使用【图像大小】命令来完成。执行【图像】|【图像大小】命令，打开【图像大小】对话框，如图1-24所示。

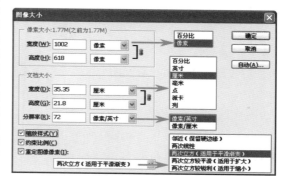

图1-24 【图像大小】对话框

该对话框中的选项参数及用途如下。

▶▶ **像素大小**　用于显示图像的宽度和高度的像素值，在文本框中可以直接输入数值设置。如果在其右侧的列表中选择百分比，即以占原图的百分比为单位显示图像的宽度和高度。

▶▶ **文档大小**　用于更改图像的宽度、高度和分辨率，可以在文本框中直接输入数值更改，其右侧可以设置单位。

▶▶ **缩放样式**　启用该选项，可以将图像中的图层样式效果成比例缩放。

▶▶ **约束比例**　启用此选项可以约束图像高度和宽度的比例，即改变宽度的同时高度也随之改变。当禁用该选项后，【宽度】和【高度】列表框后的链接符会消失，表示宽度和高度无关，即改变任一项的数值都不会影响另一项。

▶▶ **重定图像像素**　禁用该选项时，图像像素固定不变，而可以改变尺寸和分辨率；

启用此选项时，改变图像尺寸或者分辨率，图像像素数目会随之改变，所以需要在【重定图像像素】列表中选择一种插补像素的方式，即在增加或者删减像素数目时，在图像中插入像素的方式。

▶▶ **邻近**　选择这种方式插补像素时，Photoshop会以邻近的像素颜色插入，其结果较不精确，这种方式会造成锯齿效果。在对图像进行扭曲或者缩放或者在选区中执行多项操作时，这种效果会变得更明显。但这种方式执行速度较快，适合用于没有色调的线型图。

▶▶ **两次线性**　此方式介于上述两者之间，如果图像放大的倍数不高，其效果与两次立方相似。

▶▶ **两次立方**　（适用于平滑渐变）选择此选项，在插补时会依据插入点像素颜色转变的情况插入中间色，是效果最精致的方式，但是这种方式执行速度较慢。

Photoshop网页图像设计基础

网页设计不仅是图片与文字的组合，更多的是图像与图像、图像与图案之间的合成。在设计网页的软件中，Adobe公司的Photoshop中含有许多能让用户把图像有效地保存为Web格式的特性。Photoshop集图像设计、扫描、编辑、合成以及高品质输出功能于一身，在使用Photoshop设计网页时，要根据网页的特点，有效地结合Photoshop中的相关工具和命令。

Photoshop在图像处理方法上有独到的优势，特别是图层的应用，摆脱了画家画板的限制，以立体的方式决定像素的去留取舍。

2.1 图层

Photoshop以其独特的方式引入了图层的概念，对形象艺术产生了深远的影响。在网页设计过程中，通过应用图层，能够设计出具有层次效果的网页。

2.1.1 【图层】面板

图层的基本工作原理就是将构成图像的不同对象和元素隔离到独立图层上进行编辑操作。组成图像的各个图层就相当于一个单独的文档，相互堆叠在一起，透过上一个图层的透明区域可以看到下一个图层中的不透明像素，透过所有图层的透明区域，可以看到背景图层，最终展现在人们面前就是一幅完整的网页作品，如图2-1所示。

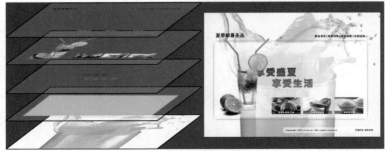

图2-1 图层原理

在Photoshop中，不同图像放置在不同的图层中，为了方便管理与操作，所有的图像均显示在【图层】面板中。执行【窗口】|【图层】命令，或者按F7键可以打开如图2-2所示的【图层】面板。该面板中各个按钮与选项的功能如表2-1所示。

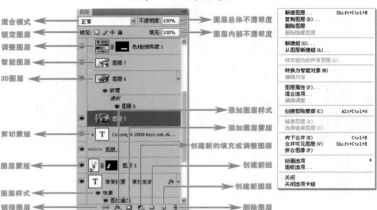

图2-2 【图层】面板

表2-1 【图层】面板中各个功能与按钮的名称及作用

名 称	图 标	功 能
图层混合模式	正常	在下拉列表中可以选择当前图层的混合模式
图层总体不透明度	不透明度：100%	在文本框中输入数值可以设置当前图层的不透明度
图层内部不透明度	填充：100%	在文本框中输入数值可以设置当前图层填充区域的不透明度
锁定	锁定：☑ ✒ ✛ 🔒	可以分别控制图层的编辑、移动、透明区域可编辑性等属性
眼睛图标	👁	单击该图标可以控制当前图层的显示与隐藏状态
链接图层	🔗	表示该图层与作用图层链接在一起，可以同时进行移动、旋转和变换等操作
折叠按钮	▶ ▼	单击该按钮，可以控制图层组展开或者折叠
创建新组	▢	单击该按钮可以创建一个图层组
添加图层样式	fx.	单击该按钮可以在弹出的下拉菜单中选择图层样式选项，为作用图层添加图层样式
添加图层蒙版	▣	单击该按钮可以为当前图层添加蒙版

续表

名 称	图 标	功 能
创建新的填充或调整图层		单击该按钮可以在弹出的下拉菜单中选择一个选项，为作用图层创建新的填充或者调整图层
创建新图层		单击该按钮，可以在作用图层上方新建一个图层，或者复制当前图层
删除当前图层		单击该按钮，可以删除当前图层

2.1.2 图层基本操作

通常情况下，网页效果由多幅图像组合而成。此时，掌握图层的操作技巧，可以大大地提高工作效率。常用的图层操作包括创建、选择、移动、复制、链接、合并等。

1．创建空白图层 ▶▶▶▶

无论是打开一幅图像，还是新建一个空白画布，【图层】面板中均会自带"背景"图层。可以通过拖入一幅新图像而自动创建图层，还可以通过命令或者按钮来创建空白图层。执行【图层】|【新建】|【图层】命令（快捷键Shift＋Ctrl＋N），或者直接单击【图层】面板底部的【创建新图层】按钮 ，得到空白图层"图层1"，如图2-3所示。

图2-4　右击图像选择图层

当选择【移动工具】后，在工具选项栏中可以设置以下两个属性。

▶▶ 自动选择

启用该选项后，单击图像即可自动选择光标下所有包含像素的图层中最顶层的图层，或选择所选中图层所在的图层组，如图2-5所示。该项功能用于选择具有清晰边界的图形较为灵活，但在选择设置了羽化的半透明图像时却很难发挥作用，往往会因选错图像而造成意外移动。

图2-3　创建空白图层

2．移动与变换图层 ▶▶▶▶

图层只是用来确定图像在画布中对象的上下关系，以及图像的显示效果。当确定当前工作图层后，才能够对图层中的图像进行各种操作。

当选择【移动工具】后，即可通过不同的方式选择不同图层中的图像。原始的方法是直接单击【图层】面板中图像所在图层，或者在画布中右击某个图像，选择图层名字，即可使图像所在图层为工作状态，如图2-4所示。

图2-5　自动选择

▶▶ 显示变换控件

启用该选项后，可在选中的项目周围的定界框上显示手柄，该项功能用于观察具有羽化效果或半透明图像的范围较为有用，如图2-6

所示。显示控件后，用户可以直接拖动手柄缩放图像，也可以在定界框上单击，从而显示变换定界框，然后在工具选项栏中设置图像的移动、旋转和缩放的精确参数。

图2-6　显示变换控件

3．复制与盖印图层 ▶▶▶▶

复制图层与盖印图层虽然均能够得到相同效果的图像，但是前者得到的是当前图层的副本，后者得到的则是当前图层与其下方所有图层中图像的副本。

在【图层】面板中，执行关联菜单中的【复制图层】命令，或者拖动图层至【创建新图层】按钮 ，或者直接按Ctrl＋J快捷键都可得到与当前图层具有相同属性的副本图层，如图2-7所示。

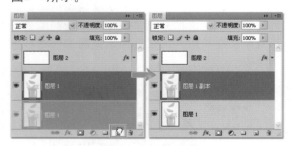

图2-7　复制图层

盖印图层在复制功能的基础上集合了合并功能。当在【图层】面板中同时选中多个图层时，按Ctrl＋Alt＋E快捷键能够将选中的图层复制一份，并且将其合并为一个图层，如图2-8所示。

如果选中任意一个图层，按Shift＋Ctrl＋Alt＋E快捷键即可复制所有可见图层，并且合并为一个图层放置在选中图层的上方，如图2-9所示。

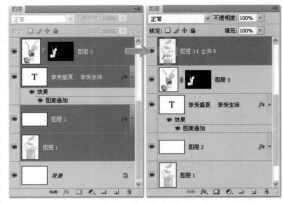

图2-8　盖印选中图层

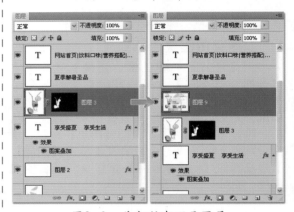

图2-9　盖印所有可见图层

4．锁定与链接图层 ▶▶▶▶

锁定图层可以使全部或部分图层属性不被编辑，如图层的透明区域、图像的像素、位置等，用户可以根据实际需要锁定图层的不同属性。Photoshop提供了4种锁定方式，如图2-10所示。

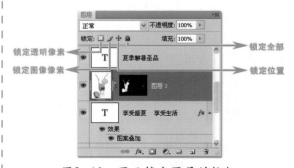

锁定透明像素　　　　　　　　　　锁定全部
锁定图像像素　　　　　　　　　　锁定位置

图2-10　用于锁定图层的按钮

▶▶ 锁定全部 🔒

单击该按钮，可以将图层的所有属性锁定，除了可以复制并放入到图层组中以外，其他一切编辑命令将不能应用到图像中。

>> 锁定透明像素

单击该按钮后，图层中透明区域将不被编辑，而将编辑范围限制在图层的不透明部分。例如，在对图像进行涂抹时，为了保持图像边界的清晰，可以单击该按钮。

>> 锁定图像像素

单击【锁定图像像素】按钮，则无法对图层中的像素进行修改，包括使用绘图工具进行绘制，及使用色彩调整命令等。单击该按钮后，用户只能对图层进行移动和变换操作，而不能对其进行绘画、擦除或应用滤镜等。

>> 锁定位置

单击【锁定位置】按钮，图层中的内容将无法移动。对于设置了精确位置的图像，将其锁定后就不必担心被无意中移动了。

链接图层除可以同时将多个图层链接在一起外，还可以对多个图层同时进行相同的操作，如移动或变换操作。图层链接的方法非常简单，只要选中多个图层后单击【图层】面

板底部的【链接图层】按钮即可，如图2—11所示。

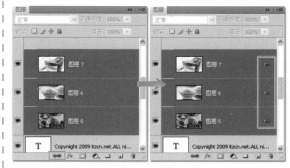

图2—11 链接图层

提示

图层链接后，无论对链接图层中的任意图层进行移动或变换操作，链接图层中的其他图层均同时发生变化。如果想要某个图层脱离链接图层，那么只要选中该图层，单击【链接图层】按钮即可。

2.2 图层样式

图层样式是应用于一个图层的一种或多种效果。Photoshop提供了各种效果（如阴影、发光和斜面）来更改图层内容的外观。图层效果与图层内容链接，移动或者编辑图层的内容时，修改的内容中会应用相同的效果。

在Photoshop中执行【图层】|【图层样式】命令，选择该命令中的任何一个样式都可以打开【图层样式】对话框，如图2—12所示。在该对话框中，左侧是样式的所有分类，例如投影、斜面与浮雕、渐变叠加等。图层样式可以多项选择，这样效果变化更多。选项背景为蓝色表明该选项处于工作状态。而中间将出现相应的参数设置，右侧是操作按钮和预览效果。

图2—12 【图层样式】对话框

该对话框左侧列表中的各个选项如下。

》 样式 选择该选项，中间将呈现预设样式，它与【样式】调板功能相同。

》 混合选项 默认情况下，对话框显示该选项的各个设置选项。

》 投影 在图层内容的后面添加阴影。

》 内阴影 紧靠在图层内容的边缘内添加阴影，使图层具有凹陷外观。

》 外发光和内发光 添加从图层内容的外边缘或内边缘发光的效果。

》 斜面和浮雕 对图层添加高光与阴影的各种组合。

》 光泽 应用创建光滑光泽的内部阴影。

》 颜色、渐变和图案叠加 用颜色、渐变或图案填充图层内容。

》 描边 使用颜色、渐变或图案在当前图层上描画对象的轮廓。它对于硬边形状（如文字）特别有用。

1. 混合选项 》》》》

【混合选项】其实是Photoshop中制作图片效果的重要手段之一，可以运用于一幅作品中除"背景层"以外的任意一个层。

【混合颜色带】是一个比较复杂的选项，通过调整这个滑动条可以让混合效果只作用于图片中的某个特定区域，可以对每一个颜色通道进行不同的设置，如果要同时对3个通道进行设置，应当选择【灰色】选项。【混合颜色带】功能可以用来进行高级颜色调整。在【本图层】和【下一图层】上都有两个滑块，其作用就是调整本图层和下一图层的暗部或亮部是否被混合。下面就来介绍【混合颜色带】的使用方法，素材图片如图2-13所示。

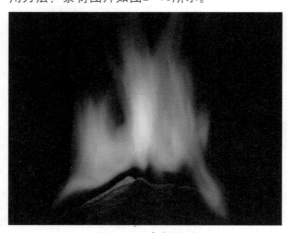

图2-13　素材图片

像这样的图像要把火焰以外的黑色区域抠出来，无论使用【魔术棒工具】还是路径工具都未必能达到理想的效果，这时就可以通过调整【混合颜色带】来将图像中的黑色部分去掉，露出透明区域，如图2-14所示。

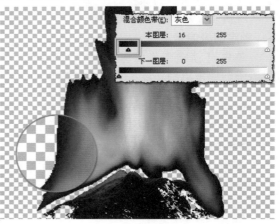

图2-14　拖动【本图层】黑色滑块

这时候火焰边缘部分会留下明显的锯齿和色块，为了使混合区域和非混合区域之间过渡柔和，可以将滑块分成两个独立的小滑块进行操作，方法是按住Alt键拖动滑块，这时候火焰的边缘过渡就比较柔和，效果如图2-15所示。

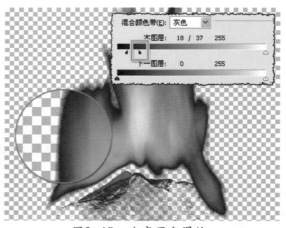

图2-15　分离黑色滑块

技巧

滑块的分离是【混合颜色带】一个重要的功能，通过滑块的分离的调整，可以对边缘进行不同程度的柔和。

这时候为图片更换任意颜色的背景其过渡都很自然，效果如图2-16所示。这就是【混合颜色带】所实现的神奇效果。

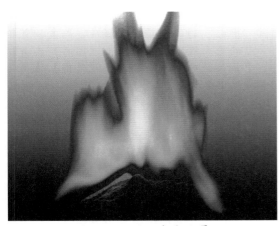

图2-16　添加渐变背景

2. 投影 ▶▶▶▶

投影制作是设计者最基础的入门功夫。无论是文字、按钮、边框还是物体，如果加上投影，则会产生立体感。

启用【投影】选项后，图像的下方会出现一个轮廓和图像相同的"影子"，这个影子有一定的偏移量，默认情况下会向右下角偏移，如图2-17所示。

图2-17　启用【投影】选项

而【图层样式】对话框中将显示相应的设置选项，如图2-18所示。其中的某些选项具有默认值。

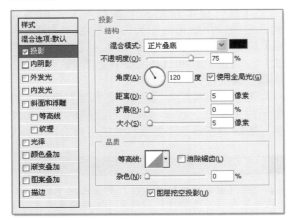

图2-18　投影样式选项

其中，各个选项如下。

▶▶ **不透明度**　设置影子的深浅，参数设置得越大影子颜色越深，反之颜色越浅。

▶▶ **距离**　设置影子和图像之间的距离，参数越大影子越远表明图像距离地面越高，反之影子越近表明图像距离地面越近，参数为0像素时表明图像紧挨着地面。

▶▶ **大小**　设置影子的模糊大小，参数越大影子越模糊表明光线柔和，反之影子越清晰表明光线强烈。

▶▶ **角度**　设置投影的方向，如果要进行微调，可以使用右边的编辑框直接输入角度。在图像中，光源相反的方向就是阴影出现的地方。在Photoshop中完全可以摆脱自然界的规律，使投影和光源在同一个方向，这样就可以满足不同的设计需要。

▶▶ **使用全局光**　也是设置投影角度的一个重要选项。如果启用【使用全局光】选项，那么所有图层中图像的投影都是朝着一个方向，调整任意一个图像投影的角度，那么其他图像的投影也会改变为相同的角度。反之如果禁用【使用全局光】选项，那么调整该图像中的投影，其他图像的投影不会改变。

▶▶ **杂色**　杂色对阴影部分添加随机的杂点。这些杂点在一些效果表现中起着很重要的作用。

在设计网页时，经常有展示图片的页面，如果只是为图片添加默认的投影样式，会显得图片过于单调。可以执行【图层】|【图层样式】|【创建图层】命令将其与所在图层分离，这样就可以单独调整投影，如图2-19所示。

图2-19　创建投影图层

3．斜面和浮雕 ▶▶▶▶

　　【斜面和浮雕】可以说是Photoshop图层样式中最复杂的一个选项，如图2-20所示。虽然设置的选项比较多，可能对于初学者来说有点困难，不过只要对每个选项单独去练习、理解。相信很快可以学以致用，并且制作出满意的作品。

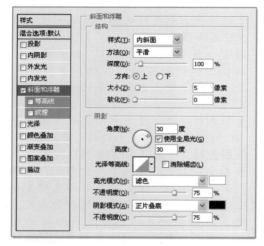

图2-20　【斜面和浮雕】样式选项

注释

单击左侧列表中的【斜面和浮雕】样式，启用并且使其处于工作状态后，其中的参数就已经具有默认值。

　　其中，各个选项如下。

▶▶ **样式**　　【样式】是【斜面和浮雕】的第一个选项，其中有5种样式：【外斜面】、【内斜面】、【浮雕效果】、【枕状浮雕】和【描边浮雕】，可供用户选择使用，这5种样式各有特点，可以制作出不同的立体效果。

▶▶ **方法**　　【方法】和【样式】的使用方法一样，【方法】中的选项只有3个：【平滑】、【雕刻清晰】和【雕刻柔和】。【方法】比较适合于表现有棱有角的立体效果。

▶▶ **阴影**　　包括角度、高度、光泽等高线、高光和阴影等选项，这些选项可以使浮雕效果更加精致。

▶▶ **等高线**　　【斜面和浮雕】样式中的等高线容易让人混淆，除了右侧的【光泽等高线】设置外，在左侧菜单中也有【等高线】设置。其实仔细比较一下就可以发

现，【光泽等高线】中的设置只会影响"虚拟"的高光层和阴影层。而左侧菜单中的等高线则用来为对象（图层）本身赋予条纹状效果，通过调整【范围】选项来设置平滑度。

▶▶ **纹理**　　【纹理】用来为图像添加材质，其设置比较简单。首先启用【纹理】选项，然后根据设计需要设置纹理参数。常用的选项包括：缩放（对纹理贴图进行缩放）、深度（修改纹理贴图的对比度，深度越大，对比度越大，层表面的凹凸感越强，反之凹凸感越弱）、反向（将层表面的凹凸部分对调）、与图层连接（选择这个选项可以保证图像移动或者进行缩放操作时纹理随之移动和缩放）。

　　在网页中经常采用【斜面与浮雕】样式制作浮雕方框，这样可以使图片呈现镶嵌的效果，如图2-21所示。

图2-21　浮雕效果方框

4．颜色叠加 ▶▶▶▶

　　【颜色叠加】是一个既简单又实用的样式，它的作用就相当于为图像着色。【图层样式】对话框中的参数非常简单，只有【混合模式】、【颜色】和【不透明度】参数。其中默认颜色为红色。

　　颜色叠加样式与【色相/饱和度】命令中的着色效果相同，但是该样式可以随时更改其效果。图2-22所示为添加该样式前后对比效果。

警告

在使用【颜色叠加】样式时，要注意其【混合模式】和【不透明度】的设置，这样会使其产生不同的效果。

图2-22 颜色叠加效果

5．渐变叠加 >>>>

【渐变叠加】和【颜色叠加】的原理完全一样，只不过覆盖图像的颜色是渐变色而不是纯色。

【渐变叠加】的选项中，混合模式以及不透明度和【颜色叠加】的设置方法完全一样，而多出来的选项包括：【渐变】、【样式】、【角度】、【缩放】。通过【渐变叠加】样式制作的效果如图2-23所示。

图2-23 渐变叠加效果

6．图案叠加 >>>>

【图案叠加】样式的设置方法和前面在【斜面与浮雕】中的【纹理】原理一样，这里将不再介绍操作方法。虽然设置方法一样，但效果却截然不同，【斜面与浮雕】中的【纹理】是将图案的颜色去掉，以类似于【叠加】的方式印在图像上，而【图案叠加】是保留图案的原本颜色，如图2-24所示。

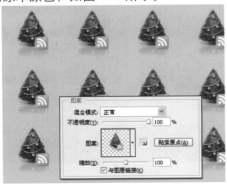

图2-24 图案叠加效果

其实与【图案叠加】样式真正类似的是【填充】命令中的【图案】选项。但【图案叠加】样式更灵活更便于修改，尤其像【缩放】和单击文档中叠加的图案可以进行随意拖动等这些功能是【填充】功能无法比拟的，如图2-25所示。

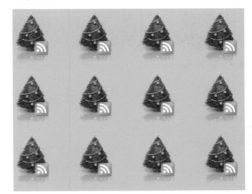

图2-25 改变图案位置

技巧

在Photoshop CS5中，在打开【图层样式】对话框的同时设置【图案叠加】或者【渐变叠加】样式，可以在画布中移动图案或者颜色渐变的位置。

7．描边 >>>>

在网页图像设计过程中，描边样式具有突出主体的效果。

启用【描边】选项，在其右侧相对应的选项中，可设置描边的大小、位置、混合模式、不透明度、填充类型等。图2-26所示为对文字设置描边效果。

图2-26 描边效果

Photoshop中的图层样式可以同时添加多个样式效果，这些效果还可以进行修改，使编辑图像更具有弹性，为用户提供了一个更广阔的艺术创作空间。图层样式还有一个特性就是继承性，当文本图层设置【图层样式】后，在该图层重新编辑文本时，图层内的所有文本将继承先前设置的图层样式，如图2-27所示。当然，这一特性同样也适用于其他类型的图层。

图2-27　多个图层样式效果

2.3　选区与路径

　　在使用Photoshop CS5编辑处理图像时，大多只需要处理图像的局部区域，此时就需要创建选区，以保护选区以外的图像不受编辑工具和命令的影响。

　　在Photoshop中既可以根据不同图像创建选区，也可以在创建选区后再编辑选区，还可以根据需要为选区进行修饰，比如填充等操作。在网页制作过程中，经常利用路径设计网页中的不规则形状，或者利用路径抠图。

2.3.1　选区

1．创建选区 ▶▶▶▶

　　创建选区是Photoshop最基本的编辑功能，要想很好地利用选区，首先要根据各种要求创建适合的选区。为了满足不同的要求，Photoshop提供了不同的选取工具。

　　根据图像边缘创建的轨迹型选区，可以使用【矩形选框工具】▢、【椭圆选框工具】◯与套索工具等；而根据图像中色彩像素创建的颜色型选区，则可以使用【魔术棒工具】✦等，如图2-28所示。

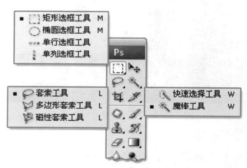

图2-28　创建选区工具

　　在网页制作过程中，因为考虑到后期切割图像和组合图像，所以在建立选区时要非常精确，可以选择在工具选项栏中设置选区的宽度和高度，例如制作LOGO时，创建标准的矩形选区为88×31像素，如图2-29所示。

图2-29　创建LOGO选区

创建选区时，可以根据要求决定选区是否消除锯齿，或者羽化。使用【椭圆选框工具】，分别启用和禁用【消除锯齿】选项，创建两个一样大小的正圆形选区，然后填充为黑色。仔细观察这两个正圆形的边缘部分，就会看到第一个圆的边缘较为生硬，有明显的阶梯状，也叫锯齿。而第二个圆相对要光滑一些，如图2-30所示。

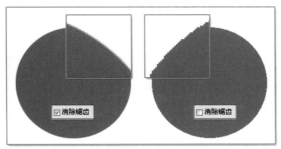

图2-30　启用与禁用【消除锯齿】选项

羽化的作用是将创建的图像变得柔和。现在使用【椭圆选框工具】，将【羽化】选项设为0和10，依次创建出两个正圆选区，然后填充上黑色，不要取消选区，效果如图2-31所示。

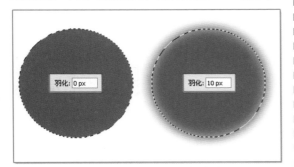

图2-31　不同羽化值效果

2．编辑选区 >>>>

遇到较为复杂的图像时，使用选取工具有时无法一次性创建选区，这时就需要对创建的选区进行编辑，例如添加或者减去选区范围、更改选区的形状以及在现有选区的基础上进行其他操作等。

>> 选区范围

要想在现有的选区中添加或者减去选区范围，则可以使用选取工具选项中的【运算模式】选项，如图2-32所示。

图2-32　【运算模式】选项

例如从一个现有的选区中删除部分区域，那么在画布中存在一个选区时启用【从选区减去】选项，就可以在该选区中单击并且拖动鼠标绘制另外一个选区，完成后释放鼠标，发现原有选区中的重叠部分被删除，如图2-33所示。

图2-33　从选区中减去部分区域

>> 选区修改

在【选择】|【修改】命令中，有一组子命令是专门对选区进行进一步细致调整的。该组命令包括边界【平滑】、【扩展】、【收缩】和【羽化】，通过这些命令只是更改选区，并不影响选区中的图像。

【修改】菜单中的【边界】命令是将区域选区转换为线条选区。当画布中存在选区后，执行【选择】|【修改】|【边界】命令，打开如图2-34所示的对话框，其中的【宽度】选项用来设置线条选区的宽度。

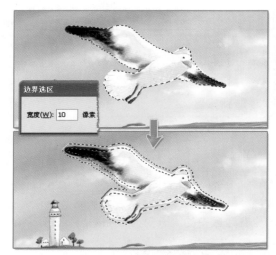

图2-34　将区域选区转换为线条选区

执行【边界】命令后，区域选区生成具有一定宽度的线条选区，该选区带有一定的羽化效果，如图2-35所示。

图2-35　线条选区效果

要想在原有选区的基础上，向四周扩大，除了使用【变换选区】命令外，还可以执行【选择】|【修改】|【扩展】命令。在打开的对话框中，【扩展量】选项数值越大，选区越大，如图2-36所示。

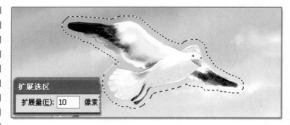

图2-36　扩大选区

2.3.2　路径

【路径】是Photoshop中的重要工具，其主要用于进行光滑图像选择区域及辅助抠图，绘制光滑和精细的图形，定义画笔等工具的绘制轨迹，输出输入路径和在选择区域之间转换。在网页制作过程中，经过利用路径设计网页中的不规则形状，或者是利用路径抠图。

1．路径工具 ▶▶▶▶

Photoshop中的路径工具包括可以创建的贝赛尔路径工具和形状路径工具、可供选择路径的工具，以及使路径变形的工具。这些工具在Photoshop的工具箱中可以看到，如图2-37所示，其功能如表2-2所示。

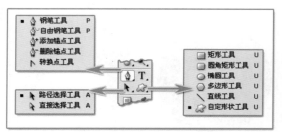

图2-37　路径工具

表2-2　Photoshop中的路径工具与其作用

类别	名称	图标	作用
贝赛尔路径工具	钢笔工具		绘制由多个连接而成的贝赛尔曲线
	自由钢笔工具		可以自由手绘形状路径
形状路径工具	矩形工具		创建矩形路径
	圆角矩形工具		创建圆角矩形路径
	椭圆工具		创建椭圆路径
	多边形工具		创建多边形或者星形路径
	直线工具		创建直线或者箭头路径
	自由形状工具		利用Photoshop自带形状绘制路径
选择路径工具	路径选择工具		选择并且移动整个路径
	直接选择工具		选择并且调整路径中节点的位置
调整路径工具	添加锚点工具		在原有路径上添加节点以满足调整编辑路径的需要
	删除锚点工具		删除路径中多余的节点以适应路径的编辑
	转换点工具		转换路径节点的属性

2．【路径】调板 >>>

　　【路径】调板是编辑路径的一个重要操作窗口，显示在Photoshop画布中创建的路径信息。利用【路径】调板可以像利用【图层】调板管理图层一样，实现对路径的显示、隐藏和其他比如复制、删除、描边、填充和剪贴输出等操作。执行【窗口】|【路径】命令可以打开如图2-38所示的【路径】调板。

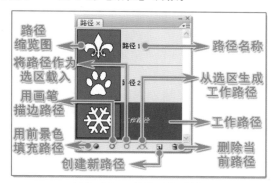

图2-38　【路径】调板

　　调板中的选项如下。

>> **路径缩览图**　通过【路径】面板中的缩览图可以浏览在画布中创建的每一条路径的形状。

>> **路径名称**　区分【路径】面板中路径缩

览图的名称。Photoshop默认的第1个路径名称为工作路径，然后依次为路径1、路径2……。需要更改路径名称时，双击【路径】面板中的路径名称即可更改。

>> **工作路径**　在【路径】面板中以蓝色显示的路径为工作路径。在Photoshop中，所有编辑名称只对当前工作路径有效，并且只能有一个工作路径。

>> **用前景色填充路径**　单击该按钮可以在显示路径的同时填充前景色。

>> **用画笔描边路径**　单击该按钮可以在显示路径的同时以前景色描边路径。

>> **将路径作为选区载入**　单击该按钮可将路径转换为选区，画布中不显示路径，但是【路径】面板中保存路径。

>> **从选区生成工作路径**　创建选区后单击该按钮，画布中的选区转换为路径，原选区消失。

>> **创建新路径**　单击该按钮创建的新路径名称为"路径1"。

>> **删除当前路径**　单击该按钮删除的是选中的路径。

>> **路径面板菜单**　编辑路径的命令菜单。单击【路径】面板右上角的三角按钮可以打开该菜单，菜单中的某些命令与面板中的选项重复。

2.4　混合模式

　　Photoshop中的混合模式功能在网页设计过程中，对网页图像的融合起着至关重要的作用。无论是位图效果的图像还是矢量效果的图形，均能够通过混合模式功能进行混合，从而达到图像统一的效果。

2.4.1　混合模式概述

　　混合模式决定了当前图层与下面一个图层的合成方式，而这两个图层不是直接"混合"在一起，而是通过各自的通道机型"混合"的，另外，工具选项栏中、【图层】面板中、【新建图层】对话框中都有混合模式选项。这说明【混合模式】在Photoshop中充当着重要的角色，它的作用是不可忽视的。

1．基色、混合色和结果色 >>>

　　基色是做混合之前位于原处的色彩或图像；混合色是被溶解于基色或是图像之上的色彩或图像；结果色是混合后得到的颜色。比如，画家在画布上面绘画，那么画布的颜色就是基色。画家使用画笔在颜料盒中选取一种颜色在画布上涂抹，这个被选取的颜色就是混合色，被选取颜色涂抹的区域所产生的颜色为结果色，如图2-39所示。

　　当画家再次选择一种颜色涂抹时，画布上现有的颜色也就成了基色，而在颜料盒中选取的颜色为混合色，再次在画布上涂抹，它们一起生成了新的颜色，这个颜色为结果色，如图2-40所示。

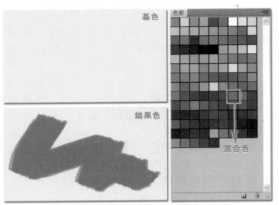

图2-39　基色、混合色与结果色

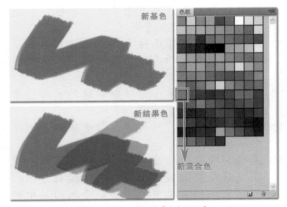

图2-40　新的颜色混合

2．混合模式的3种图层 ▶▶▶▶

【混合模式】在图像处理中主要用于调整颜色和混合图像。使用【混合模式】进行颜色调整时，会利用源图层副本与源图层进行混合，从而达到调整图像颜色的目的。在编辑过程中会出现3种不同类型的图层，即同源图层、异源图层和灰色图层。

▶▶ 同源图层

"背景副本"图层是由"背景"图层复制而来的，"背景副本"图层称为"背景"图层的同源图层，如图4-41所示。

注意

对"背景副本"图层进行缩放、旋转、透视等改变像素的操作后，"背景副本"与"背景"图层失去了一一对应的关系，那么"背景副本"图层也称为"背景"图层的异源图层。

图2-41　同源图层

▶▶ 异源图层

"图层1"是从外面拖入的一个图层，并不是通过复制"背景"图层而得到的。那么"图层1"称为"背景"图层的异源图层，如图2-42所示。

图2-42　异源图层

▶▶ 灰色图层

"图层2"是通过添加滤镜得到的。这种整个图层只有一种颜色值的图层通常称为灰色图层。最典型的灰色图层是50%中性灰图层。灰色图层既可以由同源图层生成，也可以由异源图层得到，如图2-43所示。

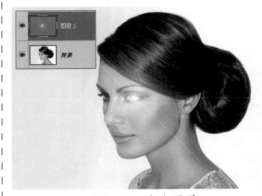

图2-43　灰色图层

2.4.2 混合模式类型

图层混合模式多达25种。在【图层】面板中,单击【正常】选项右边的三角按钮,即可以选择。在这众多的混合选项中,又可以分成六大类,如图2-44所示。

在所有混合模式中,有些是针对暗色调的图像混合,有些是针对亮色调的图像混合,有些则是针对图像中的色彩进行混合。无论是何种方式的混合,均会将两个或者多个图像融合为一幅图像。

比如,对比模式中的混合选项。此类模式实际上是能够加亮一个区域的同时又使另一个区域变暗,从而增加下面图像的对比度。该类型模式主要包括【叠加】模式、【柔光】模式、【强光】模式、【亮光】模式、【线性光】模式、【点光】模式和【实色混合】模式,如图2-45所示。

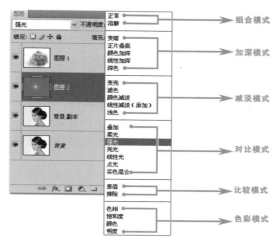

图2-44 混合模式类型

上方图层图像

下方图层图像

"叠加"混合模式

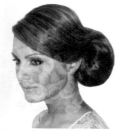

"柔光"混合模式

"强光"混合模式

"亮光"混合模式

"线性光"混合模式

"点光"混合模式

"实色混合"混合模式

图2-45 对比混合组合中的混合模式效果

2.5 滤镜效果

使用滤镜可以对图像进行修饰和变形，就滤镜的功能和效果而言，可以大致分为矫正性滤镜和破坏性滤镜两类。

1．矫正性滤镜 ▶▶▶▶

多数情况下矫正性类滤镜用作对图像做细微的调整和校正，处理后的效果很微妙，常作为基本的图像润饰命令使用。常见的有模糊滤镜组、锐化滤镜组、视频滤镜组和杂色滤镜组等，如图2-46所示。

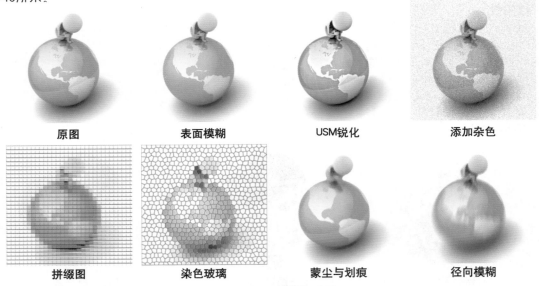

图2-46　矫正性滤镜效果

2．破坏性滤镜 ▶▶▶▶

除上述几种矫正性滤镜外，其他的都属于破坏性滤镜。破坏性滤镜常产生特殊效果，对图像的改变也十分明显，而这些是Photoshop工具和矫正性滤镜很难做到的，破坏性滤镜如果使用不当原有的图像将会面目全非，如图2-47所示。

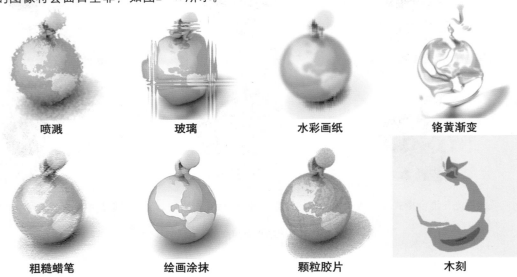

图2-47　破坏性滤镜

Photoshop网页图像设计应用

Photoshop可以将图像有效地保存为Web格式。比如Photoshop中的Web工具可以设计和优化单个Web图形或整个页面布局；使用切片工具可将图形或页面划分为若干相互紧密衔接的部分，并对每个部分应用不同的压缩和交互设置等功能。

本章主要介绍用于网页图像制作的命令与功能面板，以及如何有技巧地制作网页中特有的图片效果。通过本章的学习能够掌握网页中部分图像效果，以及简单动画效果的制作方法。

3.1 快速制作Web文件

Web文件是可以上传到网络或者直接插入HTML文件的文件。而在Photoshop中，可以直接制作网页中具有特殊效果的图像，也可以执行有关Web命令直接创建Web文件，而不用经过后期制作。

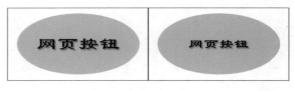

图3-1 复制并编辑图层

1．创建翻转图像 ▷▷▷▷

翻转是网页上的一个按钮或者图像，当鼠标移动到它上方时会发生变化。要创建翻转，至少需要两个图像：主图像表示处于正常状态的图像；次图像表示处于更改状态的图像。

首先在一个图层上创建内容，然后复制并编辑图层以创建相似内容，同时保持图层之间的对齐，如图3-1所示。

图3-2 创建翻转效果

当创建翻转效果时，可以更改图层的样式、可见性或位置，调整颜色或色调，或者应用滤镜效果。这里为图像应用了预设样式，如图3-2所示。

创建翻转图像组之后，分别保存图像，文件格式为JPG或者GIF。然后使用Dreamweaver将这些图像置入网页中并自动为翻转动作添加JavaScript代码。

2．Web照片画廊 ▷▷▷▷

Web画廊是一个Web站点，它具有一个包含缩览图图像的主页和若干包含完整大小图像的画廊页。每页都包含链接，使访问者可以在该站点中浏览。例如，当访问者单击主页上的缩览图图像时，关联的完整大小图像便会载入画廊页。

在Adobe CS5中，Web画廊是在Adobe Bridge CS5中创建的。启动该软件，执行【输出】命令，界面切换为输出界面。单击【Web画廊】按钮，右侧显示相应的选项，如图3-3所示。其中主要包括【站点信息】、【颜色调板】、【外观】和【创建画廊】选项组，各个选项组中的选项及作用如下。

图3-3 Bridge中的Web画廊

>> 站点信息

- **画廊标题**　该选项用于设置画廊的标题。
- **画廊题注**　该选项用于设置画廊的辅助标题。
- **关于此画廊**　该选项用于显示画廊作用。
- **您的姓名**　该选项用于设置画廊创建者名称。
- **电子邮件地址**　该选项用于设置创建者联系方式。
- **版权信息**　该选项用于显示网页版权信息。

>> 颜色调板

- **背景**　该选项用于设置画廊背景颜色，包括主要背景、缩览图背景与幻灯片背景。
- **菜单**　该选项用于设置画廊菜单背景颜色，包括栏背景、悬停背景与文字背景。
- **标题**　该选项用于设置画廊标题背景颜色，包括标题栏背景与文字背景。
- **缩览图**　该选项用于设置画廊缩览图背景颜色，包括悬停背景与已选定背景。

>> 外观

- **显示文件名称**　启用该选项，将显示图片文件名称。
- **预览大小**　该选项用于设置幻灯片尺寸，子选项包括特大、大、中、小。
- **缩览图大小**　该选项用于设置缩览图尺寸，子选项包括特大、大、中、小。
- **幻灯片持续时间**　该选项用于设置自动播放间隔时间，默认时间为5秒。
- **过渡效果**　该选项用于设置切换幻灯片的过渡效果，子选项包括渐隐、剪切、光圈、遮帘、溶解。

>> 创建画廊

- **画廊名称**　该选项用于设置网页文件所在的文件夹名称。
- **存储到磁盘**　该选项用于保存网页文件，子选项包括用于存储位置的【浏览】按钮与【存储】按钮。
- **上载**　该选项用于设置网页上传到服务器，子选项包括FTP服务器名称、用户名、密码、文件夹名称等。

当在【内容】选项卡中选中多个图像缩览图后，在右侧设置【模板】选项以及相关的选项后，单击【刷新预览】按钮能够在【输出预览】选项卡中预览画廊网页效果；如果单击【创建画廊】选项组中的【存储】按钮，那么可以打开画廊网页预览效果，如图3-4所示。

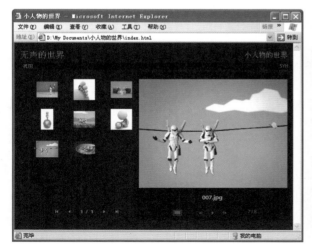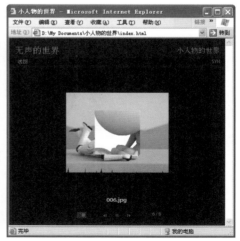

图3-4　预览画廊网页效果

3.2 创建与编辑切片

在Photoshop中制作网页图像，除了要设置成与屏幕分辨率相符的分辨率外，还需要通过切片工具将其裁切为小尺寸图像。这样才能够组合为网页，上传到网络中。

切片是使用HTML表或CSS图层将图像划分为若干较小的图像，这些图像可在Web页上重新组合。通过划分图像，可以指定不同的URL链接以创建页面导航，或使用其自身的优化设置对图像的每个部分进行优化。

3.2.1 创建切片

切片按照其内容类型以及创建方式进行分类。使用【切片工具】 创建的切片称作用户切片；通过图层创建的切片称作基于图层的切片。当创建新的用户切片或基于图层的切片时，将会生成附加自动切片来占据图像的其余区域。

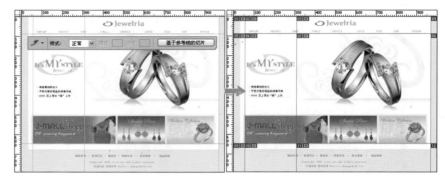

图3-5　基于参考线创建切片

1. 基于参考线创建切片 >>>>

基于参考线创建切片的前提是文档中存在参考线。选择工具箱中的【切片工具】，单击工具选项栏中的【基于参考线的切片】按钮，即可根据文档中的参考线创建切片，如图3-5所示。

提示

通过参考线创建切片后，切片与参考线就没有关联了。即使清除或者移动参考线，切片也不会被改变或者清除。

2. 使用切片工具创建切片 >>>>

在工具箱中选择【切片工具】后，在画布中单击并且拖动即可创建切片，如图3-6所示。其中，灰色为自动切片。

图3-6　使用切片工具创建切片

3. 基于图层创建切片 >>>>

基于图层创建切片是根据当前图层中的对象边缘创建切片。方法是选中某个图层后，执行【图层】|【新建基于图层的切片】命令，如图3-7所示。

图3-7　基于图层创建切片

3.2.2　编辑切片

无论以何种方式创建切片，都可以对其进行编辑，只是不同类型的切片其编辑方式有所不同。其中用户切片可以进行各种编辑，比如查看切片等；自动切片与基于图层的切片则有所限制，并且有其自身的编辑方法。

1．查看切片 ►►►►

当创建切片后发现，切片本身具有颜色、线条、编号与标记等属性，如图3-8所示。其中具有图像的切片、无图像切片、自动切片与基于图层的切片等标记有所不同。

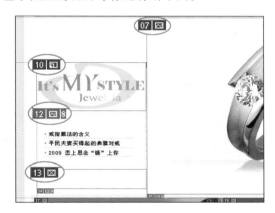

图3-8　查看切片

技巧

要想隐藏或者显示所有切片，可以按Ctrl＋H快捷键；要想隐藏自动切片，可以在【切片选择工具】的工具选项栏中单击【隐藏自动切片】按钮。

2．选择切片 ►►►►

编辑所有切片之前，首先要选择切片。在Photoshop中选择切片有其专属的工具，那就是【切片选择工具】 。选择【切片选择工具】，在画布中单击，即可选中切片，如图3-9所示。

图3-9　选择切片

如果要同时选中两个或者两个以上切片，那么可以按住Shift键，连续单击相应的切片如图3-10所示。

图3-10　选中多个切片

3．切片选项 ►►►►

Photoshop中的每一个切片除了包括显示属性外，还包括Web属性。使用【切片选择工具】选中一个切片后，单击工具选项栏中的【为当前切片设置选项】按钮 ，打开【切片选项】对话框，如图3-11所示。其中，各个选项及作用如表3-1所示。

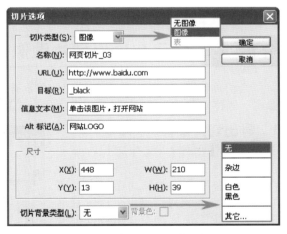

图3-11　【切片选项】对话框

注意

URL选项可以输入相对URL或绝对（完整）URL。如果输入绝对URL，一定要包括正确的协议（例如，http://www.baidu.com而不是www.baidu.com）。

表3-1 【切片选项】对话框中的选项及作用

选项	作用
切片类型	该选项用来设置切片数据在Web浏览器中的显示方式，分为图像、无图像与表
名称	该选项用来设置切片名称
URL	该选项用来为切片指定URL，可使整个切片区域成为所生成Web页中的链接
目标	该选项用来设置链接打开方式，分别为_black、_self、_parent与_top
信息文本	为选定的一个或多个切片更改浏览器状态区域中的默认消息。默认情况下，将显示切片的URL（如果有）
Alt标记	指定选定切片的Alt标记。Alt文本出现，取代非图形浏览器中的切片图像。Alt文本还在图像下载过程中取代图像，并在一些浏览器中作为工具提示出现
尺寸	该选项组用来设置切片尺寸与切片坐标
切片背景类型	选择一种背景色来填充透明区域（适用于【图像】切片）或整个区域（适用于【无图像】切片）

当设置【切片类型】选项为【无图像】选项后，【切片选项】对话框更改为如图3-12所示。可以输入要在所生成Web页的切片区域中显示的文本，此文本可以是纯文本或使用标准HTML标记设置格式的文本。

> **提示**
>
> 在无图像类型切片中，设置显示在单元格中的文本，在文档窗口中是无法显示的。要想查看，需要生成HTML网页文件。

图3-12 【无图像】选项

3.3 优化与导出切片图像

当切片创建完成后，大尺寸的图像并没有变成小尺寸的图像，还需要通过一个命令将切片图像逐一保存，即【存储为Web和设备所用格式】命令。

1. 导出切片图像 ▶▶▶▶

执行【文件】|【存储为Web和设备所用格式】命令，打开【存储为Web和设备所用格式】对话框，如图3-13所示。在该对话框中可以设置单个切片图像的优化选项，也可以设置全部的切片图像。

对话框中的各个选项及功能如下。

▶▶ **查看切片** 在对话框左侧区域中包括查看切片的不同工具：【抓手工具】、【切片选择工具】、【缩放工具】、【吸管工具】与【切换切片可见性】。

▶▶ **图像预览** 在图像预览窗口中包括4个不同显示方式：原图、优化、

图3-13 【存储为Web和设备所用格式】对话框

双联与四联。

»» 优化选项 在优化选项区域中，选择下拉列表中的不同文件格式选项，会显示相应的参数。

»» 播放动画控件 如果是针对动画图像进行优化，那么在该区域中可以设置动画播放选项。

2．优化Web图像 »»»»

通过【预设】下拉列表可以选择系统制定的优化方案，可以自行在【优化的文件格式】中选择所需的格式，并对各优化选项进行设置。下面对选择不同格式所进行的选项设置进行介绍。

GIF和PNG-8是用于压缩具有单调颜色和清晰细节的图像（如艺术线条、徽标或带文字的插图）标准格式。与GIF格式一样，PNG-8格式可有效地压缩纯色区域，同时保留清晰的细节。这两种文件均支持8位颜色，因此可以显示多达256种颜色。确定使用哪些颜色的过程称为建立索引，因此GIF和PNG-8格式图像有时也称为索引颜色图像。为了将图像转换为索引颜色，Photoshop会构建一个颜色查找表，该表存储图像中的颜色并为这些颜色建立索引。如果原始图像中的某种颜色未出现在颜色查找表中，应用程序将在该表中选取最接近的颜色，或使用可用颜色的组合模拟该颜色。

该部分最重要的选项设置就是【损耗】参数栏，它通过有选择地扔掉数据来减小文件大小。【损耗】值越高，则会丢掉越多的颜色数据，如图3-14所示。通常可以应用5～10的损耗值，有时可高达50，而不会降低图像品质。该选项可将文件大小减小5%～40%。

JPEG是用于压缩连续色调图像（如照片）的标准格式。该选项的优化过程依赖于有损压缩，它有选择地扔掉颜色数据。该部分最重要的选项设置就是【品质】参数栏，它可确定压缩程度。设置的值越高，压缩算法保留的细节越多。但是使用高品质设置比使用低品质设置生成的文件大。

图3-14 设置【损耗】参数栏

PNG-24适合于压缩连续色调图像，所生成的文件比JPEG格式生成的文件要大得多。使用该格式的优点在于可在图像中保留多达256个透明度级别。

通过设置【透明度】和【杂边】选项，可确定如何优化图像中的透明像素。【交错】选项可使下载时间感觉更短，并使浏览者确信正在进行下载。该选项会增加文件大小。

WBMP格式是用于优化移动设备图像的标准格式。它支持1位颜色，即图像只包含黑色和白色像素，如图3-15所示。

图3-15 WBMP格式的图像

3.4 动画面板

动画由若干静态画面快速交替显示而成。因人的眼睛会产生视觉残留，对上一个画面的感知还未消失，下一张画面又出现，因此产生动的感觉。可以说动画是将静止的画面变为动态的一种艺术手段，利用这种特性可制作出具有高度想象力和表现力的动画影片。

计算机动画是采用连续播放静止图像的方法产生景物运动的效果，即使用计算机产生图形、图像运动的技术。计算机动画的原理与传统动画基本相同，只是在传统动画的基础上将计算机技术用于动画的处理和应用，并可以实现传统动画无法实现的效果。由于采用数字处理方式，动画的运动效果、画面色调、纹理、光影效果等可以不断改变，输出方式也多种多样。图3-16所示为人物奔跑的分解示意图。当连续播放时，即可产生奔跑的视觉效果。

图3-16　计算机动画

在Photoshop的【动画】面板中，可以完成所有关于创建、编辑动画的设置工作。在该面板中，可以以两种方式编辑动画，一种是以动画帧模式编辑动画，另外一种是时间轴编辑模式，它的工作模式同Adobe公司出品的视频编辑软件类似，都可以通过设置关键帧来精确地控制图层内容的位置、透明度或样式的变化。

3.4.1　帧动画面板

【动画（帧）】面板编辑模式是最直接也最容易让人理解动画原理的一种编辑模式，它通过复制帧来创建出一幅幅图像，然后通过调整图层内容，来设置每一幅图像的画面，将每一幅画面连续播放就形成了动画。执行【窗口】|【动画】命令，如图3-17所示。

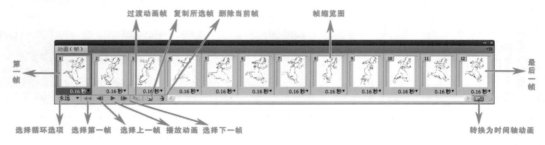

图3-17　【动画（帧）】面板

在帧动画模式下，可以显示出动画内每帧的缩览图。使用调板底部的工具可浏览各个帧、设置循环选项，以及添加、删除帧或是预览动画。其中的选项及功能如表3-2所示。

表3-2　【动画（帧）】面板中的选项名称及功能

选项	图标	功能
选择循环选项	无	单击该选项后的三角打开下拉菜单，可以选择一次循环或者永远循环，或者选择其他选项打开【设置循环计数】对话框，设置动画的循环次数
选择第一帧	◄◄	要想返回【动画】面板中的第一帧时，可以直接单击该按钮
选择上一帧	◄❚	单击该按钮选择当前帧的上一帧
播放动画	▶	在【动画】面板中，该按钮的初始状态为播放按钮。单击该按钮后按钮显示为停止，再次单击后返回播放状态
停止动画	■	
选择下一帧	❚▶	单击该按钮选择当前帧的下一帧
过渡	⊶	单击该按钮打开【过渡】对话框，在该对话框中可以创建过渡动画
复制所选帧	⬓	单击该按钮可以复制选中的帧，即通过复制帧创建新帧
删除选中的帧	🗑	单击该按钮可以删除选中的帧。当【动画】面板中只有一帧时，其下方的【删除选中的帧】按钮不可用
选择帧延时时间	无	单击帧缩览图下方的【选择帧延迟时间】弹出列表，选择该帧的延迟时间，或者选择【其他】选项打开【设置帧延迟】对话框，设置具体的延迟时间
转换为时间轴动画	▭	单击该按钮，【动画】面板会切换到时间轴模式（仅限Photoshop Extended）

3.4.2　时间轴动画面板

在【动画（帧）】面板中单击【转换为时间轴动画】按钮，即可转到时间轴编辑模式，如图3-18所示。

在时间轴中可以看到类似【图层】面板中的图层名字，其高低位置也与【图层】面板相同，其中每一个图层为一个轨道。单击图层左侧的箭头标志展开该图层所有的动画项目。不同类别的图层，其动画项目也有所不同。如文字图层与矢量形状图层，它们共有的是针对【位置】、【不透明度】和【样式】的动画设置项目，不同的是文字图层多了一个【文字变形】项目，而矢量形状层多了两个与蒙版有关的项目。如果将普通图层转换为3D图层，那么除了共有的动画设置项目外，还增加了3D相关动画设置项目。在该模式中，面板中的选项名称及功能如下。

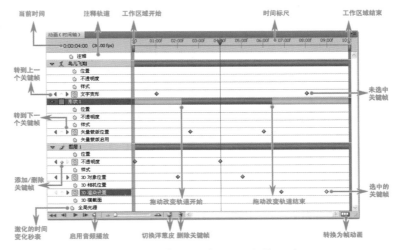

图3-18　【动画（时间轴）】面板

» **缓存帧指示器**　显示一个绿条以指示进行缓存以便回放的帧。

» **注释轨道**　从【面板】菜单中选择【编辑时间轴注释】选项，可在当前时间处插入注释。注释在注释轨道中显示为图标，并当指针移动到图标上方时作为工具提示出现。

» **转换为帧动画**　用于时间轴动画转换为帧动画。

» **时间码或帧号显示**　显示当前帧的时间码或帧号（取决于面板选项）。

» **当前时间指示器**　拖动当前时间指示器可导航帧或更改当前时间或帧。

» **全局光源轨道**　显示要在其中设置和更改图层效果（如投影、内阴影以及斜面和浮雕）的主光照角度的关键帧。

» **关键帧导航器**　轨道标签左侧的箭头按钮将当前时间指示器从当前位置移动到上一个或下一个关键帧。单击中间的按钮可添加或删除当前时间的关键帧。

» **图层持续时间条**　指定图层在视频或动画中的时间位置。要将图层移动到其他时间位置，可以拖动此条。要裁切图层（调整图层的持续时间），可以拖动此条的任一端。

» **已改变的视频轨道**　对于视频图层，为已改变的每个帧显示一个关键帧图标。要跳转到已改变的帧，可以使用轨道标签左侧的关键帧导航器。

» **时间标尺**　根据文档的持续时间和帧速率，水平测量持续时间（或帧计数）（从【面板】菜单中选择【文档设置】选项可更改持续时间或帧速率）。刻度线和数字沿标尺出现，并且其间距随时间轴的缩放设置的变化而变化。

» **时间—变化秒表**　启用或停用图层属性的关键帧设置。选择此选项可插入关键帧并启用图层属性的关键帧设置。取消选择可移去所有关键帧并停用图层属性的关键帧设置。

» **动画面板选项**　打开【动画】面板菜单，其中包含影响关键帧、图层、面板外观、洋葱皮和文档设置的各种功能。

» **工作区域指示器**　拖动位于顶部轨道任一端的蓝色标签，可标记要预览或导出的动画或视频的特定部分。

» **启用音频播放**　当导入视频文件并且将其放置在视频图层时，单击【启用音频播放】按钮后，播放动画图像的同时播放音频。

时间码是【当前时间指示器】指示的当前时间，从右端起分别是毫秒、秒、分钟、小时。时间码后面显示的数值（30.00fps）是帧速率，表示每秒所包含的帧数。在该位置单击并拖动鼠标，可移动【当前时间指示器】的位置。

拖动位于顶部轨道任一端的蓝色标签（工作区域开始和工作区域结束），可标记要预览、导出的动画或视频的特定部分，如图3-19所示。

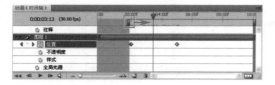

图3-19　改变动画预览、导出时间

关键帧是控制图层位置、透明度或样式等内容发生变化的控件。当需要添加关键帧时，首先激活对应项目前的【时间—变化秒表】，然后移动【当前时间指示器】到需要添加关键

帧的位置，编辑相应的图像内容，此时激活的【时间—变化秒表】所在轨道与【当前时间指示器】交叉处会自动添加关键帧，将对图层内容所作的修改记录下来，如图3-20所示。

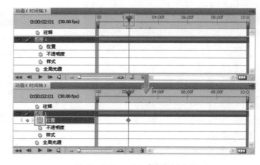

图3-20　创建关键帧

3.5　逐帧与过渡动画

Photoshop中的【动画（帧）】面板，不仅能够制作逐帧动画，还能够制作简单的过渡动画。而在过渡动画中，可以根据过渡动画中的选项，创建不透明度、位置以及文字变形等动画效果。

3.5.1　创建逐帧动画

逐帧动画就是一帧一个画面，将多个帧连续播放就可以形成动画。动画中帧与帧的内容可以是连续的，也可以是跳跃性的，这是该动画类型与过渡动画最大的区别。

在Photoshop中制作逐帧动画非常简单，只需要将动画与【图层】调板有效地结合起来，也就是说在【动画】调板中不断地新建动画帧，然后配合【图层】调板，对每一帧画面的内容进行更改，如图3-21所示。

3.5.2　创建过渡动画

过渡动画是两帧之间所产生的形状、颜色和位置变化的动画。创建过渡动画时，可以根据不同的过渡动画设置不同的选项，参数选项在【过渡】对话框中，如图3-22所示。其中的选项及作用如表3-3所示。

图3-21　创建逐帧动画

图3-22　【过渡】对话框

表3-3　【过渡】对话框中的选项及作用

选项		作用
过渡方式	选区	同时选中两个动画帧时，显示该选项
	上一帧	选中某个动画帧时，可以通过选择【上一帧】或者【下一帧】选项，来确定
	下一帧	过渡动画的范围

续表

选项		作用
要添加的帧数		输入一个值，或者使用向上或向下箭头键选取要添加的帧数，数值越大，过渡效果越细腻（如果选择的帧多于两个，该选项不可用）
图层	所有图层	启用该选项，能够将【图层】面板中的所有图层应用在过渡动画中
	选中的图层	启用该选项，只改变所选帧中当前选中的图层
参数	位置	启用该选项，在起始帧和结束帧之间均匀地改变图层内容在新帧中的位置
	不透明度	启用该选项，在起始帧和结束帧之间均匀地改变新帧的不透明度
	效果	启用该选项，在起始帧和结束帧之间均匀地改变图层效果的参数设置

1．位置过渡动画 ►►►►

位移过渡动画是同一图层中的图像由一端移动到另一端的动画。在创建位移动画之前，首先要创建起始帧与结束帧。打开【动画】面板后，确定主题位置，如图3-23所示。

图3-23　确定起始帧中的主题位置

然后复制第一帧为第二帧，在第二帧中移动同图层中的主题至其他位置，如图3-24所示。

图3-24　确定结束帧中的主题位置

接着按住Shift键，同时选中起始帧与结束帧。单击【动画】面板底部的【动画帧过渡】按钮，在【参数】选项组中启用【位置】选项，其他选项默认。单击【确定】按钮后，在两帧之间创建过渡动画帧，如图3-25所示。

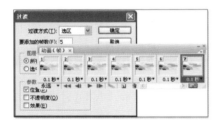

图3-25　创建位置过渡动画

2．不透明度过渡动画 ►►►►

不透明度过渡动画是两幅图像之间显示与隐藏的过渡动画。与位置过渡动画的创建前提相同，必须创建过渡动画的起始帧与结束帧。在【动画】面板第一帧中，设置"图层1"的【不透明度】选项为100%，如图3-26所示。

图3-26　设置起始帧中的不透明度

接着复制第一帧为第二帧，在第二帧中设置该图层的【不透明度】选项为0%，如图3-27所示。

图3-27　制作结束帧显示效果

然后选中第一帧，单击【动画帧过渡】按钮，在【参数】选项组中启用【不透明度】选项，单击【确定】按钮后，在两帧之间创建过渡动画帧，如图3-28所示。

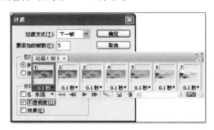

图3-28　创建不透明度过渡动画

3.6 时间轴动画

要在时间轴模式（而不是帧模式）中对图层内容进行动画处理，需要在将当前时间指示器移动到其他时间/帧上时，在【动画】调板中设置关键帧，然后修改该图层内容的位置、不透明度或样式。Photoshop将自动在两个现有帧之间添加或修改一系列帧，通过均匀改变新帧之间的图层属性（位置、不透明度和样式）以创建运动或变换的显示效果。

在【动画（时间轴）】调板中，不同对象所在图层，其图层属性会有所不同。而在时间轴模式中，主要分为普通图层、文本图层与蒙版图层。

1．普通图层时间轴动画 ▶▶▶▶

普通图层的时间轴动画主要是针对位置、不透明度与样式效果的，既可以单独创建，也可以同时创建。其效果与帧动画中的过渡动画相似。

比如，要创建位置时间轴的动画，当画布中存在图像时，执行【窗口】|【动画】命令，并且切换到【动画（时间轴）】模式中。确定【当前时间指示器】位置后，单击【位置】属性的【时间—变化秒表】，创建第一个关键帧，调整该关键帧中对象的属性，如图3-29所示。

图3-29 创建第一个关键帧

向右拖动【当前时间指示器】，确定第二个关键帧位置，单击【添加/删除关键帧】图标，创建第二个关键帧，并且移动对象位置，如图3-30所示。

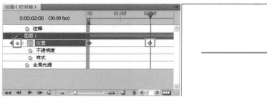

图3-30 创建第二个关键帧

这时，位置效果的时间轴动画创建完成，单击面板底部的【切换洋葱皮】按钮后，移动【当前时间指示器】，发现不同时间效果不同。图3-31所示为对象移动走向。

图层属性不透明度与样式的创建方法与位置相同。例如在【位置】属性的关键帧位置创建样式时间轴动画，如图3-32所示。

单击面板底部的【切换洋葱皮】按钮后，移动【当前时间指示器】查看时间轴动画的过程，如图3-33所示。

图3-31 切换洋葱皮

注意

当洋葱皮效果不明显时，可以选择【动画(时间轴)】面板的关联菜单，选择【洋葱皮设置】选项。设置对话框中的【洋葱皮计数】与【帧间距】选项，即可改变洋葱皮效果。

2．文本图层时间轴动画

文本图层的时间轴动画效果中，除了普通图层中的位置、不透明度与样式外，还包括文字变形属性，并且其创建方法与其他属性相同。只要在文本变形属性中创建关键帧，然后在关键帧中，通过【横排文字工具】 T. 打开【变形文字】对话框，设置文本的变形效果即可，如图3-34所示。

然后移动【当前时间指示器】，单击【添加／删除关键帧】图标，创建第二个关键帧，并且在该关键帧中重新设置文字的变形效果，如图3-35所示。

这时还可以同时创建同图层中的其他属性动画，这里是在同时间位置创建了位置时间轴动画，如图3-36所示。

3．蒙版图层时间轴动画

蒙版图层的时间轴动画效果中，除了普通图层中的位置、不透明度与样式外，还包括图层蒙版位置与图层蒙版启用两个属性。图层蒙版位置是针对蒙版图形在画布中的位置属性，而图层蒙版启用是在文档中的启用与禁用效果。

当一个普通图层中创建蒙版后，时间轴模式中显示两个专属属性。确定【当前时间指示器】位置后单击图层蒙版位置的【时间—变化秒表】，创建第一个关键帧，如图3-37所示。

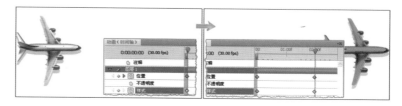

图3-32　创建样式时间轴动画

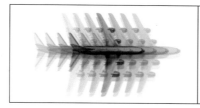

图3-33　切换洋葱皮效果

> **提示**
>
> 文本变形动画效果的创建方法与位置动画相同，只是不是在【样式】属性中，而是在文本图层的【文本变形】属性中创建。

图3-34　创建第一个关键帧文本效果

图3-35　创建第二个关键帧文本效果

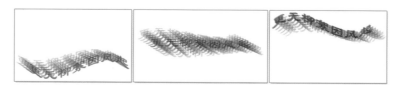

图3-36　创建位置时间轴动画

图3-37　创建第一个关键帧

接着确定【当前时间指示器】位置后，单击【添加／删除关键帧】图标，创建第二个关键帧，单击【图层】调板中的【指示图层蒙版链接到图层】图标禁用链接功能，移动蒙版中的图形，如图3-38所示。

图3-38　创建第二个关键帧

这时单击【切换洋葱皮】按钮后，单击【播放】按钮，观察动画效果，如图3-39所示。

图3-39　图层蒙版动画

蒙版图层位置属性同样可以与其他属性同时创建时间轴动画，使用相同方法创建不透明度属性的时间轴动画。切换到洋葱皮效果，如图3-40所示。

图3-40　不透明度与蒙版图层位置综合效果

蒙版图层中的【图层蒙版启用】属性，是针对时间轴动画中蒙版的启用与禁用效果的。方法是创建两个关键帧后，在第二个关键帧位置禁用【图层】调板中的蒙版，如图3-41所示。

图3-41　创建【图层蒙版启用】动画

这时单击调板底部的【播放】按钮，发现该效果在动画过程中不是过渡效果，而是瞬间效果。也就是说，当【当前时间指示器】经过第二个关键帧时，整个画面瞬间显示为图像，如图3-42所示。

图3-42　【图层蒙版启用】动画

网页设计元素之导航Banner设计

网页设计运用了平面设计的基本视觉元素，来达到信息传达和审美的目的。这些视觉元素包括文字、图像、版面和色彩，而Banner是网页设计中最主要的视觉传达元素。

在设计网页时，网页中的Banner和导航菜单可以独立存在，也可以同时存在，一般情况下，导航菜单是创建在Banner之中的。本章将详细介绍Banner和导航条的操作方法及技巧。

4.1 网页导航Banner概述

Banner是一种表现形式，是以GIF、JPG、SWF等格式建立的静态或者动态的图像文件。Banner定位在网页中，大多用来表现网络广告内容，同时还可以使用Java等语言使其产生交互性、用Flash等动画制作工具增强效果的表现力，如图4-1所示。

图4-1　网页Banner效果

Banner广告有多种表现规格和形式，最开始使用的是488×60像素的标准标识广告。由于这种规格曾处于支配地位，在早期有关网络广告的文章中，如果没有特别指名，通常都是指标准标识广告。现在这种尺寸的Banner在如今网络中已经非常少见，几乎连门户网站上都看不见它的身影，取而代之的是和网页形成整体配比的尺寸，如图4-2所示。

图4-2　不同形式与尺寸的广告Banner

而导航Banner主要出现在门户网站以外的其他网站中，导航Banner是导航菜单与Banner的结合，主要展示与网站相关的图片与文字信息。其中导航菜单与Banner既可以单独显示，也可以整体显示，如图4-3所示。

随着网页制作技术的提高，以及平面元素越来越多的介入，导航Banner的形状越来越多样化。而导航Banner的形状与尺寸并不是随意设置的，而是根据所在网页中的主题与风格来决定的，如图4-4所示。

图4-3　单独与整体导航Banner

图4-4　不规则导航Banner

4.2　练习：美食网站Banner制作

　　本网站是以介绍、宣传美食为主的网站，在网站色彩搭配上以明快、灿烂的橙色、黄色为主色调。因为网站背景是淡黄色，为了使整个网站层次分明，在设计Banner时，采用了暖色系中最暖的颜色——橙色作为背景，而为了使Banner颜色丰富并统一一致，在添加美食图片及文字时，混入了少许红色和黑色，使整个Banner变得沉稳、含蓄而又明快，下面是Banner在网站中的效果，如图4-5所示。

图4-5　Banner在网页中的效果

操作步骤：

STEP|01　在Photoshop中新建宽和高为950×330像素的文档，根据网页效果图中的Banner，使用【钢笔工具】，创建不规则图形，并使用【渐变工具】填充颜色从#DB9224到#F9B92B的渐变作为背景，如图4-6所示。

图4-6　创建背景

STEP|02　ASA美食网站是宣传美食的网站，选择了美食图片导入文档中并且放置在文档右下位置。因为图片与背景的衔接不相融洽，可以通过使用蒙版来修改图片的边缘，如图4-7所示。

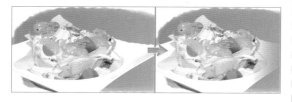

图4-7　导入并调整图片

STEP|03　使用相同的编辑方法，导入杯子图片，使用【曲线】命令提亮其色调。并将杯子所有图层移动到美食图层的下方，如图4-8所示。

图4-8　导入杯子图片

STEP|04　在Banner的中间偏左位置创建网站标识语，突出网站主要内容。白色、圆体、黄色描边的标识语搭配橙色背景，给人一种甜密、幸福的感觉。为了使文本不太单调，还在标识语的右下方位置添加了一些关于美食的黑色小字，如图4-9所示。

图4-9　创建网站标识语

STEP|05 在Banner的右侧位置添加"今日推荐"栏目，使版面布局平衡。本版块介绍了两种菜肴，为了使菜肴图片与整个Banner的色调统一，采用橙色与浅绿色的底色搭配，构成响亮、欢乐的色彩；而添加的黑色文字，可以使整个Banner显得稳重、明快。至此，ASA美食网站的Banner制作完成，如图4-10所示。

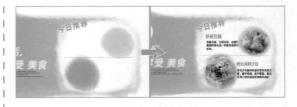

图4-10 在Banner右侧添加内容

4.3 练习：服装网站Banner制作

服装网站是一种典型的商业网站，要根据内容制作网站Banner。本案例是关于Kappa运动服装网，网站以个性时尚突出主题。所以Banner设计在色彩搭配上要鲜艳，整体结构新颖独特、充满活力感，如图4-11所示。

图4-11 Kappa专卖网

操作步骤：

STEP|01 新建一个宽度和高度分别为750和530像素、白色背景的文档。新建"图层1"，填充任意色。双击该图层，打开【图层样式】对话框，启用【渐变叠加】选项，设置参数，如图4-12所示。

STEP|02 新建"图层2"，选择【自定义形状工具】。在【"自定形状"取舍器】下拉菜单中，选择"红心形卡"。设置W和H分别为440和380像素，用画笔在画布中单击，建立图形，如图4-13所示。

图4-12 添加渐变效果

图4-13 绘制图形

STEP|03 按Ctrl+T快捷键，打开变换框。在【工具栏】上，设置【旋转】为−30度。双击当前图层，打开【图层样式】对话框，启用【内阴影】选项，设置参数，如图4−14所示。

图4−14 添加立体效果

STEP|04 按住Ctrl键，单击"图层2"缩览图，载入该图层选区。执行【选择】|【变换选区】命令。单击【工具栏】上的【保持长宽比例】按钮，设置【水平缩放】为95%，如图4−15所示。

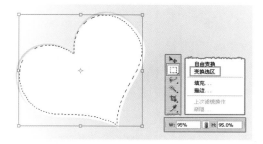

图4−15 缩小选区

提示
在选区处于活动状态时，选择【选框工具】组中的工具，在画布中右击，对选区执行操作命令。通过【选择】、【修改】、【收缩】命令，对选区进行缩放时，所选会有所改变。

STEP|05 按Enter键，结束上次变换。新建"图层3"，填充任意色。双击该图层，启用【渐变叠加】图层样式，对图像添加渐变效果，设置参数，如图4−16所示。选中"图层2"，按Del键，删除该图层图像上所选区域。

STEP|06 新建"图层4"，将选区填充为白色。按照上例缩放选区方法，设置【水平缩放】为85%，缩放选区。按Del键，删除选区，如图4−17所示。按Ctrl+D快捷键，取消选区，并设置该图层的【不透明度】为20%。

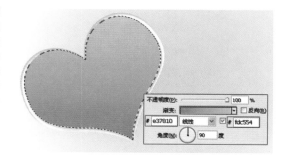

图4−16 添加渐变效果

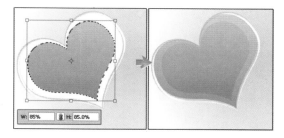

图4−17 绘制图像

STEP|07 新建"图层5"，设置前景色为白色。使用【矩形工具】，设置W和H分别为390和125像素，绘制矩形。载入"图层3"选区，单击【图层】面板下的【添加图层蒙版】按钮，设置当前图层的【不透明度】为30%，如图4−18所示。

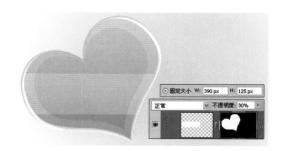

图4−18 绘制半透明图形

STEP|08 将"图层1"和"背景"层以外的图层合并，命名图层为"心"，双击该图层，启用【投影】图层样式。对合并后的图像添加投影，设置参数，如图4−19所示。

STEP|09 新建"圆"图层，设置前景色为棕黄色（#E67B11）。使用【椭圆工具】，设置W和H为74像素，绘制正圆。双击当前图层，启用【描边】图层样式，对图像添加2像素白色描边，设置参数，如图4−20所示。

STEP|10 启用【投影】选项，对圆图像添加投影效果，设置参数，如图4−21所示。

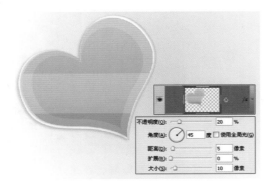

图4-19　添加投影效果

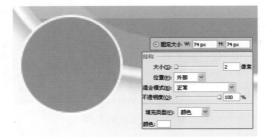

图4-20　添加描边效果

图4-21　添加投影

STEP|11　按Ctrl+J快捷键2次，复制出2个圆形图像。分别选中两副本图形，进行缩小后，移动排列放置，如图4-22所示。

图4-22　复制图像

STEP|12　使用【横排文字工具】　，输入字母a，设置【字体】为"黑体"，【字号】为70点。启用【渐变叠加】图层样式，对文字添加渐变效果，设置参数，如图4-23所示。

图4-23　输入字母

STEP|13　按Ctrl+J快捷键，复制文字。双击副本文字图层，打开【图层样式】对话框，重设【渐变角度】为-107，并对副本图水平向右移动7个像素，绘制立体文字效果，如图4-24所示。

图4-24　绘制立体文字

提示

为了操作方便，可将两图层文字合并或链接。

STEP|14　使用【横排文字工具】，在字母上方输入"——"做眼睛装饰，并放置"蝴蝶结"和"矢量花"图像素材，如图4-25所示。

图4-25　将文字卡通化

STEP|15 按照上述方法，使用【椭圆工具】，绘制与心形图像相似的图形，如图4-26所示。

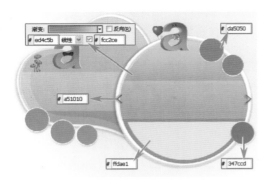

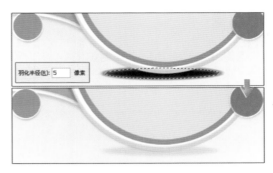

图4-27 绘制投影效果

图4-26 绘制图形

STEP|16 在"图层1"上方新建一图层，使用【椭圆选框工具】，建立选区。按Shift+F6快捷键，设置【羽化半径】为5像素，填充黑色。取消选区，设置该图层的【不透明度】为10%，如图4-27所示。

STEP|17 Banner绘制完成，放置该网页标志、文字及图像等信息内容，如图4-28所示。

STEP|18 将"背景"层以外的图层合并，并将合并后的图像放置到网页中，如图4-11所示。

图4-28 放置内容信息

4.4 练习：饰品网站动态Banner制作

该饰品网站的动态Banner是利用【动画（时间轴）】面板制作而成的，Banner在网页中的显示效果如图4-29所示。制作该Banner，首先需要使用【图层】面板制作好各画面的静态显示效果，然后利用【动画（时间轴）】面板设置各图形的不透明度、位置等属性，完成动画的制作。

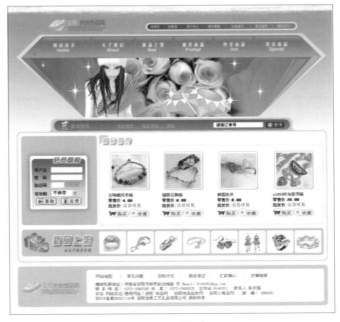

图4-29 饰品网

操作步骤：

STEP|01 新建一个和网页文档相同宽度的文档，使用【钢笔工具】🖋绘制如图4-30所示的图形，按Ctrl+Enter快捷键将路径转换为选区后填充颜色。

图4-30　绘制图形

STEP|02 使用【钢笔工具】🖋、【渐变工具】◻、【椭圆选框工具】◯等创建导航菜单及Banner背景，效果如图4-31所示。

图4-31　创建Banner中的导航菜单及背景

STEP|03 执行【窗口】|【动画】命令打开【动画（时间轴）】面板，拖动右侧的【工作区域指示器】，设置动画播放时间为3秒，如图4-32所示。

图4-32　设置动画播放时间

STEP|04 在【图层】中选中"花"图层，隐藏其他图层。当【动画（时间轴）】面板中的【当前时间指示器】指在第一帧时，单击相应图层中【不透明度】的【时间-变化秒表】按钮⏱创建关键帧，并且设置该图层的【不透明度】为0%，如图4-33所示。

图4-33　创建关键帧

STEP|05 拖动【当前时间指示器】至如图4-34

所示位置，单击【不透明度】的【添加/删除关键帧】按钮◆，创建关键帧，并且设置该关键帧的【不透明度】为100%。

图4-34　创建第二个关键帧

STEP|06 在同一帧中，单击人物图层中【不透明度】的【时间-变化秒表】按钮⏱创建关键帧，并且设置该图层的【不透明度】为0%，如图4-35所示。

图4-35　创建人物动画的第一个关键帧

STEP|07 拖动【当前时间指示器】至如图4-36所示位置，单击【不透明度】的【添加/删除关键帧】按钮◆，创建关键帧，并且设置该关键帧的【不透明度】为100%。

图4-36　创建人物动画的第二个关键帧

STEP|08 拖动【当前时间指示器】至如图4-37所示位置，分别单击【不透明度】和【位置】的【添加/删除关键帧】按钮◆，在同一时间创建两个关键帧，并且设置该关键帧的【不透明度】为0%。同时将蓝钻向左上移动20个像素。

图4-37　同时创建两个关键帧

STEP|09 拖动【当前时间指示器】至如图4-38所示位置，分别单击【不透明度】和【位置】

的【添加/删除关键帧】按钮◆，在同一时间创建两个关键帧，并且设置该关键帧的【不透明度】为100%。同时将蓝钻向右下移动20个像素。

图4-38 创建第二个关键帧

STEP|10 依据以上添加关键帧的方法，添加"红钻"图层的关键帧，使其从起始位置到终止位置逐渐显示，如图4-39所示。然后使用同样的方法，完成其他图层动画效果的制作。

图4-39 添加其他关键帧

STEP|11 最后在接近3秒的帧位置，为这些动画图层创建两个关键帧，前者设置【不透明度】均为100%，后者设置【不透明度】均为

0%，完成动画创建，如图4-40所示。

图4-40 时间轴动画效果

STEP|12 时间轴动画成后，执行【文件】|【存储为Web和设备所用格式】命令，设置参数如图4-41所示，并且保存文件类型为仅限图像，将时间轴动画保存为GIF动画文件。

图4-41 保存动画

PHOTOSHOP

4.5 练习：茶叶网站静态Banner制作

茶是中国人日常生活中不可缺少的一部分，而茶艺是包括茶叶品评技法和艺术操作手段的鉴赏以及品茗美好环境的领略等整个品茶过程的美好意境，是饮茶活动过程中形成的文化现象。

茶艺背景是衬托主题思想的重要手段，它渲染茶性清纯、幽雅、质朴的气质，增强艺术感染力。不同的风格的茶艺有不同的背景要求，只有选对了背景才能更好地领会茶的滋味。本案例是一个茶艺网站，整体以淡淡的绿色调为主，体现出清新感，如图4-42所示。在Banner的制作上，茶叶图片以圆形而出现，加上绿色的外壳边框，呈现出一种优美、雅致感。

图4-42 中国茶艺网

操作步骤：

STEP|01 新建一个宽度和高度分别为800和430像素、白色背景的文档。新建"图层1"，填充白色。双击该图层，打开【图层样式】对话框。启用【渐变叠加】选项，添加渐变叠加效果，设置参数，如图4-43所示。

图4-43 添加渐变效果

STEP|02 使用【钢笔工具】 ，建立路径。使用【直接选择工具】 ，移动锚点，使用【转换点工具】 ，调整锚点，如图4-44所示。

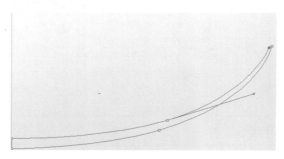

图4-44 建立路径

STEP|03 按Ctrl+Enter快捷键，将路径转换为选区。新建"图层2"，填充白色。取消选区，双击该图层，启用【渐变叠加】图层样式。添加渐变效果，设置参数，如图4-45所示。

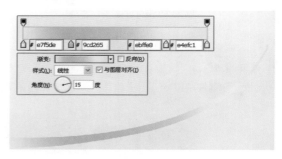

图4-45 添加渐变效果

STEP|04 启用【投影】选项，对图像添加投影。设置【不透明度】为21%；禁用【使用全

局光】选项，设置参数，如图4-46所示。

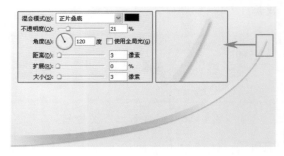

图4-46 添加投影效果

STEP|05 新建"图层3"，使用【椭圆工具】 绘制正圆。双击该图层，打开【图层样式】对话框。启用【描边】选项，添加1像素绿色描边，设置参数，如图4-47所示。并设置该图层的【填充】为0%。

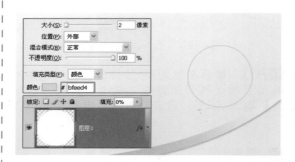

图4-47 绘制圆环

STEP|06 按照上例方法，绘制多个大小不一、颜色不同的圆环图像。使用【椭圆工具】绘制多个圆点。隐藏"图层1"，如图4-48所示。

图4-48 绘制多个圆环

> **提示**
>
> 该操作中，可以通过复制圆环，对副本图形进行放大或缩小变换来绘制多个圆环。并可以通过【描边】图层样式，更改其描边颜色。

STEP|07 打开"茶叶地"素材图片，将其放置于文档中。使用【椭圆选框工具】 ◯ ，设置【宽度】和【高度】分别245像素，在图像上建立正圆选区，如图4-49所示。

图4-49 建立选区

STEP|08 选中图片素材当前图层，单击【图层】面板下的【添加图层蒙版】按钮 ◻ 。选区以外的图像将被隐藏，如图4-50所示。

图4-50 添加蒙版

STEP|09 执行【选择】|【变换选区】命令，打开变换框。设置【对平缩放】为105%，等比例扩大选区。按Enter键，结束变换。新建图层"外壳"，填充黄绿色（#B5DE9），如图4-51所示。

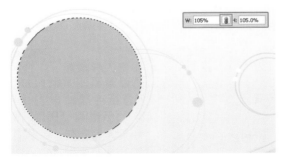

图4-51 填充选区

STEP|10 如同上例放大，设置【水平缩放】为

90%，等比例缩小选区。按Del键，删除选区，取消选区。双击"外壳"图层，打开【图层样式】对话框。启用【投影】图层样式，对图像添加投影，设置参数，如图4-52所示。

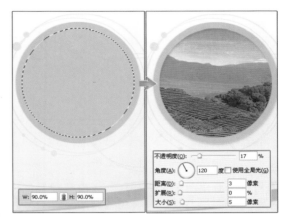

图4-52 添加阴影效果

STEP|11 使用【矩形工具】 ▭ ，设置W为100像素；H为40像素，建立矩形路径。按Ctrl+T快捷键，打开变换框，旋转路径。结束变换，将路径转为选区后删除，取消选区，如图4-53所示。

图4-53 删除外壳局部

STEP|12 分别放置多幅不同的图片素材，如同上例操作，对图像添加蒙版后，添加外壳边框，如图4-54所示。

图4-54 绘制图像

STEP|13 使用【横排文字工具】T，输入"中国茶文化——茶艺"黑色文字。设置【字体】为"方正黄草简体"，设置参数，如图4-55所示。放置"叶子"图像素材做点缀装饰。

图4-55 输入文字

STEP|14 新建图层"选择栏"，设置前景色为橘黄色（#FFCA28）。使用【圆角矩形工具】，设置W为610像素；H为105像素；圆角的【半径】为5像素。在画布上单击，绘制圆角矩形，如图4-56所示。

图4-56 绘制圆角矩形

STEP|15 新建图层"分割符"，使用【矩形选框工具】，设置【宽度】为1像素；【宽度】为80像素。在圆角矩形上单击，建立选区，填充#DEAC18，向右平移1个像素，填充#FAE08F。取消选区，如图4-57所示。

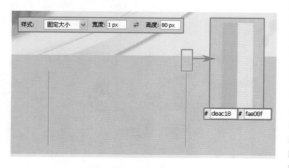

图4-57 绘制图像

STEP|16 使用【横排文字工具】，输入"<

">"白色符号，设置【字体】为"方正新报宋简体"；【字号】为83点。添加【投影】图层样式，设置参数，如图4-58所示。

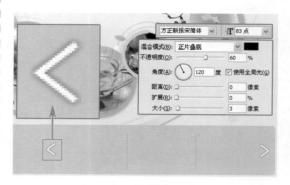

图4-58 绘制翻页按钮

STEP|17 新建图层"题目框"，设置前景色为白色。使用【圆角矩形工具】，设置W为120像素；H为82像素。在选择栏图像上单击，创建图像。添加【内阴影】图层样式，设置参数，如图4-59所示。

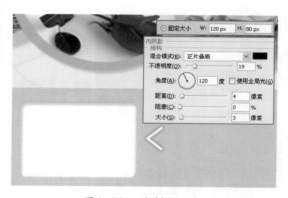

图4-59 绘制题目框

STEP|18 使用【横排文字工具】，在白色框内输入"名茶荟萃"文字。设置【字体】为"方正隶二简体"；【字号】为30点；【字体颜色】为橘黄色（#FFCA28），如图4-60所示。

图4-60 输入文字

STEP|19 打开"茶叶"素材，分别放置到合适位置。使用【横排文字工具】，在图像旁边输入相应的名称。设置【字体】为"黑体"；【字号】为14点；【消除锯齿的方法】为"无"，如图4-61所示。

STEP|20 整个Banner制作完成。按Ctrl+Shift+Alt+E快捷键，盖印图层。并将盖印图层图像放置到网页中，如图4-42所示。

图4-61　放置茶叶图片

4.6　练习：公益网页动画Banner设计

爱心中国公益网站，用绿色和天蓝色搭配，突出一种纯净和环保的设计理念。在Banner制作中，色调采用蓝、绿等自然色系，加上多种颜色多色块和谐搭配组成的环保树，网站主题突出、构思新颖、色彩鲜明，简洁的形式与内容的统一有很强的视觉冲击力，如图4-62所示。静态Banner制作完成后，放置两张素材图片，采用动态Banner使之循环播放。

图4-62　公益网站

4.6.1　制作放映栏

STEP|01 新建一个宽度和高度分别为1003和620像素、白色背景的文档。新建"图层1"，填充"白色"。双击该图层，打开【图层样式】对话框。启用【渐变叠加】选项，设置相关参数，如图4-63所示。

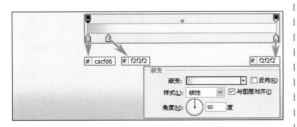

图4-63　背景添加渐变

STEP|02 双击"图层1"，继续启用【渐变叠加】选项，设置左边浅灰色【不透明度色标】为"90%"，设置参数，如图4-64所示。

图4-64　设置不透明度

STEP|03 新建"图层2"，命名为"边框"。使用【矩形选框工具】，绘制一个949×377像素的矩形。填充为"黑色"。执行【选择】|【修改】|【收缩】命令，将"图层2"选区收缩8像素。然后，按Delete键删除选区图像，如图4-65所示。

图4-65　绘制边框

STEP|04　新建"图层3"，将它放置在"边框"图层下方。使用【矩形选框工具】，绘制一个931×350像素的矩形。使用【渐变工具】，拉出由"天蓝色"（#56A3CF）到"浅蓝色"（#97CDE9）的渐变，如图4-66所示。

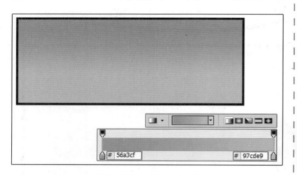

图4-66　添加渐变

STEP|05　使用【钢笔工具】绘制路径。按Ctrl+Enter快捷键将路径转换为选区，新建line1图层，填充为"白色"。用同样的方式，绘制line2图层，如图4-67所示。

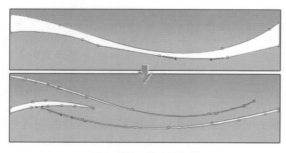

图4-67　绘制图形

STEP|06　在【图层】面板中选中line1图层，设置【总体不透明度】为"18%"，设置line2图层的【总体不透明度】为"36%"，如图4-68所示。

STEP|07　打开"树"素材图像。放置到文档合适的位置，如图4-69所示。

图4-68　设置图层不透明度

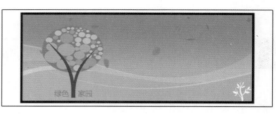

图4-69　置入素材图

STEP|08　使用【横排文字工具】，输入"多一份绿色，多一份温馨"文字。双击文字图层，启用【颜色叠加】和【投影】复选项，设置参数，如图4-70所示。

图4-70　输入文字

> **注意**
>
> 文本字体设置为【叶根友毛笔行书简体】，文本中"多"字设置为【叶根友特色简体升级版】。文字的大小设置为36px，其中"绿色"和"温馨"设置为48px。

STEP|09　继续启用【内发光】和【描边】复选框，设置参数，如图4-71所示。

STEP|10　选中"背景"和"边框"层以外的所有图层，按Shift+Ctrl+E快捷键，盖印所选图层。命名为"窗口背景"图层。Banner基本绘制完成，打开"标志"素材，放置到文档上方，在放映栏图像下方输入版权信息。

图4-71　添加图层样式

4.6.2　制作动画Banner

STEP|01　按Ctrl+Shift+Alt+E快捷键，盖印图层，命名图层为Banner。载入"窗口背景"图层选区，按Ctrl+Shift+I快捷键，将选区反选。按Ctrl+J快捷键，复制选区图像，将副本命名为"外框"，如图4-72所示。

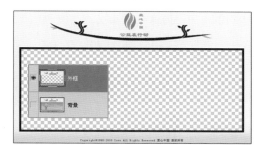

图4-72　制作外框

STEP|02　打开"图像1"和"图像2"素材图片，放置于窗口中央。并将两图像图层放置于"外框"图层下方，隐藏"图像2"图层，如图4-73所示。

图4-73　置入图片

STEP|03　执行【窗口】|【动画】命令，打开【动画】面板，并且切换到【动画（时间轴）】模式。向右移动【当前时间指示器】至10f后，单击"图像1"图层【不透明度】属性的【时间-变化秒表】，创建第一帧。设置该图层【不透明度】为"0%"，如图4-74所示。

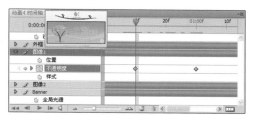

图4-74　创建动画第1关键帧

STEP|04　【当前时间指示器】拖至01：00f后，单击【添加/删除关键帧】图标，创建第2个关键帧。设置该图层【不透明度】为"100%"，如图4-75所示。

图4-75　创建第2关键帧

STEP|05　将【当前时间指示器】拖至起点。单击播放按钮，预览播放效果，如图4-76所示。

图4-76　从无到有透明变换

STEP|06 将【当前时间指示器】拖至10f后，单击该图层【位置】属性的【时间-变化秒表】，创建第1帧。将【当前时间指示器】拖至02:00f后，单击【添加/删除关键帧】图标，创建第2帧，如图4-77所示。

图4-77　创建位置关键帧

STEP|07 按住Shift键，垂直向下移动"图像1"，直到刚好被外框所遮盖。显示"图像2"图层，单击该图层【位置】属性的【时间—变化秒表】，创建第1帧。再将【当前时间指示器】拖至"图像2"位置第1帧后，将图像垂直向上移动，直到刚被外框遮盖，如图4-78所示。

图4-78　创建"图像2"位置关键帧

STEP|08 将【当前时间指示器】拖至上步操作的第1帧，单击播放按钮 ▶ 预览播放效果，如图4-79所示。

STEP|09 将【当前时间指示器】拖至10f后，创建第1帧。将【当前时间指示器】拖至20f后，创建第2帧。设置该图层的【不透明度】为"0%"，如图4-80所示。

STEP|10 将【当前时间指示器】拖至上步操作第1帧，单击播放按钮 ▶ 预览播放效果，如图4-81所示。

STEP|11 执行【文件】|【储存为Web和设备所用格式】命令，打开【储存为Web和设备所用格式】对话框，单击【存储】按钮。打开【将

优化结果储存为】对话框，在【保存类型】下拉菜单中选择【仅限图像（*gif）】选项，单击【保存】按钮即可。

图4-79　图像位置由上到下变换

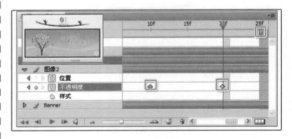

图4-80　创建位置关键帧

图4-81　从有到无透明变化

注意

Photoshop中动态效果一定要存储为Web格式才能形成动画。直接执行【文件】|【存储为】命令存储为GIF格式，生成的只是静态GIF格式的图片。

PHOTOSHOP

4.7　练习：摄影网页动画Banner制作

　　雅之美摄影网站，以神秘、热情、温和、浪漫的紫色调为主。在Banner制作中，背景以多种颜色多色块和谐搭配组成，加上背景圆环图案，呈现一种朦胧光晕效果，如图4-82所示。静态Banner制作完成后，放置两张摄影图片，采用动态Banner使之循环播放。在Photoshop中，分别对两张图像插入关键帧，制作从无到有的动画效果。

图4-82　摄影Banner

4.7.1　制作背景

STEP|01　新建一个宽度和高度分别为1000和600像素、黑色背景的文档。新建"图层1"，填充白色。双击该图层，打开【图层样式】对话框。启用【渐变叠加】选项，设置【渐变类型】为"径向"，设置参数，如图4-83所示。

图4-83　设置渐变类型

STEP|02　单击【图层】面板下的【添加图层蒙版】按钮 ◻ ，对"图层1"添加蒙版。使用黑色【画笔工具】 ✎ ，设置【硬度】为0%，【画笔大小】和【不透明度】根据需要随时更改。在画布上涂抹，如图4-84所示。

STEP|03　新建"图层2"，填充棕色（#7D463E）。如同上例操作，绘制棕色烟雾，如图4-85所示。

图4-84　绘制紫红色烟雾效果

图4-85　绘制棕色烟雾效果

STEP|04　新建"图层3"，填充白色。双击该图层，启用【渐变叠加】图层样式。设置【渐变类型】为"线性"，设置参数，如图4-86所示。

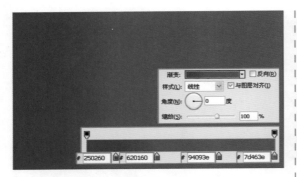

图4—86　添加渐变效果

STEP|05　使用【矩形选框工具】，在画布左下角建立选区。按Shift+F6快捷键，设置【羽化半径】为10像素，羽化选区。单击【图层】面板下的【添加图层蒙版】按钮，对"图层3"添加蒙版，如图4—87所示。

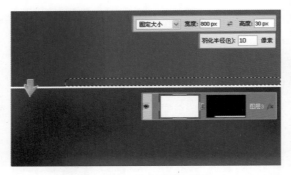

图4—87　添加图层蒙版

STEP|06　新建"图层5"，使用【椭圆工具】，绘制紫色（#931D7B）正圆。双击该图层，启用【外发光】图层样式。设置【外发光】颜色为粉色（#DF85C3），并设置该图层【填充】为5%。设置参数，如图4—88所示。

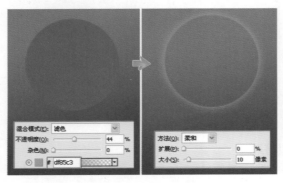

图4—88　绘制发光圆环

STEP|07　如同上例操作，绘制多个发光效果不同的圆环，制作背景图案，如图4—89所示。

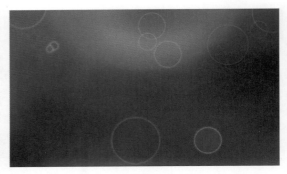

图4—89　绘制背景图案

4.7.2　制作放映栏

STEP|01　新建图层"外壳"，使用【圆角矩形工具】。设置【圆角半径】为25像素；W为935像素；H为380像素，建立矩形。按Ctrl+T快捷键，打开变换框，右击，执行【变形操作】命令。调整变换点，如图4—90所示。

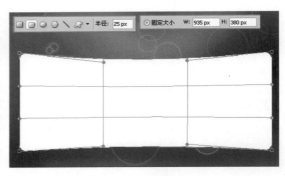

图4—90　图像变形

STEP|02　按Enter键，结束上次变换。双击该图层，添加【渐变叠加】图层样式。设置【渐变类型】为"线性"，设置参数，如图4—91所示。

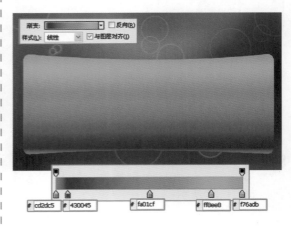

图4—91　添加渐变效果

STEP|03 启用【外发光】选项，设置【外发光颜色】为桃红色（#D20E8A）；【发光大小】为21像素，设置参数，如图4-92所示。

图4-92 添加外发光效果

STEP|04 启用【内发光】选项，设置与【外发光】相同的颜色，【发光大小】为7像素。设置参数，如图4-93所示。

图4-93 添加内发光效果

STEP|05 配合Ctrl键，载入"外壳"图层选区。选择【椭圆选框工具】 ，单击【工具栏】上的【从选区减去】按钮 ，在图像左右两侧分别建立选区，如图4-94所示。

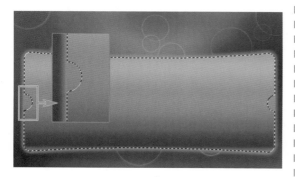

图4-94 建立选区

STEP|06 新建图层"高光线"，执行【编辑】|【描边】命令，描白边，设置【宽度】为1像素。取消选区，执行【滤镜】|【模糊】|【高斯模糊】命令，设置【模糊半径】为1像素，模糊白边图像，如图4-95所示。

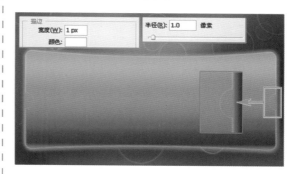

图4-95 绘制外壳边缘高光

STEP|07 新建图层"窗口"，使用【圆角矩形工具】，设置W为880像素，H为320像素，【圆角半径】为5像素，建立矩形。如同上例操作，添加【渐变叠加】样式，设置参数，如图4-96所示。

图4-96 添加渐变叠加样式

STEP|08 新建图层"内窗背景"，使用【矩形工具】 ，设置W为870像素，H为310像素，绘制矩形。按照绘制背景的方法，绘制与矩形相同大小的背景图案，如图4-97所示。

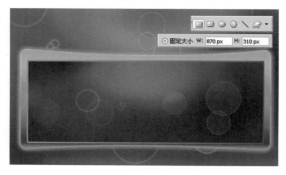

图4-97 添加窗口图案

STEP|09 使用【横排文字工具】 T ，输入"纯美风尚"文字。设置【字体】为"迷你简特粗黑"；【字号】为93点。添加【渐变叠加】图层样式，设置【渐变角度】为−90度，设置参数，如图4−98所示。

图4−98 绘制渐变文字

STEP|10 启用【内发光】选项，设置【内发光】颜色为淡紫色（FC8989），对文字添加内发光效果。设置参数，如图4−99所示。

图4−99 对文字添加内发光效果

STEP|11 按Ctrl+J快捷键，复制文字。按Ctrl+T快捷键，对文字进行【垂直翻转】变换，并对副本文字图层添加蒙版，使用【渐变工具】 ，执行黑白渐变，如图4−100所示。

图4−100 绘制文字倒影

STEP|12 新建图层"星点"，设置前景色为白色。使用【多边形工具】 和【画笔工具】 ，绘制闪烁亮点效果，如图4−101所示。

图4−101 添加装饰

STEP|13 Banner基本绘制完成，在放映栏图像上方输入网站名称和导航文字，下方输入附加信息，如图4−82所示。

4.7.3 制作动画Banner

STEP|01 按Ctrl+Shift+Alt+E快捷键，盖印图层，命名图层为Banner。载入"窗口背景"图层选区，按Ctrl+Shift+I快捷键，将选区反选。按Ctrl+J快捷键，复制选区图像，将副本命名为"外框"，如图4−102所示。

图4−102 复制图像

STEP|02 打开"图像1"和"图层2"素材图片，放置于窗口中央，并将两图像图层放置于"边框"图层下方，隐藏"图像2"图层，如图4−103所示。

图4−103 放置图片

STEP|03 执行【窗口】|【动画】命令，打开【动画】面板，并且切换到【动画（时间轴）】模式中。向右移动【当前时间指示器】至10f后，单击"图像1"图层【不透明度】属性的【时间－变化秒表】 ⏱ ，创建第一帧。设置该图层的【不透明度】为0%，如图4－104所示。

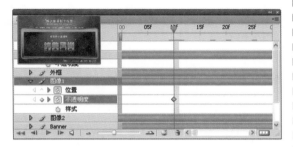

图4－104 创建动画第1关键帧

STEP|04 将【当前时间指示器】拖至01：00f后，单击【添加／删除关键帧】图标 ◆ ，创建第2个关键帧。设置该图层的【不透明度】为100%，如图4－105所示。

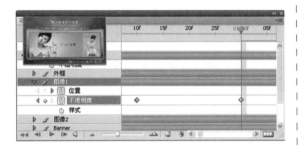

图4－105 创建第2关键帧

STEP|05 上例操作完成，将【当前时间指示器】拖至起点。单击播放按钮 ▶ ，预览播放效果，如图4－106所示。

STEP|06 将【当前时间指示器】拖至10f后，单击该图层【位置】属性的【时间－变化秒表】 ⏱ ，创建第1帧。将【当前时间指示器】拖至02：00f后，单击【添加／删除关键帧】图标 ◆ ，创建第2帧，如图4－107所示。

STEP|07 按住Shift键，垂直向下移动"图像1"，直到刚好被外框所遮盖。显示"图像2"图层，单击该图层【位置】属性的【时间—变化秒表】 ⏱ ，创建第1帧，如图4－108所示。再将【当前时间指示器】拖至"图像2"位置第1帧后，将图像垂直向上移动，直到刚被外框遮盖。

图4－106 从无到有透明变换

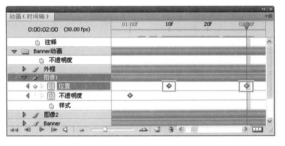

图4－107 创建位置关键帧

图4－108 创建"图像2"位置关键帧

STEP|08 将【当前时间指示器】拖至上步操作第1帧，单击播放按钮 ▶ 。预览播放效果，如图4－109所示。

图4—109　图像位置由上到下变换

STEP|09　将【当前时间指示器】拖至10f后，单击"图像2"图层【不透明度】属性的【时间—变化秒表】，创建第1帧。将【当前时间指示器】拖至20f后，单击【添加/删除关键帧】图标，创建第2帧。设置该图层的【不透明度】为0%，如图4—110所示。

图4—110　创建"图像2"不透明度关键帧

STEP|10　将【当前时间指示器】拖至上步操作第1帧，单击播放按钮。预览播放效果，如图4—111所示。

图4—111　从有到无透明变化

STEP|11　执行【文件】|【储存为Web和设备所用格式】命令，打开【储存为Web和设备所用格式】对话框，单击【存储】按钮。打开【将优化结果储存为】对话框，在【保存类型】下拉菜单中选择【仅限图像（*gif）】选项，单击【保存】按钮即可。

网页设计元素之图标设计

　　网站是由多个网页组合而成的，而网页之间跳转的桥梁就是带有链接的元素，其中图标是最为常用的链接元素。在网页元素中有各式各样的图标，例如独立按钮、导航栏目的导航按钮图标、动画按钮图标，还有网页LOGO，而LOGO又分为网站标识LOGO和友情链接LOGO。图标是网页的视觉元素，可以帮助浏览者更形象地理解网站寓意。如导航图表可以生动地替代网站导航菜单中的栏目名称；而友情链接LOGO不仅可以链接到其他的网站，而且浏览者通过LOGO图标还可以了解到将要打开的网站名称以及网站风格。

　　网页中的图标会根据不同的应用而有所区分，本章将依据不同类型的图标效果，通过Photoshop的图像处理功能，来制作网页中的各种图标元素。

5.1　网页图标概述

　　图标是具有指代意义的具有标识性质的图形，它不仅是一种图形，更是一种标识，它具有高度浓缩并快捷传达信息、便于记忆的特性。图标的应用范围极为广泛，可以说它无所不在。如一个国家的图标就是国旗；一件商品的图标是注册商标；军队的图标是军旗；学校的图标是校徽等。而网页中的图标也会以不同的形式显示在网页中。

5.1.1　图标概念

　　图标是具有明确指代含义的计算机图形，桌面图标是软件标识，界面中的图标是功能标识，网页中的图标具有功能标识。网页图标就是用图案的方式来标识一个栏目、功能或命令等类似取名字的方式来表示某人一样。

1．什么是图标 ►►►►

　　一个图标是一个图形图像，一个小的图片或对象代表一个文件，程序、网页或命令。图标能够帮助用户执行命令和迅速地打开程序文件，它也用于很快地展现对象在游览器中。例如，所有文件均使用相同的扩展具有相同的图标，如图5-1所示。

图5-1　文件夹图标

　　图标分为广义和狭义两种。广义的图标具有指代意义的图形符号，具有高度浓缩并快捷传达信息、便于记忆的特性。图标的应用范围很广，软硬件网页、社交场所、公共场合无所不在，如各种交通标志等，如图5-2所示。

图5-2　交通标志

　　狭义的图标是指计算机软件方面的应用，包括：程序标识、数据标识、命令选择、模式信号或切换开关、状态指示等，如图5-3所示。

2．图标结构 ►►►►

　　一个图标是一组图像，由各种不同的格式（大小和颜色等）组成，如图5-4所示。此外，每幅图像可以包括透明的地区，以方便图标在不同背景中的应用。

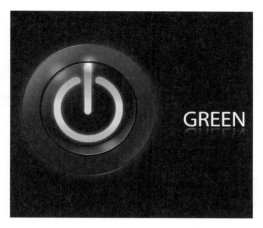

图5-3 计算机应用图标

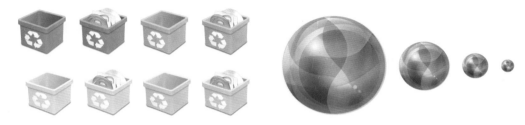

图5-4 图标结构

5.1.2 网页图标应用

网页图标就是用图案的方式来标识一个栏目、功能或命令等，类似用取名字的方式来表示某人一样。例如，在网上看到了一个日记本的图标，很容易就能辨别出这个栏目与日记或留言有关，这时就不需要再标注一长串文字了，也避免了各个国家之间语言不通所带来的麻烦，如图5-5所示。

图5-5 网页图标的优势

在网页设计中，会根据不同的需要来设计不同类型的网页图标。最常见到的是用于导航菜单的导航图标，以及用于链接其他网站的友情LOGO图标，如图5-6所示。

图5-6　导航图标与链接LOGO图标

导航按钮是网页用来链接内部或者外部网页的纽带，导航按钮的效果既要与所在网页的风格统一，又要使效果突出，这样才能够吸引目光。特效按钮不仅包括立体、材质等特殊的效果，还包括图标形式，如图5-7所示。

图5-7　网站主题链接图标

5.2　练习：商业网站导航图标制作

网站中的导航菜单多种多样，除了纯文字导航菜单和单色图标外，还可以利用图形来装饰导航菜单。在网站导航栏目中加入相应的图标，既可以美化网站，又形象地表达了栏目含义。在制作具有装饰效果的图标时特别要注意构图简洁，以便于识别。图标在导航菜单中的显示效果如图5-8所示。

图5-8　网站网页

操作步骤：

STEP|01 在Photoshop中新建一个700×600像素、分辨率为72像素/英寸的文档。使用【钢笔工具】结合Shift键，绘制出房子的轮廓路径，如图5-9所示。

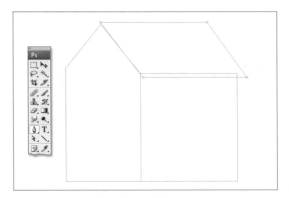

图5-9 创建房子轮廓路径

STEP|02 使用【路径选择工具】依次选中路径，按Ctrl+Enter快捷键将路径转换为选区，并填充颜色，如图5-10所示。

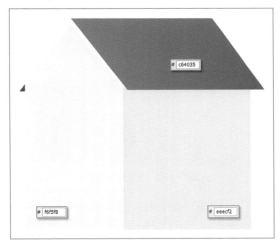

图5-10 绘制房子图形

STEP|03 使用【矩形选框工具】绘制矩形选区，利用【渐变工具】填充颜色从红到深红的渐变，以制作房门。然后在房子底部绘制矩形填充深红色，同时降低图层不透明度，如图5-11所示。

STEP|04 使用【矩形工具】绘制矩形路径，按Ctrl+T快捷键执行【自由变换】命令，对矩形路径进行变形操作，转换为选区后填充颜色，制作前檐及其投影，如图5-12所示。

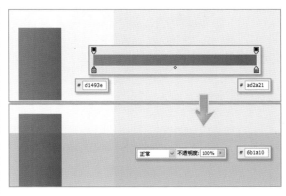

图5-11 绘制房门

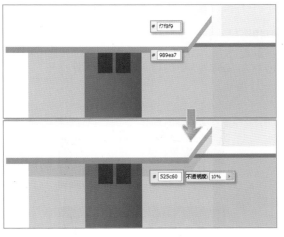

图5-12 绘制前檐及其投影

STEP|05 使用【矩形工具】绘制矩形路径，转换为选区后填充不同的颜色，如图5-13所示。

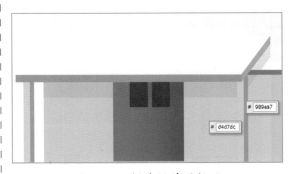

图5-13 制作门前的柱子

STEP|06 使用【钢笔工具】沿房屋的房檐绘制路径，转换为选区后填充灰色，如图5-14所示。然后在房屋拐角处绘制矩形填充灰色，并设置其【不透明度】为20%。

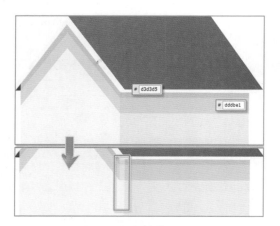

图5-14　绘制檐下图形

STEP|07　在房屋的右侧，使用【矩形选框工具】配合Shift键绘制大小不同的正方形选区，填充不同程度的灰色，完成窗户的制作，如图5-15所示。

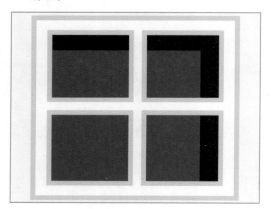

图5-15　绘制窗户

STEP|08　使用相同的编辑方法，完成其他窗户的绘制，如图5-16所示。

图5-16　绘制其他窗户

STEP|09　绘制矩形选区，并填充灰色。复制矩形后，按Ctrl+T快捷键选中矩形，向右移动10像素。然后执行【变换】|【再次】命令，将矩形复制多个，如图5-17所示。

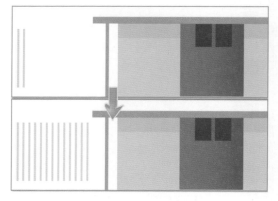

图5-17　多重复制矩形

STEP|10　使用【矩形选框工具】绘制矩形并填充颜色，完成栏杆的绘制，如图5-18所示。

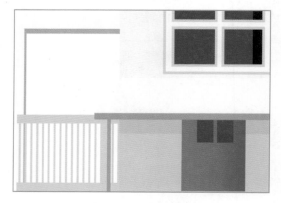

图5-18　绘制栏杆

STEP|11　打开光盘中的素材"树.ai"，将其拖入到文档中，并置于底层。为房屋添加投影，最终效果如图5-19所示。

图5-19　添加树和投影

5.3　练习：独立按钮制作

　　网站首页一般提供的是本公司的总体概括，为了对消费者提供更多的信息服务，最简单的方法是使用系统自带按钮，单击可以进入下一链接查询网页。但在制作过程中要与网页风格保持一致，图5-20所示为本案例网页中的水晶独立按钮。

图5-20　室内设计网站

操作步骤：

STEP|01　新建一个宽度和高度分别为200和90像素、50%灰色背景的文档。设置前景色为白色，使用【圆角矩形工具】　，设置【圆角半径】为15px，设置W为190px，H为75px，绘制圆角矩形，如图5-21所示。

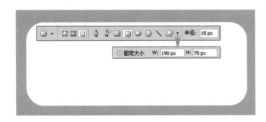

图5-21　绘制圆角矩形1

STEP|02　新建"图层2"，设置前景色为黑色。仍使用【圆角矩形工具】，设置W为180px，H为65px，绘制圆角矩形，如图5-22所示。

图5-22　绘制圆角矩形2

STEP|03　双击"图层2"，打开【图层样式】

对话框，启用【渐变叠加】选项，渐变颜色从#86CEBA到#1D7977，设置参数，如图5-23所示。

图5-23　添加渐变效果

STEP|04　启用【描边】选项，设置【大小】为1像素，【颜色】为#079B89，设置参数，如图5-24所示。

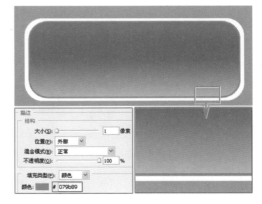

图5-24　添加描边效果

STEP|05 启用【内发光】选项，设置【发光颜色】为#86CEBA，【大小】为8像素，设置参数，如图5-25所示。

图5-25 添加内发光效果

STEP|06 按住Ctrl键，单击"图层2"缩览图，载入"图层2"选区。使用【椭圆选框工具】○，单击【工具栏】上的【与选区交叉按钮】□。在图像上部建立选区，与"图层2"选区相交，如图5-26所示。

图5-26 建立选区

STEP|07 新建"图层3"，使用【渐变工具】■，对选区执行前景色到透明渐变，取消选区并设置【不透明度】为60%，如图5-27所示。

图5-27 添加高光

STEP|08 新建"图层4"，分别使用【单行选框工具】━和【单列选框工具】┃，单击【工具栏】上的【添加到选区】按钮□，建立选区后填充白色。取消选区，如图5-28所示。

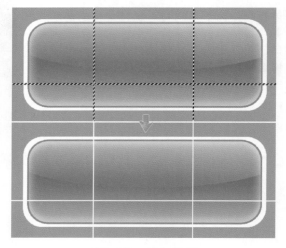

图5-28 添加纹理

STEP|09 载入"图层2"选区，按Ctrl+Shift+I快捷键反选选区。按Del键删除选区，设置"图层4"的【混合模式】为"柔光"，如图5-29所示。

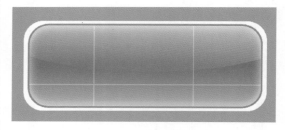

图5-29 融合线条纹

STEP|10 使用【横排文字工具】T，输入"布局服务"4个字。设置【消除锯齿的方法】为"无"【字体】为"宋体"；【字号】为20点，设置参数，如图5-30所示。

图5-30 输入文字

STEP|11 放置盒子素材，双击文字图层，打开【图层样式】对话框。启用【投影】选项，设置【投影颜色】为1D7977；【距离】为1像素。设置参数，如图5-31所示。

STEP|12 将"背景"层以外的图层合并，命名图层为"按钮"，放置到网页合适位置，如图5-20所示。

图5-31 对文字添加投影

5.4 练习：静态LOGO图标制作

网页中的另外一种LOGO是企业网站的标识，有些与企业标识相同，有些是企业与企业名称或者网址组成的。下面是可爱洋服的网站标识，它与其品牌标识是相同的。由于可爱洋服的定位是前卫、时尚的服装品牌，因此在设计的过程中要突出这一特点，如图5-32所示。

图5-32 标识LOGO在网页中的显示效果

操作步骤：

STEP|01 在Photoshop中新建一个500×600像素、分辨率为72像素/英寸的文档。新建"图层1"后，选择工具箱中的【圆角矩形工具】，其选项栏中的参数设置如图5-33所示。设置前景色为橘黄色，在画布中绘制出圆角矩形。

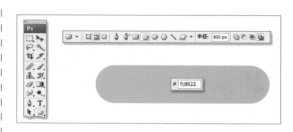

图5-33 绘制圆角矩形

STEP|02 双击"图层1"右侧空白处，打开【图层样式】对话框，通过该对话框为圆角矩形添加黑色描边效果，如图5-34所示。

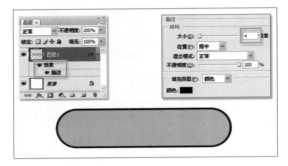

图5-34 添加图层样式

STEP|03 选择【横排文字工具】T.输入文本，全选后，按Ctrl+T快捷键打开【字符】面板，对文本属性进行设置，如图5-35所示。

图5-35 输入并设置文字

STEP|04 在"图层1"的右侧空白处右击，选择【拷贝图层样式】选项，然后在文本图层右侧空白处右击，选择【粘贴图层样式】选项，效果如图5-36所示。在圆角矩形正下方输入文本。

图5-36 复制图层样式

STEP|05 用【自定形状工具】⧉选择星形形状，同时设置其选项栏中的参数，依次在新建图层上绘制红色和白色星形，如图5-37所示。

图5-37 绘制星形

STEP|06 使用【椭圆选框工具】○配合Shift键在新建图层上绘制正圆，填充黑色。绘制矩形选区，将遮盖圆角矩形的部分删除，如图5-38所示。

图5-38 制作半圆

STEP|07 最后，参照以上步骤，绘制3个不同颜色的星形。然后使用【钢笔工具】◊.绘制其他图形，最终效果如图5-39所示。

图5-39 最终效果

5.5 练习：网站标志制作

对于一个追求精美的网站，标志更是它的灵魂所在，即所谓的"点睛"之处。一个好的网站标志往往会反映网站的某些信息，而设计网站标志往往以所在网站的风格为依据，要么与网站风格相统一，要么使用鲜艳的色彩，使其在网页中更加突出，如图5-40所示。

图5-40　设计工作室网站

操作步骤：

STEP|01 新建一个宽度和高度分别为1100和800像素、白色背景的文档。新建"图层1"，使用【椭圆工具】 ⬭，设置W为420像素；H为320像素，建立椭圆路径。使用【转换点工具】 ⬐ 和【路径选择工具】 ▸，调整路径，如图5-41所示。

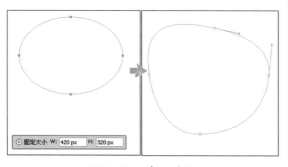

图5-41　建立路径

STEP|02 按Ctrl+Enter快捷键，将路径转换为选区。填充任意颜色，取消选区。双击"图层1"，打开【图层样式】对话框，启用【渐变叠加】选项，设置参数，如图5-42所示。

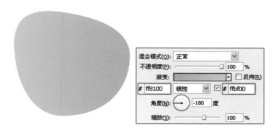

图5-42　添加渐变效果

STEP|03 按住Ctrl键，载入"图层1"选区。执行【选择】|【修改】|【收缩】命令，设置【收缩量】为15像素。选择【选框工具】将选区向左和向上各移动7个像素，如图5-43所示。

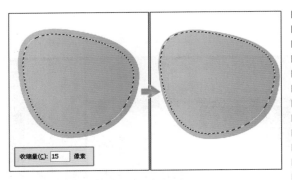

图5-43 建立选区

STEP|04 新建"图层2"，将选区填充任意颜色。取消选区，启用【渐变叠加】选项，添加渐变效果，设置参数，如图5-44所示。

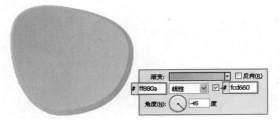

图5-44 添加渐变效果

STEP|05 使用【钢笔工具】 ，建立路径。新建"图层3"，将路径转换为选区，填充白色。单击【图层】面板下的【添加图层蒙版】按钮 ，在蒙版处于工作状态下，执行黑白渐变，如图5-45所示。

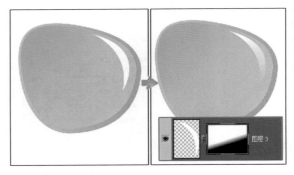

图5-45 添加高光

STEP|06 新建"图层4"，使用【钢笔工具】，建立路径。按照步骤（2）操作，启用【渐变叠加】选项，设置参数，如图5-46所示。

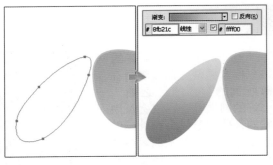

图5-46 绘制图形

STEP|07 载入"图层4"选区，新建"图层5"。按照步骤（3）和（4）操作，建立选区，使用【渐变叠加】样式添加渐变效果，设置参数，如图5-47所示。

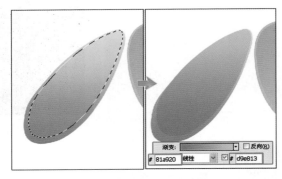

图5-47 添加渐变效果

STEP|08 使用【钢笔工具】，建立路径。将路径转换为选区，新建"图层6"，填充白色。取消选区，设置该图层的【填充】为0%，添加【渐变叠加】样式，设置由前景色（白色）到透明度渐变，如图5-48所示。

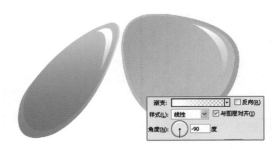

图5-48 添加高光

STEP|09 按上例的操作方法，绘制图像。设置参数，如图5-49所示。

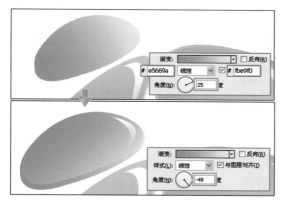

图5-49 绘制红色花瓣图像

STEP|10 按照上例，绘制黄色花瓣图像。设置渐变参数，如图5-50所示。

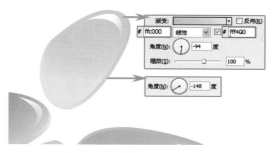

图5-50 绘制黄色花瓣图像

STEP|11 如同按照上例的方法，再次绘制蓝色花瓣图像。设置【渐变叠加】样式参数，如图5-51所示。

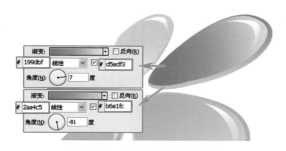

图5-51 绘制蓝色花瓣图像

STEP|12 使用【横排文字工具】T，在图像下方输入Seasons Design字母。设置【字体】为Swis721 BlkCn BT；【字号】为110点，设置参数，如图5-52所示。

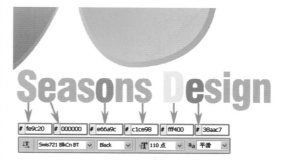

图5-52 输入文字

STEP|13 新建一个宽度和高度分别为3像素、透明背景的文件。使用【矩形选框工具】，设置【宽度】和【高度】分别为1像素，在画布右上角建立选区，填充黑色。向左和向下各移动1个像素后，填充黑色。再重复一次此操作，如图5-53所示。

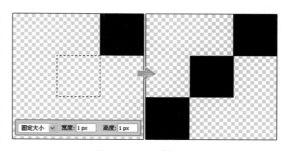

图5-53 绘制图像

STEP|14 执行【编辑】|【定义图案】命令，打开【图案名称】对话框。设置【名称】为"方格图案"，如图5-54所示。单击【确定】按钮，即可添加自定义图案。

图5-54 自定义图案

STEP|15 返回到网站LOGO文件，将"背景"层以外的图层合并，命名图层为LOGO图层。双击该图层，打开【图层样式】对话框，启用【图案叠加】选项，设置【填充图案】为自定义的"方格图案"，【图案的混合模式】为"亮

光"，如图5-55所示。

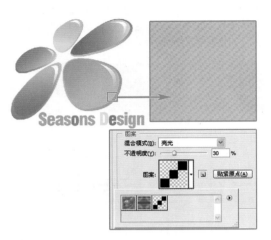

图5-55　添加图案纹理

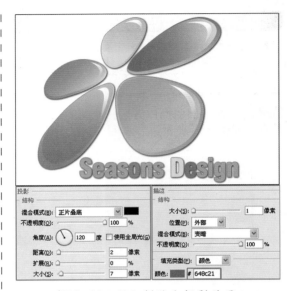

图5-56　添加描边和投影效果

STEP|16　分别启用【描边】和【投影】选项，对图像添加投影和描边效果，设置参数，如图5-56所示。

STEP|17　整个LOGO制作完成，将图像放置到网页的合适位置，如图5-40所示。

5.6　练习：个人网站动态LOGO制作

　　网络中有许多网站中的友情链接都是使用动态LOGO的，动态LOGO可以是逐帧动画的GIF图片，在制作动态LOGO时，首先要按照静态LOGO的制作要求将动态LOGO静止的背景创建完成，接着只要将每一帧动画中需要的画面创建在不同的图层中即可。动态LOGO在网站中作为友情链接的效果如图5-57所示。

图5-57　动态LOGO其中一帧的显示效果

操作步骤:

STEP|01 在Photoshop中新建一个600×300像素的文档,将光盘中的文件"素材01.jpg"拖动到文档中。使用【自定形状工具】绘制心形形状,调整后转换为选区填充颜色,如图5-58所示。

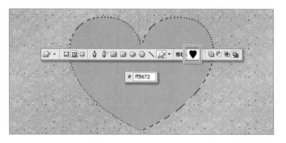

图5-58 绘制心形

提示

使用【直接选择工具】和【转换点工具】可以调整路径形状。

STEP|02 在【路径】面板中单击"路径1",将刚绘制的心形路径选中,新建图层,按F5键,打开【画笔】面板,参数设置如图5-59所示。

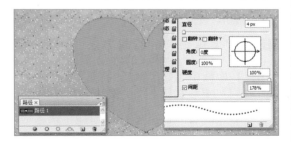

图5-59 设置【画笔】面板参数

STEP|03 保持路径在选中状态下,按Enter键,将【画笔】设置应用到路径上,效果如图5-60所示。

图5-60 使用画笔描边路径

STEP|04 参照以上步骤,依次将路径缩小并描边。将最小的心形路径转换为选区后使用【渐变工具】填充颜色从#FFFFFF到#FEBCBE的径向渐变,如图5-61所示。

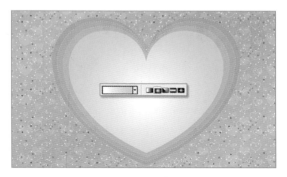

图5-61 绘制其他图形

STEP|05 将路径再次缩小,转换为选区后填充红色。然后打开【样式】面板,参照如图5-62所示的操作流程,载入"Web样式"。

图5-62 载入样式

STEP|06 选中红色心形图层,然后为其添加图层样式,效果如图5-63所示。

图5-63 应用样式

STEP|07 选择【横排文字工具】T依次在画布中输入文本，注意每个字母为一个图层，如图5-64所示。

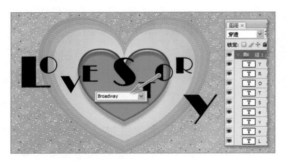

图5-64　输入文本

STEP|08 参照图5-65所示，使用【样式】面板为字母添加不同的图层样式。

图5-65　为文本添加图层样式

STEP|09 使用【横排文字工具】在一个图层中输入文本，并为其添加图层样式，如图5-66所示。至此，动态LOGO的准备工作制作完成。

图5-66　输入文本

STEP|10 将部分图层隐藏，只显示如图5-67所示的图层，执行【窗口】|【动画】命令打开【动画】面板，选择【选择帧延迟时间】快捷菜单中的【0.5秒】选项，设置帧的延时时间为

0.5秒。

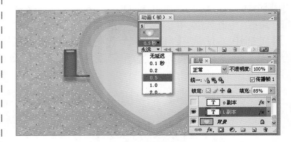

图5-67　设置初始帧的显示状态

STEP|11 单击【复制选中的帧】按钮，复制第1帧为第2帧，在【图层】面板中显示"o副本"图层，这时第2帧中的显示效果发生变化，如图5-68所示。

图5-68　创建第2帧

STEP|12 使用相同的编辑方法，创建字母V、E、S、T、O、R和Y的动画，这时【动画（帧）】面板中创建了9帧。将第9帧的【帧的延时时间】更改为0.5秒，使动画在此停顿一下，如图5-69所示。

图5-69　更改帧的延时时间

STEP|13 继续复制当前选中帧，在【图层】面板中隐藏所有字母图层，只显示如图5-70所示的图层，创建第10帧，并且更改其【帧的延时时间】为1秒。单击该面板中的【播放动画】按钮就可以在文档中预览效果了。

图5-70 在Photoshop中预览动画效果

STEP|14 创建完动画后，执行【文件】|【存储为Web和设备所用格式】命令，或者按Shift+Alt+Ctrl+S快捷键打开【存储为Web和设备所用格式】对话框，直接单击【存储】按钮，在弹出的【将优化结果存储为】对话框中的【保存类型】下拉列表中选择【仅限图像（*.gif）】选项，单击【保存】按钮即可。这样就可以将GIF图片插入到网页中应用了，最终效果如图5-57所示。

5.7 练习：动态图标制作

在网页中经常会看到动态图标，比如下载栏目、搜索栏目和导航栏目等。这些栏目中所用的图标可分为两种，一种是Flash动画，一种是GIF动画。将GIF动画图片插入网页中，它文件小、下载速度快，而且不用安装插件，在Photoshop CS5中就可以完成。在如图5-71所示的网页中，所有的导航菜单图标都是动态的，下面就以"网上留言"图标为例，讲解动态图标的制作方法。

图5-71 动态图标在网页中的显示效果

操作步骤：

STEP|01 在Photoshop中新建一个860×845像素、分辨率为72像素/英寸的文档。使用【矩形工具】绘制矩形路径，如图5-72所示。

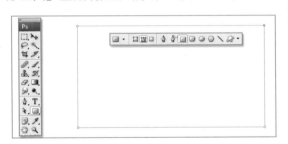

图5-72 绘制矩形路径

STEP|02 使用【直接选择工具】选中路径锚点调整路径形状，按Ctrl+Enter快捷键将路径转

换为选区，填充颜色，如图5-73所示。

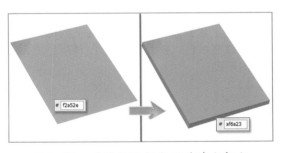

图5-73 对路径进行变形并填充颜色

STEP|03 使用【钢笔工具】绘制路径，并将其转换为选区。选择工具箱中的【渐变工具】，在【渐变编辑器】对话框中设置渐变颜色，由左上至右下填充颜色，如图5-74所示。

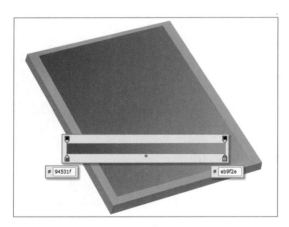

图5-74 填充渐变

STEP|04 参照图5-75所示，使用【钢笔工具】、【渐变工具】，完成纸张、象征性文字的制作。

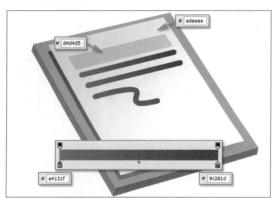

图5-75 绘制图形

STEP|05 使用【钢笔工具】绘制夹子外形，利用【渐变工具】填充渐变。在夹子的顶部绘制椭圆并填充白色。然后参照图5-76所示，添加夹子的厚度。

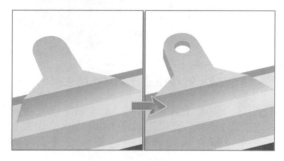

图5-76 绘制夹子

STEP|06 绘制铅笔形状，启用【渐变工具】，在【渐变编辑器】对话框中设置和文字相同的

渐变颜色，并且从左下到右上填充渐变，如图5-77所示。

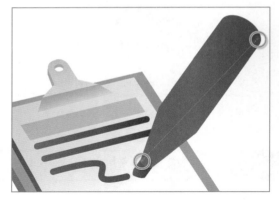

图5-77 绘制铅笔的大致形状

STEP|07 使用【椭圆选框工具】○在铅笔的顶部绘制椭圆，填充淡黄色，同时在其中央绘制小一些的椭圆，按Del键进行删除。然后使用【渐变工具】制作铅笔的削开部分，得到效果如图5-78所示。

图5-78 添加铅笔细节

STEP|08 执行【窗口】|【动画】命令打开【动画（时间轴）】面板，拖动右侧的【工作区域指示器】，设置动画播放时间为2秒，如图5-79所示。

图5-79 设置动画播放时间

STEP|09 在【图层】面板中只显示"铅笔"与"文字1"图层,选中"铅笔"图层,当【动画(时间轴)】面板中的【当前时间指示器】指在第一帧时,单击该图层中【位置】属性的【时间-变化秒表】按钮创建关键帧,如图5-80所示。

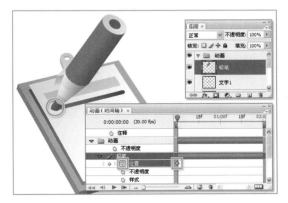

图5-80 创建第一个关键帧

STEP|10 拖动【当前时间指示器】至如图5-81所示位置,单击【位置】属性的【添加/删除关键帧】按钮,创建第二个关键帧。

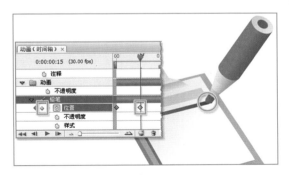

图5-81 创建第二个关键帧

STEP|11 选中"文字1"图层,将【当前时间指示器】从当前位置移动到上一个关键帧。然后单击"文字1"图层中【不透明度】属性的【时间-变化秒表】按钮创建关键帧,如图5-82所示。同时设置"文字1"图层的【不透明度】为0%。

注释
单击"铅笔"轨道标签左侧的箭头按钮,可以将【当前时间指示器】从当前位置移动到上一个或下一个关键帧。单击中间的按钮可添加或删除当前时间的关键帧。

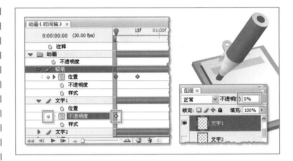

图5-82 在同一位置创建关键帧

STEP|12 使用同样的方法,将【当前时间指示器】移动到下一位置,并且将铅笔移动到如图5-83所示的位置,同时设置"文字1"图层的【不透明度】为100%。

图5-83 创建第二个关键帧

STEP|13 使用相同方法,不断移动铅笔位置,依次创建文本2、文本3、不透明度时间轴动画,如图5-84所示。

图5-84 创建时间轴动画

STEP|14 至此,整个时间轴动画制作完成,整个动画流程如图5-85所示。

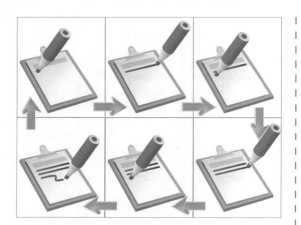

图5—85　完成时间轴动画制作

STEP|15　创建完动画后，执行【文件】|【存储为Web和设备所用格式】命令，或者按Shift+Alt+Ctrl+S快捷键打开【存储为Web和设备所用格式】对话框，直接单击【存储】按钮，在弹出的【将优化结果存储为】对话框中的【保存类型】下拉列表中选择【仅限图像（*.gif）】选项，单击【保存】按钮即可。这样就可以将GIF图片插入到网页中应用了。

网页设计元素之特效文字设计

网页中的文字不仅是网站信息传达的主要媒介，也是网页中必不可少的重要视觉艺术传达方式。在Photoshop中可以通过各种工具、滤镜功能、图层样式功能，或者将滤镜与图层样式相结合、将通道与滤镜等功能相结合，制作多种文字特效。在设计网页时，合理添加艺术文字，不仅可以突出文字主体、强调重点，更能体现出页面的艺术性。当然，再恰到好处地使用色彩，协调好审美的需要，能够使信息更加清楚明确、网页的视觉感受更加新颖独特。

6.1 特效文字在网页中的应用

网络信息通常是通过文本、图像、Flash动画等呈现的，其中文本是网页中最为重要的设计元素，而特效文字在网页中占有重要的地位，相对于图形来说是网页信息传递最直接的方式。在网站的导航首页中，经常会以特效文字作为网站名称和进站链接。

图6-1所示为在首页中应用金属特效文字作为该网站的名称，该特效文字在处理颜色和质感上与网页相统一，并且以立体的方式显示在网站中。

图6-1　文字的金属立体特效

图6-2所示的是以文字的纹理特效作为该网页的链接导航，在白色背景中，使用红色与黑色的暗花底纹特效，使特效文字在页面中显得很跳跃、醒目。

图6-2　文字的纹理特效

图6-3所示为绿色立体文字，在该网页中起到吸引浏览者视觉焦点和引起阅读兴趣的作用。

图6-3　立体字效

在网页Banner中，为了配合网页整体效果，网站名称或者以文字设计的网站标志，会以相应的特效文字显示在网页中，以突出网站名称，图6-4所示为蓝色与灰色结合的金属塑料字作为网站的名称显示。

图6-4　金属塑料特效文字

图6-5所示的是渐变文字作为网站的名称。文字色彩是由褐色到红色到紫色再到蓝色组合而成的，与左侧的色彩相呼应。

图6-5　渐变文字特效

在网页制作中，只要是想突出的内容都可以制作成特效文字。特效文字的制作在 Photoshop 中可以通过图层样式功能、滤镜命令以及通道功能非常简单地完成。

在网络广告中为了突出广告语，或者是优惠活动，使浏览者可以在第一时间看到，通常会使用特效文字，如图6-6所示。网络广告中的渐变特效文字将广告中的网站名称和广告作用表达得醒目、独特。

图6-6 网络广告中的文字特效

6.2 练习：珠宝特效文字

进入首饰网页一般首先映入眼帘的是一副带有饰品的华丽图片。本案例采用的是一副深灰色背景上放着两个金光闪闪的戒指图片，为了更好地表达网站的主题，将标识制作成珠宝文字，如图6-7所示。为了与背景整体色调统一，标识文字采用金黄色调，并放置在图片深色位置，使其醒目突出。

图6-7 珠宝文字在网页中的效果

操作步骤：

STEP|01 新建一个文档，设置【宽度】和【高度】分别为1100和800像素，将【背景】图层填充为20%灰色。执行【滤镜】|【纹理】|【纹理化】命令，绘制纹理效果，设置参数，如图6-8所示。

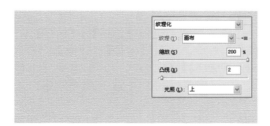

图6-8 绘制纹理效果

STEP|02 设置前景色为50%灰色，使用【横排文字工具】T，输入GS字母。设置【字体】为Arial Black；【字号】为600点，设置参数，如图6-9所示。

图6-9 输入文字

STEP|03 在【图层】面板中选择文字图层并右击，选择【转换为形状】选项，效果如图6-10所示。

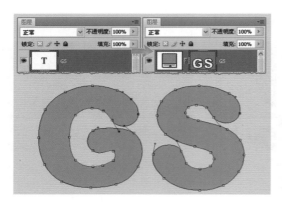

图6-10　将文字转换为形状路径

使用【直接选择工具】和【转换点工具】，将字母轮廓调整为圆滑曲线，如图6-11所示。

STEP|04　使用【圆角矩形工具】，设置【圆角半径】为10px，并单击【工具栏】上的【从形状减去】按钮。在G字母下方建立两个矩形路径，如图6-11所示。

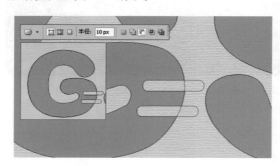

图6-11　绘制圆角矩形

STEP|05　按Ctrl+Enter快捷键，将路径转换为选区。打开【通道】面板，单击【将选区储存为通道】按钮，创建Alpha1通道。使用【钢笔工具】，绘制路径，如图6-12所示。

图6-12　创建路径线条

STEP|06　设置前景色为"黑色"，选择【画笔工具】，设置【硬度】为100%；【主直径】为60px。打开【路径】面板，单击【用画笔描边路径】按钮，对路径添加黑色描边，如图6-13所示。

图6-13　路径描边

STEP|07　仍选择【画笔工具】，设置不同画笔大小，在白色字母上单击建立圆点并涂抹创建折线条，如图6-14所示。

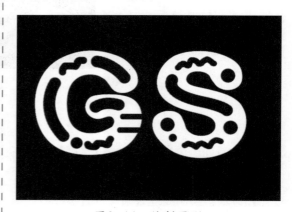

图6-14　绘制图形

STEP|08　复制Alpha1通道为Alpha1副本通道，选中该通道副本，执行【滤镜】|【模糊】|【高斯模糊】命令，设置【半径】为5像素，再次执行【高斯模糊】命令3次，分别设置【半径】为3、2、1像素，得到平滑的模糊效果，如图6-15所示。

STEP|09　按住Ctrl键的同时单击Alpha1通道缩览图，载入文字选区。打开【图层】面板，隐藏形状图层。新建"图层1"，将选区填充为30%的灰色，取消选区，如图6-16所示。

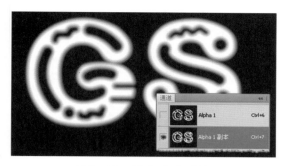

图6-15 模糊文字图像

图6-16 新建图层

STEP|10 执行【滤镜】|【渲染】|【光照效果】命令，打开【光照效果】对话框。在该对话框的【纹理通道】下拉列表框中选择Alpha1副本通道，产生三维立体效果，如图6-17所示。

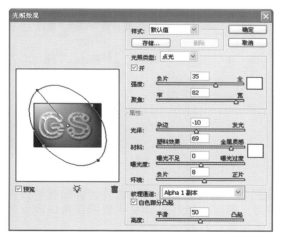

图6-17 添加三维立体效果

技巧

在【光照效果】滤镜中，选择准备好的通道为纹理通道后，能够得到具有凹凸效果的光照效果。

STEP|11 选中Alpha1通道，使用【魔棒工具】，按住Shift键，依次将文字的黑色区域选中，建立选区。返回【图层】面板新建"图层2"，选择【画笔工具】，设置不同前景色在区域中涂抹，如图6-18所示。

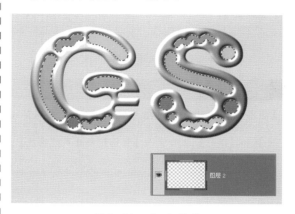

图6-18 新建图层

STEP|12 双击"图层2"，打开【图层样式】对话框，启用【内发光】选项，设置【发光颜色】为"黑色"；【混合模式】为"正片叠底"，如图6-19所示。

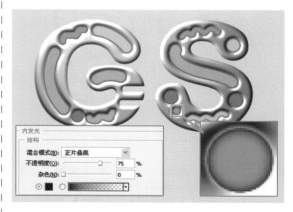

图6-19 添加内发光效果

STEP|13 启用【斜面和浮雕】选项，设置【阴影模式】为"叠加"，设置【阴影颜色】为"白色"，设置参数，如图6-20所示。

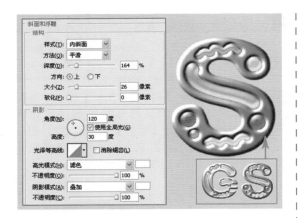

图6-20　绘制透亮珠宝效果

注意

【图层样式】对话框中的【斜面和浮雕】样式不仅能够制作出立体的效果，还可以通过设置【高光】和【阴影】选项中的【颜色】与【不透明度】参数，从而得到通透的效果。

STEP|14 载入Alpha1通道选区，在形状图层上新建图层"投影"，填充50%的灰色。执行【滤镜】|【模糊】|【高斯模糊】命令，设置【半径】为5像素，向下和向右移动5个像素，如图6-21所示。

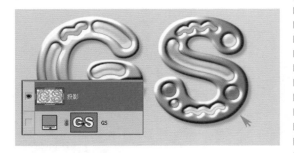

图6-21　添加投影

STEP|15 选中"图层1"，设置【模糊半径】为1像素模糊图像。载入"图层1"选区，执行【图层】|【新建调整图层】|【曲线】命令，调整曲线，添加金属质感，如图6-22所示。

STEP|16 再次载入"图层1"选区，单击【图层】面板下的【创建新的填充或调整图层】按钮，选择【色相/饱和度】选项。打开【色相/饱和度】对话框，启用【着色】选项，设置参数，如图6-23所示。

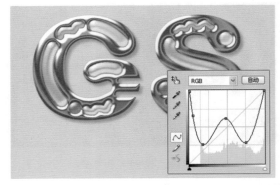

图6-22　绘制金属质感

图6-23　添加颜色

STEP|17 设置前景色为"白色"，新建图层"亮光"。使用【多边形工具】，绘制大小不一的四角星，设置参数，如图6-24所示。

图6-24　添加亮光

STEP|18 珠宝字体制作完成，合并除背景以外的可见图层。然后将其文字放置在首饰网页的合适位置，如图6-7所示。

6.3　练习：射线特效文字

在艺术性网站中，主要突出的是网页的不规则布局和其网页特效。图6-25所示的设计网站首页中，采用了黑色背景，并且在网页中间使用了发光效果的绿色图形作为吸引浏览者目光的元素之一。在整体黑色调页面中为了突出网站名称，采用了射线特效文字放置在网页中间偏下位置，将网站首页目光集中在网站名称上，而且文字色彩的使用与网页整体相统一。

图6-25　射线文字在网页中的效果

操作步骤：

STEP|01　在1024×768像素、分辨率为72像素/英寸的黑色背景文档中，选择【横排文字工具】 T ，在画布中间输入字母，如图6-26所示。

图6-26　输入文字

注意

由于文字与背景同为黑色，可以暂时隐藏背景图层，方便调整文字在画布中的位置。在黑色画布中间输入黑色文本时，字体不易过大，因为还要为放射线留有空间。

STEP|02　按住Ctrl键单击文本图层缩览图，显示该文本选区，在新建"图层1"中填充黑色。保持选区不变，执行【滤镜】|【杂色】|【添加杂色】命令，并在【添加杂色】对话框中设置各项参数，如图6-27所示。

STEP|03　按Ctrl+D快捷键，取消文本选区。执行【滤镜】|【模糊】|【径向模糊】命令，启用【缩放】选项，并设置【数量】参数，为文本区域设置缩放模糊。按Ctrl+F快捷键，重复应用一次该滤镜，如图6-28所示。

图6-27　添加杂色

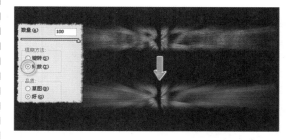

图6-28　执行【径向模糊】命令

STEP|04　复制"图层1"为"图层2"，并且执行【滤镜】|【锐化】|【USM锐化】命令，并设置【数量】、【半径】和【阈值】参数，如图6-29所示。

注释

执行【USM锐化】滤镜命令，使其射线效果更加清晰。

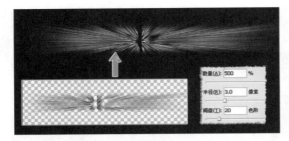

图6-29　添加USM锐化效果

STEP|05　根据步骤（3）中的方法，在"图层2"中连续两次执行参数相同的【径向模糊】命令，接着设置该图层的【混合模式】，然后将文本图层放置在所有图层上方，如图6-30所示，使其呈现光由文本后照射过来的效果。

图6-30　调整图层顺序

技巧

要想将某一个图层放置在所有图层上方，可以选中该图层，然后按 Ctrl + Shift +】组合键。

STEP|06　结合Ctrl键重新显示文本图层中的文本选区，选择选框工具后右击，执行【变换选区】命令，在工具选项栏中将等比例缩小至40%，连续按两次Enter键结束命令，如图6-31所示。

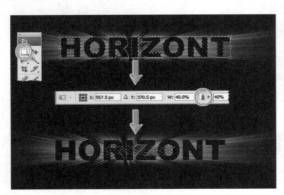

图6-31　缩小选区

注意

在缩小选区尺寸时，应等比例、中心缩小选区。但是不能直接按 Ctrl + T 快捷键，否则会将图形同时变形。

STEP|07　按Ctrl+Alt+D快捷键，在打开的对话框中设置【羽化半径】，并且新建"图层3"，在羽化后的选区中连续3次填充白色。取消选区，执行【高斯模糊】命令，调整该图层顺序，如图6-32所示。

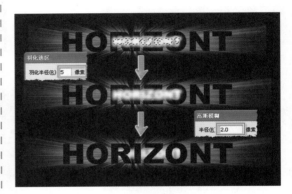

图6-32　对光源进行模糊

注意

添加光源，如果发现添加的光源过多，可以按 Ctrl + T 快捷键，结合 Shift 键向中心等比例缩小。

STEP|08　使文本图层处于工作状态，单击【图层】调板下方的【创建新的填充或者调整图层】按钮 ⬤，选择【色相/饱和度】选项，接着启用【着色】选项，设置【色相】和【饱和度】参数，调整适当的颜色，如图6-33所示。

图6-33　调整文字图层的色相

STEP|09　双击文本图层，在打开的【图层样式】对话框中启用【外发光】、【内发光】和【斜面和浮雕】样式，参数默认。接着，设置该图层的【混合模式】，如图6-34所示。

图6-34 改变图层模式

至此，射线文字制作完成，最后合并除【背景】图层外的所有图层，将合并图层中的特效文字放置在网页中即可，如图6-25所示。

6.4 练习：钻石特效文字

本案例是建立一则首饰网站，主要产品以钻石为主。网站采用一副除了耳坠外，整个图片呈灰色调的美女图片作为背景，重点突出了产品。将产品名称使用钻石般的文字表现出来，能够使用户在进入网站第一时间内看到，吸引浏览者的眼球，更好地表达主题，如图6-35所示。

图6-35 钻石文字在网页中的效果

操作步骤：

STEP|01 新建一个宽度和高度分别为1100和800像素、白色背景的文档。使用【横排文字工具】，输入Virgin字母，设置参数，如图6-36所示。按Ctrl+J快捷键，复制文字图层。

图6-36 输入并复制文字

STEP|02 在"背景"层上新建"图层1"，填充白色，并与文字副本图层合并为"钻石"图层。载入文字图层选区，并隐藏该图层。执行【滤镜】|【扭曲】|【玻璃】命令，添加纹理效果，设置参数，如图6-37所示。

图6-37 添加纹理

STEP|03 按Ctrl+Shift+I快捷键，反选选区，按Del键删除。按Ctrl+D快捷键，取消选区后，将背景填充为黑色，如图6-38所示。

图6-38 提取主题

STEP|04 双击"钻石"图层，打开【图层样式】对话框：启用【描边】选项，设置【大小】为18像素；【填充类型】为"渐变"，设置参数，如图6-39所示。

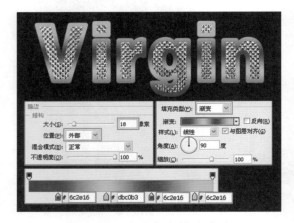

图6-39 添加渐变描边效果

STEP|05 启用【斜面和浮雕】选项，设置【深度】为1000%；【大小】为24像素；【光泽高等线】为"环形"，设置参数，如图6-40所示。

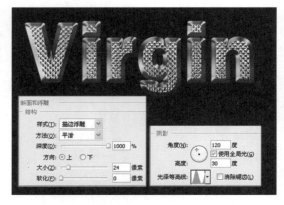

图6-40 绘制立体效果

STEP|06 选中"钻石"图层，执行【图层】|

【图层样式】|【创建图层】命令，将多出3个图层。在"钻石的外浮雕阴影"图层上方新建"图层1"，填充50%的灰色，如图6-41所示。

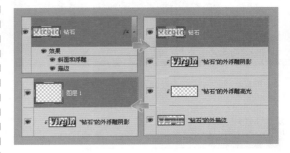

图6-41 创建图层

STEP|07 按住Alt键，将光标放在"图层1"和"钻石的浮雕阴影"图层中间单击，创建剪切蒙版，如图6-42所示。

图6-42 创建剪切蒙版

STEP|08 执行【图层】|【新建调整图层】|【色相/饱和度】命令，调整文字边缘颜色，设置参数，如图6-43所示。

图6-43 调整颜色

STEP|09 设置前景色为白色，新建"图层2"。使用【多边形工具】 ⊙，绘制四角形，设置参数，如图6-44所示。

图6-44 添加光泽亮光点

STEP|10 将"背景"层以外的图层合并，放置在网页图片左上角，如图6-45所示。

STEP|11 由于文字边缘不够亮，执行【滤镜】|【渲染】|【光照效果】命令，效果如图6-46所示。

图6-45 放置钻石文字

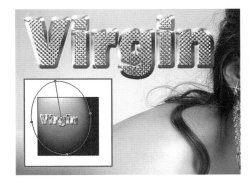

图6-46 增加钻石边缘亮度

6.5 练习：火焰特效文字

此Banner中的文字是以网络游戏中的画面为背景的，在该背景中搭配上激烈燃烧的火焰字，不仅增强了游戏刺激、热烈的画面气势，而且增添了视觉冲击力。让玩家的心里存在一个期待值，整个画面体现了游戏紧张、惶恐、令人不安、心跳加快的神秘感觉，而且字体的颜色也与画面的整体效果相协调，如图6-47所示。在制作火焰字的过程中，【风格化】命令中的【风】效果，在该特效中起到了铺垫作用，而运用【液化】命令描绘焰苗的操作，是制作逼真形象火焰字的重要环节。

图6-47 火焰字

操作步骤：

STEP|01 在1024×768像素、分辨率为72像素/英寸的黑色背景文档中，选择【横排文字工具】 T，在画布中间输入字母，如图6-48所示。

注释

因为火焰的方向向上，所以将文字放置在画布偏下位置，这样可以留有空余地方。

图6-48 输入内容

STEP|02 新建"图层1"，按Shift+Ctrl+Alt+E快捷键，合并可见图层，如图6-49所示。

图6-49 合并图层

注释

当需要对多层进行编辑而又不想合并图层时，就可以用这种方法。在历史记录调板中，用户可以看到这个命令叫【盖印可见图层】。

STEP|03 执行【图像】|【图像旋转】|【90度（逆时针）】命令，执行【滤镜】|【风格化】|【风】命令，在【风】对话框中使用默认设置。接着，按Ctrl+F快捷键，重复执行该命令3次，效果如图6-50所示。

图6-50 执行【风】命令

STEP|04 执行【图像】|【旋转画布】|【90度（顺时针）】命令，将图像恢复过来，执行【滤镜】|【模糊】|【高斯模糊】命令，并设置【半径】数值，如图6-51所示。

图6-51 执行【高斯模糊】命令

注意

将字母高斯模糊，注意高斯模糊的半径不易太大。

STEP|05 执行【图像】|【调整】|【色相/饱和度】命令或者按Ctrl+U快捷键，启用【色相/饱和度】对话框中的【着色】选项，接着设置各项参数，如图6-52所示。

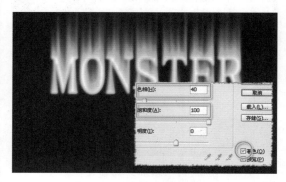

图6-52 为文字添加颜色

STEP|06 按Ctrl+J快捷键，将"图层1"复制，再次按Ctrl+U快捷键，并设置其参数如图6-53所示。

图6-53 对字体添加红色

STEP|07 设置"图层1副本"图层的【混合模式】，这样，橘黄色和红色就能很融洽地结合到一起，如图6-54所示。

图6-54 设置图层的混合模式

STEP|08 合并"图层1副本"和"图层1"为新的"图层1"，执行【滤镜】|【液化】命令，设置其画笔参数，在图像中描绘出主要的火焰，然后将画笔和压力调小，绘制出其他细小的火焰，如图6-55所示。

图6-55　绘制火焰苗效果

提示

在【液化】对话框中，选择【工具栏】上的一些工具，如【向前变形工具】等在预览框中对文字进行涂抹。【画笔大小】和【画笔压力】根据绘制火焰的大小而设定。
如果绘制过程中有不满意，可以使用【重建工具】恢复原貌，或单击【重建整个图像】按钮 重建 (U) ，重新设置。

STEP|09 接下来修饰火焰，使它的内外焰融合到一起，颜色均匀过渡，选择【涂抹工具】，在火焰上轻轻涂抹，不断改变笔头的大小和压力，以适应不同的需求，如图6-56所示。

图6-56　修饰火焰

提示

在涂抹时，注意火焰底部要与字体相符，否则会破坏最终效果。

STEP|10 火焰的外观完成后，按Ctrl+J快捷键

复制"图层1"将文本图层放置为最上层，并更改字体颜色为黑色，让火焰稍微向下移动一点，这样可与字体比较融洽到一起，如图6-57所示。

图6-57　调整图层顺序

STEP|11 按Ctrl+J快捷键复制"图层1副本"，并将其放置为最上层，设置【混合模式】，如图6-58所示。

图6-58　设置图层混合模式

STEP|12 单击【图层】调板中的【添加图层蒙版】按钮，为该图层添加一个蒙版，将前景色设置为白色，背景色设置为黑色，选择【渐变工具】，在蒙版中建立如图6-59所示的渐变，这样文字就能从上往下逐渐显露出来。

图6-59　为文字添加渐变

STEP|13 新建"图层1"，按Shift+Ctrl+Alt+E快捷键，盖印可见图层。接着执行【滤镜】|【模糊】|【高斯模糊】命令，设置其【半径】的数值，并设置该图层混合模式以及【不透明度】选项，如图6-60所示。

图6-60　盖印可见图层

STEP|14 再次盖印可见图层，更改图层的【混合模式】以及【不透明度】，增强图像的发光效果，如图6-61所示。

图6-61　增强图像的发光效果

STEP|15 至此，火焰特效字制作完成。将文字缩放后，放置在Banner的适当位置，如图6-47所示。

6.6　练习：金属特效文字

　　该画面是一个游戏的界面，给受众以神秘、威武、气势恢弘、具有强悍挑战的视觉感受，界面中的金属特效文字形象逼真，如图6-62所示，它与金属图形相结合，无论从质感还是色彩上，都给人以心理和视觉的平衡、统一的感受，以一种前所未有的魅力吸引着更多的玩家。

　　在制作该字效过程中，为文字添加【斜面和浮雕】以及【内发光】效果较为重要，这关系到文字金属质感与立体感的表现。

图6-62　金属字效果

操作步骤：

STEP|01 在1024×768像素、分辨率为72像素/英寸的黑色背景文档中，选择【横排文字工具】 T，在画布中间输入白色字母，如图6-63所示。

图6-63　输入内容

STEP|02 按Ctrl+J快捷键复制图层，接着右击"MSM 副本"图层，执行【栅格化文字】命令，隐藏图层"MSM"，如图6-64所示。

图6-64　栅格化文字

技巧

要复制图层，还可以执行【图层】|【复制图层】命令，或者同时按Alt+L+D快捷键；将文本图层转换为普通图层还可以执行【图层】|【栅格化】|【文字】命令。

STEP|03 结合Ctrl键选择"MSM 副本"图层，设置前景色并进行填充，单击图层调板下方的【添加图层样式】按钮 *fx.*，执行【斜面和浮雕】命令，并在打开的对话框中设置其参数，如图6-65所示。

图6-65 添加斜面和浮雕效果

STEP|04 双击"MSM 副本"图层，在打开的对话框中启用【内发光】选项，设置各项参数如图6-66所示。

注释

给文本添加【内发光】图层样式，加强文本的金属感。

STEP|05 运用上面的方法，将其他部分也做好，最终的效果如图6-67所示。

图6-66 添加内发光效果

图6-67 添加装饰

注释

制作金属字的方法不止一种，这只是其中的一种，每一种方法做出来的效果都不尽相同，此方法仅供参考。

STEP|06 至此，金属字效制作完成。将除背景以外的图层合并后，对其进行适当缩放并放置在网页如图6-62所示的位置。

6.7 练习：糖果特效文字

糖果网站一般都在网页上放置一副精美的糖果图片来突出产品主题，为了衬托和配合糖果图片，本案例通过运用通道和【滤镜】中【位移】、【高斯模糊】等命令制作一种带有甜味的糖果字。并通过【色相/饱和度】更改绘制后的文字颜色，使文字像糖果一样颜色丰富，如图6-68所示。

图6-68 糖果网页

6.7.1 制作糖果文字

STEP|01 建一个宽度和高度分别为1100和800像素、白色背景的文档。使用【横排文字工具】 T，分别输入S、W、E、E、T字母。按Ctrl+T快捷键，对每个字母进行旋转、透视，使其凌乱排列，如图6-69所示。

图6-69 栅格化文字

提示

如果要对文字进行扭曲、透视变换操作，首先必须将文字栅格化。选中文字图层，右击，执行【栅格化文字】命令即可将文字栅格化。

STEP|02 打开【通道】面板，复制"蓝"通道，将副本通道命名为"原始"通道。选择该通道，按Ctrl+I快捷键，进行反相，如图6-70所示。

图6-70 复制通道

STEP|03 删除字母图层，新建图层"糖果"，将该图层填充白色。设置前景色为黄色（#FFE100），执行【图像】|【图像旋转】|【90度（顺时针）】命令，将画布旋转。执行【滤镜】|【素描】|【半调图案】命令，设置参数，如图6-71所示。

图6-71 绘制纹理效果

STEP|04 执行【图像】|【图像旋转】|【90度（逆时针）】命令，将画布复位还原。执行【滤镜】|【扭曲】|【切变】命令，设置参数，如图6-72所示。

图6-72 纹理扭曲

STEP|05 按住Ctrl键，载入"原始"通道选区。执行【选择】|【修改】|【收缩】命令，设置【收缩量】为2像素，设置参数，如图6-73所示。

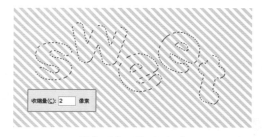

图6-73 缩放选区

STEP|06 按Shift+F6快捷键，羽化选区，设置【羽化半径】为6像素。按Shift+Ctrl+I快捷键，将选区反选后，填充橘黄色（#FF9805）。取消选区，如图6-74所示。

图6-74 填充选区

STEP|07　新建图层"高光1"，填充白色。载入"原始"通道选区，设置【收缩量】为4像素缩小选区。将选区填充黑色，取消选区，如图6-75所示。

图6-75　显示文字

STEP|08　执行【滤镜】|【模糊】|【高斯模糊】命令，设置【半径】为8像素，模糊图像，如图6-76所示。

图6-76　模糊文字图像

STEP|09　载入"红"通道，反选选区。执行【滤镜】|【其他】|【位移】命令，设置【垂直】和【水平】移动距离分别为-8像素，移动选区图像。取消选区，如图6-77所示。

图6-77　移动选区图像

STEP|10　执行【半径】为2像素的【高斯模糊】命令。执行【滤镜】|【风格化】|【浮雕效果】命令，添加文字的立体效果，设置参数，如图6-78所示。

图6-78　添加立体效果

STEP|11　按Ctrl+M快捷键，打开【曲线】对话框，调整曲线，如图6-79所示。

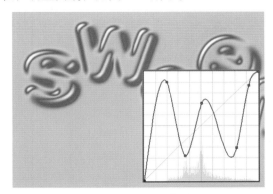

图6-79　加强高光

STEP|12　载入"原始"通道选区，设置【收缩量】为1像素缩小选区。设置【羽化半径】为2像素羽化选区。然后将选区反选后删除，如图6-80所示。

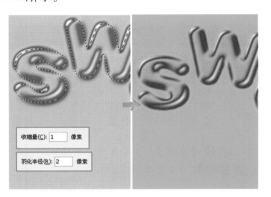

图6-80　删除选区

STEP|13 设置该图层的【混合模式】为"滤色"，【不透明度】为70%，设置参数，如图6-81所示。

图6-81　对图像添加立体效果

STEP|14 向下合并图层为"糖果"图层。载入"原始"通道选区，设置【羽化半径】为10像素羽化选区，并将选区反选。按Ctrl+L快捷键，设置【色阶】为0、0.5、255，取消选区，如图6-82所示。

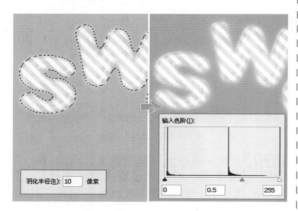

图6-82　加深背景颜色

提示

按住 Ctrl 键的同时选中"高光 1"和"糖果"两图层，然后按 Ctrl+E 快捷键，将两图层合并。

STEP|15 复制"原始"通道，将副本通道命名为"高光"。执行【滤镜】|【其他】|【位移】命令，设置【水平】和【垂直】位移各为-2像素，设置参数，如图6-83所示。

图6-83　复制通道

STEP|16 载入"原始"通道选区，将选区反选后填充黑色，取消选区，如图6-84所示。

图6-84　填充选区

STEP|17 执行【水平】和【垂直】各移动-6像素的【位移】命令。载入"原始"通道选区，填充黑色，取消选区，如图6-85所示。

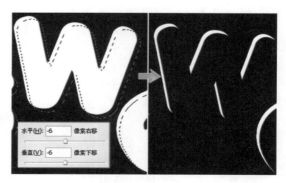

图6-85　填充选区

STEP|18 执行【水平】和【垂直】各移动8像素的【位移】命令。再次载入"原始"通道选区，设置【收缩量】为2像素减小选区，如图6-86所示。

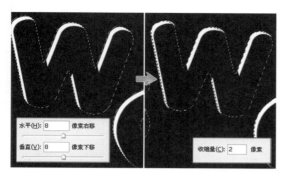

图6-86 缩小选区

STEP|19 将选区反选，填充黑色，取消选区。
执行【半径】为2像素的【高斯模糊】命令，调
整色阶，设置参数，如图6-87所示。

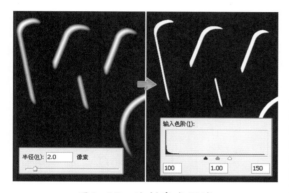

图6-87 绘制高光区域

STEP|20 载入"高光"通道选区，新建图层
"高光"。将选区填充为白色，设置【不透明
度】为60%，如图6-88所示。向下合并图层为
"糖果"图层。

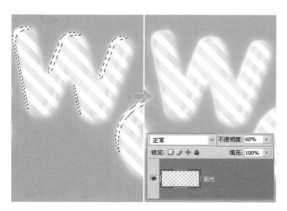

图6-88 加强高光

STEP|21 载入"原始"通道选区，并将选区反
选后删除，取消选区，如图6-89所示。

图6-89 删除字母背景

STEP|22 双击当前图层，打开【图层样式】
对话框，启用【投影】选项。设置【阴影颜
色】为橘黄色（#FF9805），【不透明度】为
100%，设置参数，如图6-90所示。

图6-90 添加投影

STEP|23 启用【外发光】选项，对文字添加
外发光效果。设置【混合模式】为"正常"；
【外发光颜色】为50%，设置参数，如图6-91
所示。

图6-91 添加外发光效果

STEP|24 新建"图层1"，并与"糖果"图层
合并为"糖果字"图层。复制"原始"通道，
并命名为"雪"通道。执行【垂直】位移为-8
的【位移】命令。载入"原始"通道选区，填
充黑色，取消选区，如图6-92所示。

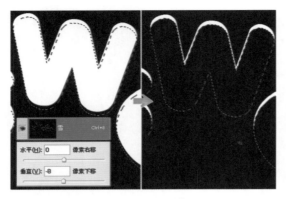

图6-92　绘制"雪"区域

STEP|25　执行【滤镜】|【模糊】|【高斯模糊】命令，设置【半径】为6像素。按Ctrl+L快捷键，调整色阶，设置参数，如图6-93所示。

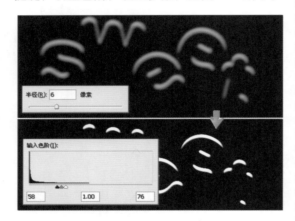

图6-93　扩大区域

STEP|26　新建图层"雪"，填充土红色（＃AB4400）。载入"雪"通道，填充白色，取消选区，如图6-94所示。

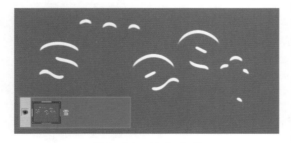

图6-94　填充选区

STEP|27　执行【半径】为2像素的【高斯模糊】命令。执行【滤镜】|【杂色】|【添加杂色】命令，添加杂色，设置【数量】为2%。再

次载入"雪"选区，将选区反选后删除，如图6-95所示。

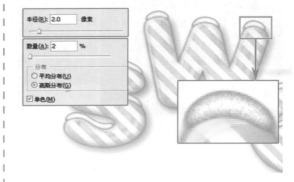

图6-95　添加杂色

STEP|28　双击"雪"图层，打开【图层样式】对话框，启用【投影】选项，设置参数，如图6-96所示。

图6-96　添加"雪"图像投影

6.7.2　调整整体效果

STEP|01　将"背景"层以外的图层合并为"糖果字"图层。打开糖果图片，选择【移动】，将字母放置到图片文档中，如图6-97所示。

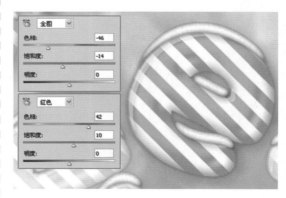

图6-97　放置字母

STEP|02 载入字母选区，使用【椭圆选框工具】，通过减选的方法，单独选中W字母，如图6-98所示。

图6-98 对单独字母建立选区

图6-99 调整W字母颜色

STEP|03 执行【图层】|【新建调整图层】|【色相/饱和度】命令，更改字母颜色。设置参数，如图6-99所示。

STEP|04 按照上述方法绘制E字母，设置参数，如图6-100所示。

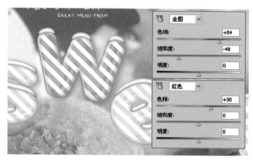

图6-100 调整E字母颜色

网页设计元素之网络广告设计

由于网络的日益发展，网络广告的市场正在以惊人的速度增长，网络广告发挥的效用显得越来越重要。以致广告界甚至认为互联网络将超越路牌，成为传统四大媒体（电视、广播、报纸、杂志）之后的第五大媒体。而无论是何种形式的网络广告，均可以通过Photoshop来进行图像效果的制作。

本章将根据网络广告的不同形式，来制作各种效果的广告图像，并且利用Photoshop中的动画功能制作简单的动画网络广告。

7.1 网络广告构成元素

网络正在成为信息传播的重要渠道和交流方式，网络广告作为独特的新型媒体，给广告信息传播带来了形式与实质的变化。网络广告的页面视觉元素在遵循着传统的平面设计的视觉传达方式的同时，也在原有的基础上赋予了平面元素新的特点。

7.1.1 网络广告形式

最初的网络广告就是网页本身。当越来越多的商业网站出现后，怎么让消费者知道自己的网站就成了一个问题，广告主急需要一种可以吸引浏览者到自己网站上来的方法，而网络媒体也需要依靠它来赢利。

其中一种网络广告形式就是横幅广告——Banner，它是互联网广告中最基本的广告形式，将表现商家广告内容的图片放置在广告商的页面上，如图7-1所示。

图7-1　横幅广告

随着网络日趋成熟，仅横幅广告已经无法满足广告主和浏览者的要求，网络广告界发展出了多种更能吸引浏览者的网络广告形式。比如全屏广告、撕页广告、弹出窗口广告、对联广告、流媒体按钮、鼠标响应移动图标、鼠标响应按钮和浮动图标等。图7-2所示为弹出式全屏广告。

全屏广告一般出现在门户网站的首页。当打开一个门户网站时，有时会暂时显示屏幕大小的广告，可以是静态，也可以是动画。几秒钟后自动消失，正常显示门户网站的内容。该广告的显示方式，能在第一时间内抓住浏览者的视线，图7-3所示为全屏动画广告。

图7-2　弹出式全屏广告

图7-3　全屏动画广告

漂移广告是商家常用的广告表现形式，多为80×80大小的方形，始终处于受众能看到的一个屏幕之内，最初的一些漂移广告在页面内做着无规则的慢慢漂移运动，有时会影响页面的整体效果，因此现在这类漂移广告改成了始终位于屏幕底部的方式，拉动滚动条时，广告沿垂直方向向下移动，如图7-4所示。

图7-4　漂移广告

漂移广告还有扩展的形式出现，也就是鼠标响应漂移式广告。这种广告在鼠标移过广告时会出现一个更大的响应广告，移去鼠标响应广告马上消失或者缩小，如图7-5所示。响应广告包含了更多的内容，效果应当比普通漂移式要好。

图7-5 鼠标响应漂移式广告

网页中常见的广告还有对联广告，该广告在浏览页面完整呈现的同时，在页面两侧空白位置呈现对联形式广告，此种形式广告因版面所限，仅表现于1024×768及以上分辨率的屏幕上，800×600分辨率下无法观看。其特色是区隔广告版位，广告页面得以充分伸展，同时不干涉使用者浏览，并有效传播广告相关讯息，其尺寸以100×300像素为基准，如图7-6所示。

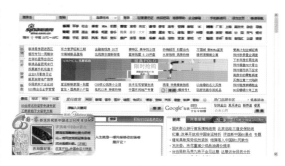

图7-7 弹出窗口广告

图7-6 对联广告

而弹出窗口广告既可以是图片，也可以是图文介绍，在页面下载的同时弹出第二个迷你窗口，如图7-7所示。

7.1.2 网页广告色彩应用

一幅广告的色彩是倾向于冷色或者暖色、明朗鲜艳或者素雅质朴，这些色彩倾向所形成的不同色调给人们的印象就是广告色彩的总体效果。广告色彩的整体效果取决于广告主题的需要以及消费者对色彩的喜好，并以此为依据来决定色彩的选择与搭配。

例如化妆品类商品常用柔和、脂粉的中性色彩，如具有各种色彩倾向的紫色、粉红、亮灰等色，表现女性高贵、温柔的性格特点，如图7-8所示。

图7-8 女性化妆品广告

而男性化妆品则较多使用黑色、灰色或者单纯的色彩，这样能够体现男性的庄重与大方，如图7-9所示。

图7-9　男性化妆品广告

药品广告的色彩大都是白色、蓝色、绿色等冷色，这是根据人们心理特点决定的。这样的总体色彩效果能给人一种安全、宁静的印象，使广告宣传的药品易于被人们接受，如图7-10所示。

图7-10　药品广告

食品类商品常用鲜明、丰富的色调。红色、黄色和橙色可以强调食品的美味与营养，如图7-11所示。

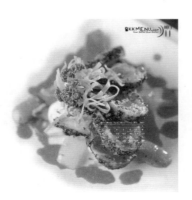

图7-11　食品类广告

儿童用品常用鲜艳的纯色和色相对比、冷暖对比强烈的各种色彩，以适应儿童天真、活泼的心理和爱好，如图7-12所示。

图7-12　儿童用品广告

7.2　练习：弹出式窗口动画广告

在门户网站中最常见的网络广告就是弹出的小窗口广告，其中以产品广告为主，当然还有其他类型的网络广告，下面制作的就是网上购物网站的广告，如图7-13所示。由于该网上购物网站是新建立的网站，所以在大型的门户网站首页链接弹出广告，以让更多的浏览者认识和了解该网上购物网站。因为目的明确，该网络广告只是简单地将网站标志和网站中的活动显示在其中，所以简单地将广告语制作为动画即可。

该网上购物广告效果图是在紫色的背景中输入橙色、蓝色的广告语，不仅醒目、而且整体色彩较为协调。

在制作该动画时，重点在于对广告语的复制、放大与旋转，这关系到最终的动画效果。

图7-13　弹出式窗口动画广告

操作步骤：

STEP|01　新建400×300像素，【分辨率】为72像素/英寸的文档，在工具箱中设置【前景色】和【背景色】，选择【渐变工具】，由左到右拉出如图7-14所示的线性渐变。

STEP|02　按Ctrl＋N快捷键再次新建35×30像素，【分辨率】为72像素/英寸，【背景】为透明的文档，设置【前景色】为白色，选择【自定形状工具】，在工具选项栏的【自定形状】拾色器中选择【五角星】，在画布左上角位置创建W和H均为15像素的白色五角星，如图7-15所示。

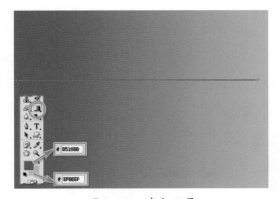

图7-14　填充背景

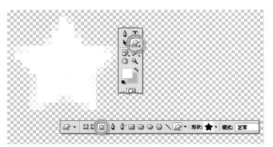

图7-15　绘制白色五角星

注释

用户可以使用辅助线作为参考，这样可以绘制较为精确的五角星。创建背景图案，该图案的背景为透明，这样在画布中平铺图案时才不会影响下方的图形。

STEP|03　执行【编辑】|【定义图案】命令，在弹出的对话框中输入该图案的名称，接着新建"图层1"，执行【编辑】|【填充】命令，在打开的【填充】对话框中选择【使用】下拉列表中的【图案】选项，选中定义好的图案，填充在整个画布中，并且设置该图层的【不透明度】，如图7-16所示。

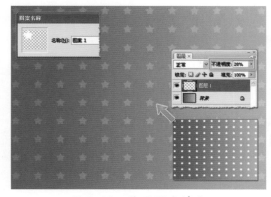

图7-16　使用图案填充

STEP|04　新建"图层 2"，选择【圆角矩形工具】 ▢，设置【圆角半径】为15像素，在画布下方创建380×130像素、白色圆角矩形。选择【椭圆选框工具】 ◯，结合Shift键分别在圆角矩形4个角位置建立正圆选区，并且删除选区中的白色区域创建正圆镂空，如图7-17所示。

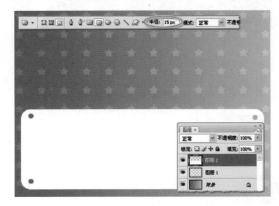

图7-17　绘制圆角矩形

STEP|05　复制"图层 2"为"图层 3"，并将"图层 3"放置在图层2下方，更改其填充颜色为黑色，设置图层的【不透明度】，利用【移动工具】 ⊕分别向下和向右移动5个像素，如图7-18所示。

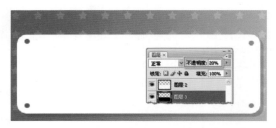

图7-18　创建产品放置区域

STEP|06　按Ctrl＋O快捷键，打开素材图片"冰之恋.psd"、"宝格丽.psd"、"大卫杜夫回音.psd"，分别按Ctrl＋T快捷键将其成比例缩小，调整位置如图7-19所示，使用【横排文字工具】 T在图片下方输入相应的产品名称。

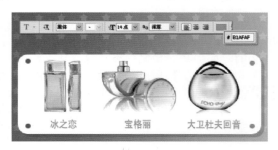

图7-19　制作产品展示

技巧

利用【自由变换】命令缩小图片时，可以单击工具选项栏中的【保持长宽比】按钮，按 Enter 键即可成比例缩小。

STEP|07 新建"图层7"，选择【矩形工具】，在画布左上角位置创建矩形路径，结合【直接选择工具】和【转换点工具】调整其形状，按Ctrl＋Enter快捷键转换为选区，使用设置的前景色对其填充，取消选区，如图7-20所示。

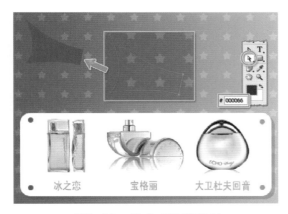

图7-20 创建不规则图形

注释

在由矩形调整为不规则图形时，注意边缘的曲线程度。

STEP|08 复制该图层并放置在其下方，更改填充颜色为黑色，降低其【不透明度】为20%，并且利用【自由变换】命令中的【斜切】和【扭曲】选项调整形状。在最上方新建"图层9"，使用【多边形套索工具】建立不规则选区，由右至左填充由紫色到透明的线性渐变，如图7-21所示。

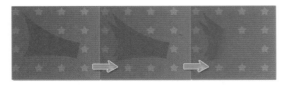

图7-21 创建不规则图形的阴影

STEP|09 选择【横排文字工具】，参数设置如图7-22所示，在深紫色不规则区域中输入"降"字样，并且利用【自由变换】命令，根据其背景倾斜角度旋转文本角度。利用【自定形状工具】中的【箭头7】形状，在文本右侧创建白色箭头，至此，广告中的注释语制作完成，如图7-22所示。

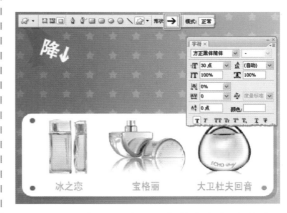

图7-22 在不规则图形中创建广告注释语

STEP|10 继续使用【横排文字工具】，在圆角矩形左上方输入"全场降价促销！"字样，双击该图层打开【图层样式】对话框，启用【投影】样式，设置【不透明度】为65%，【距离】为6像素，【大小】为0；启用【颜色叠加】样式，设置【叠加颜色】为#FF9900；启用【描边】样式，设置【描边颜色】为白色，其他参数默认，如图7-23所示。

图7-23 创建广告主题语

STEP|11 利用【圆角矩形工具】在文本右侧创建【半径】为25像素的白色圆角矩形，并且将步骤（10）中设置的【图层样式】复制到该图层中，更改【投影】样式中的【不透明度】为30%，【距离】为5像素；更改【描边】样式中的【大小】为2像素。接着在上方创建高光，输入如图7-24所示内容。

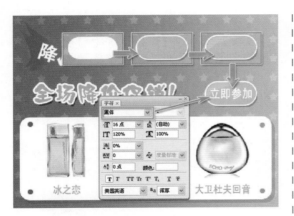

图7-24 创建按钮

图7-26 创建字母背景

STEP|12 下面制作该广告中的标志，标志由中文"拍拍"和其拼音组成，利用Arial Black和【方正粗倩简体】分别输入"paipai"和"拍拍"字样，并且为中文文字添加2像素的白色描边，如图7-25所示。

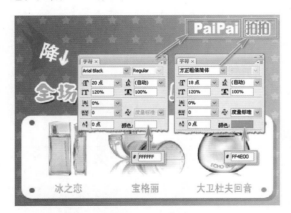

图7-25 输入广告中的网站标志文本

STEP|13 在字母图层下方新建6个图层，利用【多边形套索工具】创建6个字母大小、不同形状的不规则矩形选区，由左至右依次填充颜色为#FF9900、#00BFF3、#FFCC33、#94D030、#F583BC、#9D98CC，并且将"拍拍"文字所在图层的【图层样式】分别复制在这6个图层中，如图7-26所示。

STEP|14 右击字母图层，执行【栅格化文字】命令将其转换为普通图层，选择【矩形选框工具】，结合Ctrl键将字母逐一移至相应的矩形中。在【图层】面板中调整背景矩形的上下位置，并且将遮住其他矩形的矩形所在图层的【填充】设置为50%，效果如图7-27所示。

图7-27 调整背景和字母位置

注释

这里只是降低了不规则矩形所在图层中的填充区域不透明度，而描边区域保持不变。

STEP|15 在所有图层最上方分别输入"香水专卖街新登场"与"42元起售"字样，并且为其添加2像素的白色描边。结合Shift键同时选中这两个图层，使其中心对齐，文本参数设置如图7-28所示。

图7-28 输入两组广告语

专家指南

输入的这两组广告语为动画停顿的最终效果。

STEP|16 隐藏上方文本图层，将广告语文本图层复制5份并且隐藏，选中原始文本图层，按Ctrl＋T快捷键，单击工具选项栏中的【保持长宽比】按钮，各项参数设置如图7-29所示，按Enter键结束。

图7-29　制作旋转文本

STEP|17 选中上一文本图层，成比例放大相同倍数，旋转60度。依此类推，逐一向上调整图层中的文本，最上图层文本保持不变，如图7-30所示。

图7-30　继续旋转文本

专家指南

为了方便观察，隐藏所有"香水专卖街新登场"的文本图层后，再开始制作第二句广告语的文本旋转。

STEP|18 复制"42元起售"文本所在图层4份，由上至下第2个图层开始成比例放大120%，依次设置【旋转角度】为-30度、-100度和30度。设置最下图层中的文本成比例放大150%，旋转-30度，并且向左下角位置移动，如图7-31所示。

图7-31　用相同方式制作另一组文本旋转

STEP|19 现在开始创建广告语旋转动画。显示最底层广告语，将其上方所有广告语图层隐藏。执行【窗口】|【动画】命令，打开【动画】调板，同时创建动画第1帧。复制第1帧为第2帧，隐藏当前图层，显示上一图层，如图7-32所示。

图7-32　在【动画】调板中创建帧

STEP|20 使用相同的方法创建第3帧至第6帧，将广告语"香水专卖街新登场"动画创建完成，单击第6帧的【选择帧延迟时间】，选择弹出式菜单中的【1.0秒】选项，在该帧处停顿，如图7-33所示。

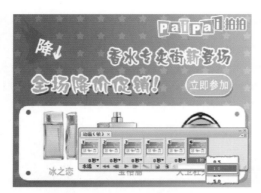

图7-33 创建广告语动画

专家指南

为了使动画流畅，旋转文本的动画帧的延迟时间为0秒，只有水平放置的文本动画帧的延迟时间为1秒。

STEP|21 复制第6帧为第7帧，更改该帧的【选择帧延迟时间】为无延时，隐藏当前图层显示上一图层。使用相同的方法创建广告语"42元起售"动画，并且将最后一帧的【选择帧延迟时间】更改为1.0秒。至此，网上购物动态网页广告制作完成。动画效果如图7-34所示。按Ctrl＋Alt＋Shift＋S快捷键保存文档为GIF动画图片。

图7-34 文字动画效果显示

7.3 练习：静态全屏广告

静态全屏广告通过在网页的首页上快速显示，来达到传达信息的作用，在下面制作的过程中，通过使用蓝色的主题颜色来衬托出"珠江帝景－每天的水岸心情"这个主题的广告语，如图7-35所示，而通过对地球的修饰和楼房的表达，来总体地表现这个地产的傍水风情。

本实例是以修改地球为基础，通过对海的修饰和天空的衬托以及远景的房产楼房，来集中体现出"每天的水岸心情"这个主题。通过使用【渐变工具】和蒙版的修饰，来达到最终效果。

图7-35 静态全屏广告

操作步骤：

STEP|01 新建一个800×600像素，分辨率为72像素/英寸的文档，导入素材，将素材放置在合适位置。按Ctrl+B快捷键打开【色彩平衡】对话框，设置参数，如图7-36所示。

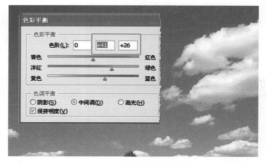

图7-36 调整色彩平衡

STEP|02 使用【多边形套索工具】 ⚲ 绘制选区，并按Shift+F6快捷键设置【羽化半径】为50像素。接着按Ctrl+J快捷键得到新图层，如图7-37所示。

图7-37　得到新图层

> **提示**
>
> 通过选区得到的新建图层，是将选区内的图像复制到新建图层中。

STEP|03 使用【移动工具】 ⊹ 将选区内的图像移至合适位置，并继续复制云彩，按Ctrl+T快捷键自由变换云彩效果，并使用【橡皮擦工具】 ✐ 降低【不透明度】和【大小】参数进行擦除，如图7-38所示。

图7-38　变换云彩

STEP|04 继续导入素材，打开【图层】面板，单击【添加图层蒙版】 ▣ ，并使用【渐变工具】 ▣ 绘制黑色至透明的线性渐变，设置参数，如图7-39所示。

STEP|05 继续导入素材，并放置在合适位置，采用上述方法添加蒙版并绘制线性渐变，使用【画笔工具】 ✐ 设置前景色为黑色并设置不透明度和大小，在蒙版中进行涂抹，如图7-40所示。

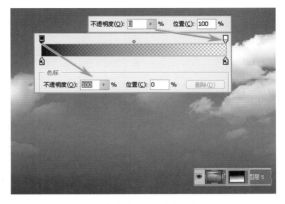

图7-39　创建蒙版

图7-40　涂抹效果

STEP|06 导入地球仪素材，改变其大小并放置在合适位置，使用【钢笔工具】 ⚲ 抠出地球仪，调整色阶，如图7-41所示。

图7-41　地球仪调整色阶效果

STEP|07 新建图层，按住Ctrl键的同时单击地球仪所在图层，得到选区。使用【渐变工具】绘制透明渐变，设置前景色为黑色，设置参数，如图7-42所示。

图7-42　地球仪渐变效果

STEP|08 继续在地球仪上方新建图层，使用【钢笔工具】绘制路径，并填充颜色。双击该图层，打开【图层样式】对话框，启用【斜面和浮雕】选项，设置参数，如图7-43所示。

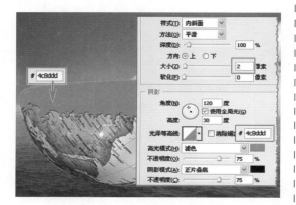

图7-43　斜面和浮雕效果

STEP|09 继续选择刚才所绘制的效果，启用【投影】选项，设置参数，如图7-44所示。

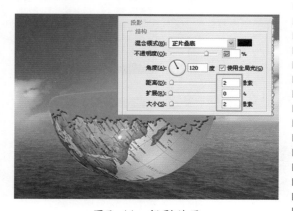

图7-44　投影效果

提示

在对图层添加蒙版的时候，如果没有达到满意的效果，可以使用画笔工具进行涂抹，当前景色为黑色的情况下是涂抹掉不需要的地方，前景色为白色的情况下是涂抹出那些用于掩盖的图像。

STEP|10 新建图层，选择刚才绘制的效果，按住Ctrl键单击绘制的效果，得到选区，使用【画笔工具】设置不透明度和大小，在选区内进行涂抹，如图7-45所示。

图7-45　涂抹效果

STEP|11 导入素材，改变其大小和位置，选择素材，按住Ctrl键在绘制的效果图层上单击，得到选区，按Ctrl+Shift+I快捷键反选，按Del键删除，并更改不透明度为如图7-46所示的值。

图7-46　透明效果

技巧

使用【画笔工具】进行涂抹的时候，按I键快速地转换到【吸管工具】，吸取需要的颜色。继而再使用【画笔工具】进行涂抹，降低其不透明度是为了在涂抹的时候更加自然，设置的不透明度低，涂抹出的效果更加自然。

STEP|12 继续导入素材，使用【钢笔工具】绘制路径，转换为选区，并按Ctrl+Shift+I快捷键反选，继续按Shift+F6快捷键设置羽化，按Del键删除，如图7-47所示。

图7-47 删除效果

STEP|13 继续导入轮船素材，使用【钢笔工具】绘制路径，并按Alt键创建剪切蒙版，使用【画笔工具】，设置前景色为白色，在蒙版选区中进行涂抹，如图7-48所示。

图7-48 轮船效果

STEP|14 在地球仪下方新建图层，使用【椭圆选框工具】绘制椭圆，设置羽化半径为20，填充颜色为黑色，如图7-49所示。

图7-49 填充颜色效果

STEP|15 选择刚才绘制的椭圆，设置不透明度，按Ctrl+J快捷键复制椭圆，使用【橡皮擦工具】，降低不透明度和大小进行擦除，如图7-50所示。

图7-50 擦除效果

STEP|16 导入素材，使用【钢笔工具】抠取房屋路径，抠取完成之后并按Alt键复制房屋至左方，并按Ctrl+T快捷键后右击，选择【水平翻转】选项，得到房屋效果，如图7-51所示。

图7-51 房屋效果

STEP|17 采用上述方法抠取其他房屋效果，并放置在合适位置，如图7-52所示。

图7-52 抠取房子效果

STEP|18 选择【横排文字工具】[T]输入文字，设置文字颜色为黑色和白色，如图7-53所示。

图7-53 输入文字

STEP|19 新建图层，在画布下方使用【矩形选框工具】绘制矩形，并分别在不同的图层上填充颜色，如图7-54所示。

图7-54 填充颜色

> **提示**
>
> 在绘制的过程中，如果条件允许，每一个细节都要新建图层，为的是在以后修改更加方便。

STEP|20 新建图层，使用【钢笔工具】绘制路径并填充颜色，双击该图层，打开【图层样式】对话框，启用【斜面和浮雕】选项，设置参数，如图7-55所示。

STEP|21 继续新建图层，使用【矩形选框工具】绘制矩形，执行【编辑】|【描边】命令，设置参数，如图7-56所示。

图7-55 斜面和浮雕效果

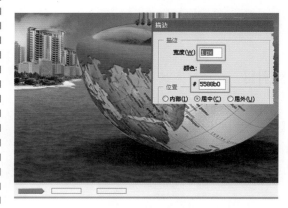

图7-56 描边效果

STEP|22 继续使用【圆角矩形工具】绘制矩形，任意填充颜色，双击该图层，打开【图层样式】对话框，启用【渐变叠加】选项，设置参数，如图7-57所示。

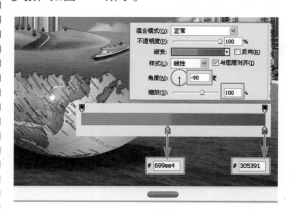

图7-57 渐变叠加效果

STEP|23 采用上述方法添加其他效果，如图7-58所示。

图7-58 其他效果

STEP|24 选择【横排文字工具】 ⊥ 输入文字并填充颜色，如图7-59所示。

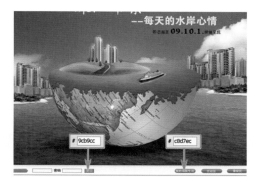

图7-59 添加文字效果

7.4 练习：横幅动画广告

调查显示：网上最著名的10%的站点吸引了90%的用户，可见提高站点知名度，是扩大访问量的重要手段。下面将要制作的是关于网页的横幅动画广告，如图7-60所示。通过使用淡蓝色调的背景来体现音乐网站清新的风格，通过使用文字的闪动动画和线条的动画，来体现网站快速和及时更新的基本要求。

本实例主要是通过【动画】面板中的位置关键帧来实现的，通过使用【移动工具】 ▶︎+ 在画布上移动图片建立关键帧，得到动画效果。

图7-60 制作横幅动画广告

7.4.1 制作效果动画

STEP|01 新建640×90像素、分辨率为72像素/英寸的文档，分别导入素材，如图7-61所示。

图7-61 导入素材

STEP|02 执行【窗口】|【动画】命令，选择【人物】图层，单击【位置】属性前的【在当前时间添加或删除关键帧】按钮，在0.00秒上建立关键帧，如图7-62所示。

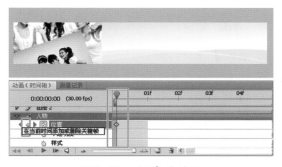

图7-62 创建关键帧

STEP|03 继续单击【位置】属性前的【在当前时间添加或删除关键帧】按钮，在0.02秒上建立关键帧，使用【移动工具】 ▶︎+ 将人物图片向

右方移动，如图7-63所示。

图7-63　创建移动动画

STEP|04　继续选择人物图层，在0.10秒上建立关键帧，使用【移动工具】将人物图片向上方移动，创建抖动动画，如图7-64所示。

图7-64　创建抖动动画

STEP|05　移动【当前时间指示器】放置0.17秒处，在0.17秒上建立关键帧，使用【移动工具】将人物图片向下方移动，创建抖动动画，如图7-65所示。

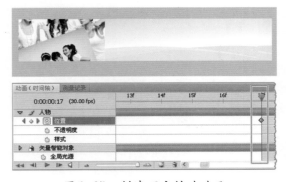

图7-65　创建下方抖动动画

STEP|06　继续采用上述方法，在0.26秒上建立关键帧，使用【移动工具】将人物图片向上方

移动，如图7-66所示。

图7-66　上方抖动动画

STEP|07　使用【文字工具】T输入横排文字并填充颜色，按Ctrl+T快捷键改变文字的方向，将【当前时间指示器】移动到0.29秒处，将【动画轨道开始】拖至0.29秒，如图7-67所示。

图7-67　移动动画轨道开始

STEP|08　复制文字，将文字颜色改为白色，继续把【当前时间指示器】移动到1.0秒处，将【动画轨道开始】拖至1.0秒处，将【动画轨道结束】拖至1.03秒处，如图7-68所示。

图7-68　文字闪烁动画

STEP|09 继续采用上述方法，将【动画轨道开始】拖至1.07秒处，将【动画轨道结束】拖至1.10秒处，如图7-69所示。

图7-69 文字动画

STEP|10 新建图层，使用【钢笔工具】绘制线条并填充颜色，绘制完成之后，按Alt键复制线条图层，并分别调整其位置和角度，如图7-70所示。

图7-70 绘制线条效果

STEP|11 选择最下方的线条图层，在1.01秒处建立位置关键帧，使用【移动工具】将线条拖出画布外，继续在1.18秒处建立关键帧，得到动画效果，如图7-71所示。

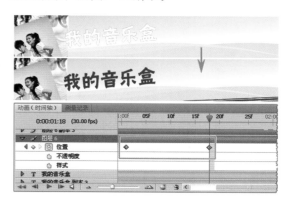

图7-71 线条移动动画

STEP|12 采用上述方法，选择中间线条图层，在1.25秒处建立关键帧，将中间线条拖出画布外，继续在2.05秒处建立关键帧，如图7-72所示。

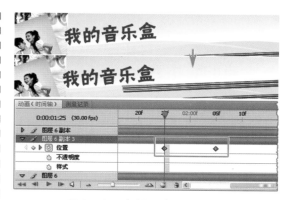

图7-72 中间线条移动动画

STEP|13 选择短线条图层，继续采用上述方法添加关键帧，如图7-73所示。

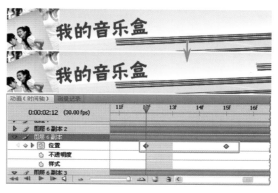

图7-73 短线条动画

STEP|14 选择上方线条，继续使用上述方法添加关键帧，创建移动动画，如图7-74所示。

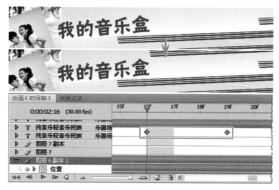

图7-74 上方线条移动动画

STEP|15 按Alt键复制线条图层，并填充为白色，把【当前时间指示器】移动到2.22秒处，将【动画轨道开始】拖至2.22秒处，将【动画轨道结束】拖至2.25秒处，得到线条闪动画效

创意$^{+}$：Photoshop CS5网页设计与配色实战攻略

果，如图7–75所示。

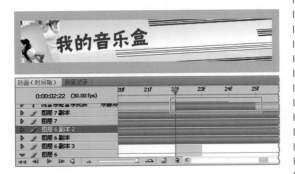

图7–75 线条闪动画效果

STEP|16 复制白色线条，采用上述方法添加闪动画，如图7–76所示。

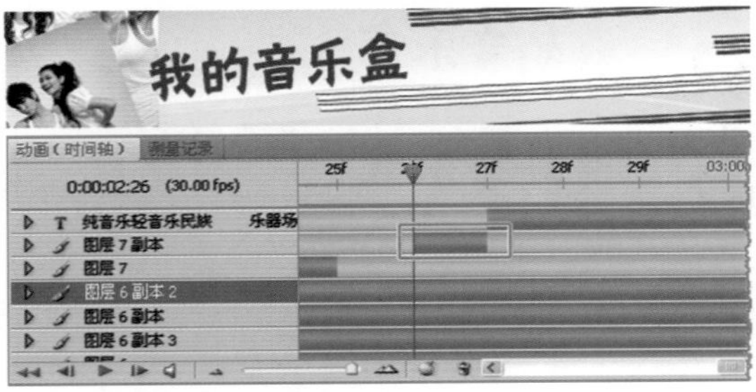

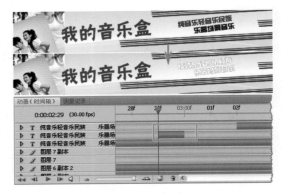

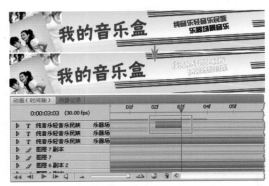

图7–76 复制线条效果

STEP|17 使用【横排文字工具】 输入文字并填充颜色，将点文字【动画轨道开始】拖至2.27秒处，如图7–77所示。

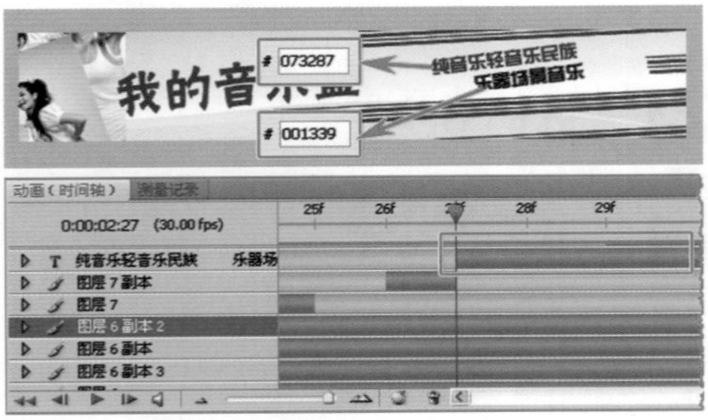

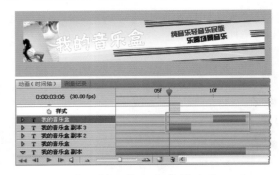

图7–77 文字动画效果

STEP|18 按Alt键复制文字，并填充颜色为白色，将【动画轨道开始】拖至2.29秒处，继续将【动画轨道结束】拖至3.00秒处，如图7–78所示。

STEP|19 采用上述方法添加文字闪动画效果，如图7–79所示。

图7–78 文字动画

图7–79 继续添加文字动画

STEP|20 采用上述方法继续对文字“我的音乐盒”添加动画，如图7–80所示。

图7–80 添加文字闪动画

7.4.2 制作文字动画

STEP|01 继续导入背景和LOGO素材，放置在如图7–81所示的位置。

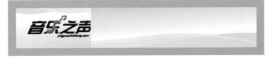

图7–81 导入素材

STEP|02　选择背景素材，在3.13秒处建立关键帧，使用【移动工具】将素材移至画布右面，继续在3.22秒处建立关键帧，创建移动动画，如图7-82所示。

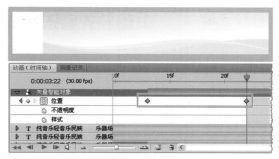

图7-82　素材动画

STEP|03　采用上述方法继续移动LOGO素材，将素材拖出画布左面，使其不显示，继续在位置上添加关键帧，如图7-83所示。

图7-83　LOGO动画效果

> ### 提示
>
> 在制作的时候为了使关键帧上面的内容更加精确，可以单击在【当前时间添加或删除关键帧】按钮前面和后面的按钮来直接转换到关键帧上。

STEP|04　输入文字"中国领先音乐社区"，并填充为黑色，选择"中"图层，在位置上添加关键帧，使用【移动工具】将素材移至画布上面，如图7-84所示。

STEP|05　采用上述方法继续为"国"添加动画，在3.28秒处添加关键帧，移动之后，在4.03秒处添加关键帧，如图7-85所示。

STEP|06　采用上述方法添加"领"字动画，在4.03秒处添加关键帧，移动之后，在4.10秒处添加关键帧，如图7-86所示。

STEP|07　继续采用上述方法添加"先"字动画，在4.08秒处添加关键帧，移动之后，在4.13秒处添加关键帧，如图7-87所示。

图7-84　"中"文字动画

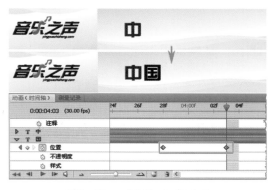

图7-85　"国"文字动画

图7-86　"领"文字动画

图7-87　"先"文字动画

STEP|08　采用上述方法添加"音"字动画，在4.13秒处添加关键帧，移动之后，在4.18秒处添加关键帧，如图7-88所示。

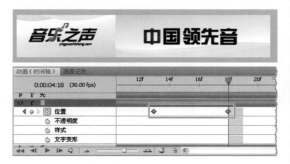

图7-88　"音"文字动画

STEP|09　继续采用上述方法添加"乐"字动画，在4.18秒处添加关键帧，移动之后，在4.23秒处添加关键帧，如图7-89所示。

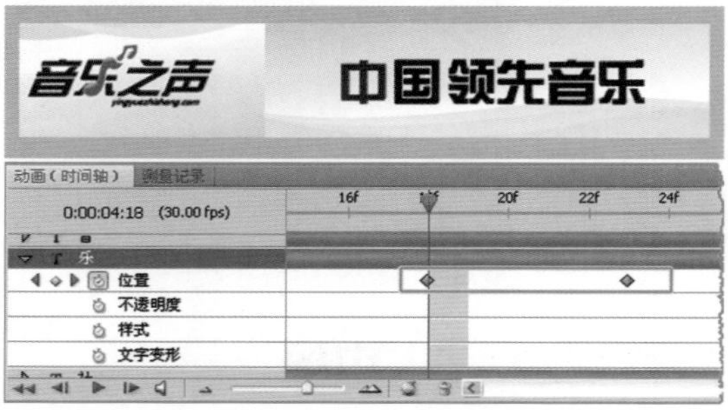

图7-89　"乐"文字动画

STEP|10　采用上述方法添加"社"字动画，在4.23秒处添加关键帧，移动之后，在4.28秒处添加关键帧，如图7-90所示。

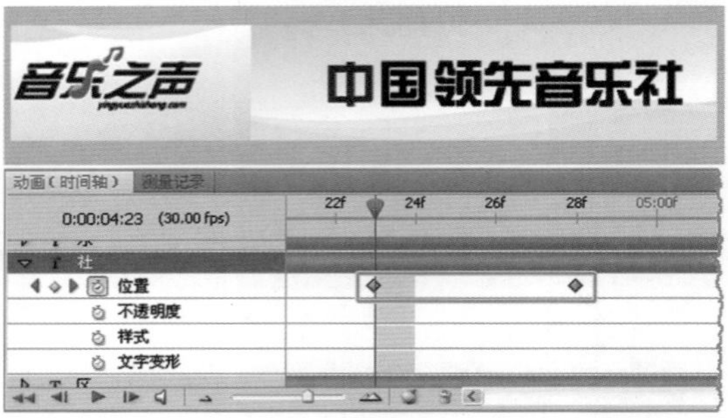

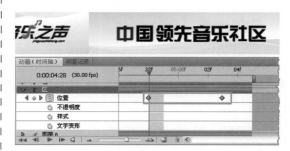

图7-90　"社"文字动画

STEP|11　继续采用上述方法添加"区"字动画，在4.28秒处添加关键帧，移动之后，在5.03秒处添加关键帧，将【工作区域结束】移至制作完成的动画的后面，如图7-91所示。

图7-91　"区"文字动画

网页色彩基础知识

在网页设计中，好的色彩搭配使网页内容重点突出、网站风格统一、更易于浏览。网页设计中任何一种色彩的运用都不是任意的，而是某一思想观念的准确解释，或者情感的传达，其可塑性不可限量。色彩作为网页视觉元素的一种，不仅能表达丰富的情感，其形式的美感也使浏览者得以视觉和心理的享受。将色彩成功地运用在网页创意中，可以强化网页的视觉张力。

在本章中，将认识网页色彩与色彩的基础知识，如何进行色彩管理以及网页配色的基本方案，根据设计网站的需要，培养对网页配色策划与分析的能力和对网页色彩的认知。

8.1　认识网页色彩

　　网页设计是一种特殊的视觉设计，它对色彩的依赖性很高，色彩在网页上是"看得见"的视觉元素，它是人们视觉最敏感的东西，也是网站风格设计的决定性因素之一。

　　在网页中，通过色彩可以诱发人们产生多种情感，这样更有助于设计作品在信息传达中发挥感情攻势，刺激欲求，最终达到目的，同时也使浏览者对整个网站留下了深刻的印象，如图8-1所示。

　　网页配色很重要，网页颜色的搭配合理与否将直接影响访问者的情绪。恰当的色彩搭配会给访问者带来很强的视觉冲击力，图8-2所示网页，虽然用色较少，但当浏览者观看后，相信对此网页印象深刻而且回味无穷。反之，不合理的色彩搭配会让访问者浮躁不安甚至产生厌烦的感觉。

图8-1　色彩的视觉性

图8-2　色彩的合理搭配

8.2　色彩理论

　　色彩是网站最重要的一个部分，在学习如何为网站进行色彩搭配之前，首先要来认识颜色。

8.2.1　色彩与视觉原理

　　色彩是变幻莫测的，这是因为物体除了其自身的颜色外，有时也会因为周围的颜色，以及光源的颜色而有所改变。

1．光与色 >>>>

　　光在物理学上是电磁波的一部分，其波长范围是700～400nm，在此范围内的光称为可视光线。当把光线引入三棱镜时，光线被分离为红、橙、黄、绿、青、蓝、紫，因而得出自然光是七色光的混合的结论，这种现象称作光的分解或光谱，七色光谱的颜色分布是按光的波长排列的，如图8-3所示，可以看出红色的波长最长，紫色的波长最短。

　　光是以波动的形式进行直线传播的，具有波长和振幅两个因素。不同的波长产生色相差别，不同的振幅产生同一色相的明暗差别。光

在传播时有直射、反射、透射、漫射、折射等多种形式。

400nm　　　500nm　　　600nm　　　700nm

图8-3　可见光与光谱

　　光直射时直接传入人眼，视觉感受到的是光源色。当光源照射物体时，光从物体表面反射出来，人眼感受到的是物体表面的色彩。当光照射时，如遇玻璃之类的透明物体，人眼看到是透过物体的穿透色。光在传播过程中，受到物体的干涉时，则产生漫射，对物体的表面色有一定影响。如通过不同物体时产生方向变化，称为折射，此时反映至人眼的色光与物体色相同。

2．物体色 >>>>

自然界的物体五花八门、千变万化，它们本身虽然大都不会发光，但都具有选择性地吸收、反射、透射色光的特性。当然，任何物体对色光不可能全部吸收或反射，因此，实际上不存在绝对的黑色或白色。

物体对色光的吸收、反射或透射能力，很受物体表面肌理状态的影响。但是，物体对色光的吸收与反射能力虽是固定不变的，而物体的表面色却会随着光源色的不同而改变，有时甚至失去其原有的色相感觉。所谓的物体"固有色"，实际上不过是常光下人们对此的习惯而已。例如在闪烁、强烈的各色霓虹灯光下，所有建筑几乎都失去了原有本色而显得奇异莫测，如图8-4所示。

图8-5 色相

图8-4 夜晚的城市

8.2.2 色彩三要素

自然界的色彩虽然各不相同，但任何有彩色的色彩都具有色相、亮度、饱和度这3个基本属性，也称为色彩的三要素。

1．色相 >>>>

色相指色彩的相貌，是区别色彩种类的名称。色相是根据该色光波长划分的，只要色彩的波长相同，色相就相同，波长不同才产生色相的差别。红、橙、黄、绿、蓝、紫等每个字都代表一类具体的色相，它们之间的差别就属于色相差别。当人们称呼到其中某一色的名称时，就会有一个特定的色彩印象，这就是色相的概念。正是由于色彩具有这种具体相貌特征，我们才能感受到一个五彩缤纷的世界。如果说亮度是色彩隐秘的骨骼，色相就很像色彩外表华美的肌肤。色相体现着色彩外向的性格，是色彩的灵魂，如图8-5所示。

如果把光谱的红、橙、黄、绿、蓝、紫诸色带首尾相连，制作一个圆环，在红和紫之间插入半幅，构成环形的色相关系，便称为色相环。在6种基本色相中间加插一个中间色，其首尾色相按光谱顺序为：红、橙红、橙、黄、黄绿、绿、青绿、蓝绿、蓝、蓝紫、紫、红紫，构成十二基本色相，这十二色相的彩调变化，在光谱色感上是均匀的。如果进一步再找出其中间色，便可以得到二十四色相，如图8-6所示。

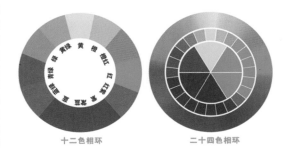

十二色相环   二十四色相环

图8-6 色相环

2．饱和度 >>>>

饱和度是指色彩的纯净程度。可见光辐射，有波长相当单一的，有波长相当混杂的，也有处在两者之间的，黑、白、灰等无彩色就是波长最为混杂，纯度、色相感消失造成的。光谱中红、橙、黄、绿、蓝、紫等色光都是最纯的高纯度的色光。

提示

纯色是饱和度最高的一级。光谱中红、橙、黄、绿、蓝、紫等色光是最纯的高饱和度的光；色料中红色的饱和度最高，橙、黄、紫等饱和度较高，蓝、绿色饱和度最低。

饱和度取决于该色中含色成分和消色成分（黑、白、灰）的比例，含色成分越大，饱和度越大；消色成分越大，饱和度越小，也就是说，向任何一种色彩中加入黑、白、灰都会降低它的饱和度，加得越多就降得越低。

当在蓝色中混入了白色时，虽然仍旧具有蓝色相的特征，但它的鲜艳度降低了，亮度提高了，成为淡蓝色；当混入黑色时，鲜艳度降低了，亮度变暗了，成为暗蓝色；当混入与蓝色亮度相似的中性灰时，它的亮度没有改变，饱和度降低了，成为灰蓝色，如图8-7所示。采用这种方法有十分明显的效果，就是从纯色加灰渐变为无饱和度灰色的色彩饱和度序列。

图8-7　不同的饱和度

黑白网页与彩色网页之间存在着非常大的差异。大多数情况下黑白网页给浏览者的视觉冲击力不如彩色网页效果强烈，同时黑白网页对作品网页的风格也有着一些局限性。而色彩的选择不仅仅决定了作品的风格，同时也决定作品是否饱满、富有魅力，如图8-8所示。

图8-8　彩色与灰色网页

3. 亮度 ▶▶▶▶

亮度是色彩赖于形成空间感与色彩体量感的主要依据，起着"骨架"的作用。在无彩色中，亮度最高的色为白色，亮度最低的色为黑色，中间存在一个从亮到暗的灰色系列，如图8-9所示。

图8-9　不同亮度

亮度在三要素中具有较强的独立性，它可以不带任何色相的特征而通过黑白灰的关系单独呈现出来。

色相与饱和度则必须依赖一定的明暗才

能显现，色彩一旦发生，明暗关系就会同时出现，在进行一幅素描的过程中，需要把对象的有彩色关系抽象为明暗色调，这就需要有对明暗的敏锐判断力。人们可以把这种抽象出来的亮度关系看作色彩的骨骼，它是色彩结构的关键，如图8-10所示。

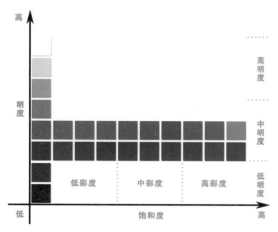

图8-10　亮度与饱和度之间的关系

8.2.3　色彩的混合

客观世界中的事物绚丽多彩，调色板上色彩变化无限，但如果将其归纳分类，基本上就是两大类：一类是原色，即红、黄、蓝；另一类就是混合色。而使用间色再调配混合的颜色，称为复色。从理论上讲，所有的间色、复色都是由三原色调和而成的。

在构成网页的色彩布局时，原色是强烈的，混合色较温和，复色在明度上和纯度上较弱，各类间色与复色的补充组合形成丰富多彩的画面效果。

1．原色理论 ▶▶▶▶

所谓三原色，就是指这3种色中的任意一色都不能由另外两种原色混合产生，而其他颜色可以由这三原色按照一定的比例混合出来，色彩学上将这3个独立的颜色称为三原色。

2．混色理论 ▶▶▶▶

将两种或多种色彩互相进行混合，造成与原有色不同的新色彩称为色彩的混合。它们可归纳成加色法混合、减色法混合、空间混合3种类型。

▶▶ 加色法混合

该类型是指色光混合，也称第一混合，当不同的色光同时照射在一起时，能产生另外一种新的色光，并随着不同色混合量的增加，混色光的明度会逐渐提高，将红（橙）、绿、蓝（紫）3种色光分别作适当比例的混合，可以得到其他不同的色光，如图8-11所示。反之，其他色光无法混出这3种色光来，故称红、绿、蓝为色光的三原色，它们相加后可得白光。

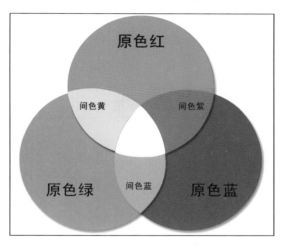

图8-11　加色法混合

▶▶ 减色法混合

该类型即色料混合，也称第二混合。在光源不变的情况下，两种或多种色料混合后所产生新色料，其反射光相当于白光减去各种色料的吸收光，反射能力会降低。故与加色法混合相反，减色法混合后的色料色彩不但色相发生变化，而且明度和纯度都会降低。所以混合的颜色种类越多，色彩就越暗越混浊，最后近似于黑灰的状态，如图8-12所示。

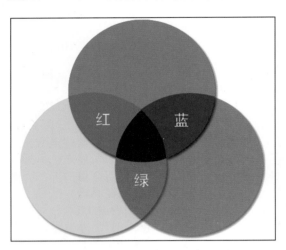

图8-12　减色法混合

>> 空间混合

该混合法亦称中性混合、第三混合。将两

种或多种颜色穿插、并置在一起，于一定的视觉空间之外，能在人眼中造成混合的效果，故称空间混合。其实颜色本身并没有真正混合，它们不是发光体，而只是反射光的混合。因此，与减色法相比，增加了一定的光刺激值，其明度等于参加混合色光的明度平均值，既不减也不加。

由于空间混合实际比减色法混合明度显然要高，因此色彩效果显得丰富、响亮，有一种空间的颤动感，表现自然、物体的光感更为闪耀。

> **注意**
>
> 空间混合的产生须具备必要的条件：对比各方的色彩比较鲜艳，对比较强烈；色彩的面积较小，形态为小色点、小色块、细色线等，并成密集状；色彩的位置关系为并置、穿插、交叉等；有相当的视觉空间距离。

8.3　色彩管理

网页是在输出设备——显示器中呈现最终效果的，而颜色包括多种模式，在制作网页时要了解何种颜色模式才是适合在显示器中使用的。如果想要将制作好的网页打印出来，就需要从一种颜色模式转换为另一种颜色模式。

8.3.1　色彩模式

简单地讲，颜色模式是一种用来确定显示和打印电子图像色彩的模型，即一副电子图像用什么样的方式在计算机中显示或者打印输出。Photoshop中包含多种颜色模式，每种模式的图像描述和重现色彩的原理及所能显示的颜色数量各不相同。常见的有如下5种模式。

1．RGB颜色模式 **>>>>**

RGB色彩模式是工业界的一种颜色标准，是通过对红（Red）、绿（Green）、蓝（Blue）3个颜色通道的变化以及它们相互之间的叠加来得到各式各样的颜色的，RGB即是代表红、绿、蓝3个通道的颜色，这个标准几乎包括了人类视力所能感知的所有颜色，是目前运用最广的颜色系统之一，如图8-13所示。其中每两种颜色的等量，或者非等量相加所产生的颜色如表8-1所示。

图8-13　RGB颜色模式分析图

对RGB三基色各进行8位编码，这3种基色中的每一种都有一个从0（黑）～255（白色）的亮度值范围。当不同亮度的基色混合后，便会产生出256×256×256种颜色，约为1670万种，这就是人们常说的"真彩色"。电视机和计算机的显示器都是基于RGB颜色模式来创建其颜色的。

2．CMYK颜色模式 **>>>>**

CMYK颜色模式是一种印刷模式。其中4个字母分别指青（Cyan）、洋红（Magenta）、黄（Yellow）、黑（Black），在印刷中代表4种颜色的油墨。CMYK基于减色模式，由光线照到有不同比例C、M、Y、K油墨的纸上，部分光谱被吸收后，反射到人眼的光产生颜色。在混合成色时，随着C、M、Y、K4种成分的增多，反射到人眼的光会越来越少，光线的亮度会越来越低，如图8-14所示。

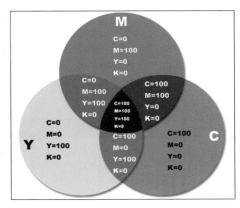

图8-14　CMYK颜色模式分析图

表8-1　每两种不同量度相加所产生的颜色

混合公式	色板
RGB两原色等量混合公式：	
R（红）+G（绿）生成Y（黄）　（R=G）	
G（绿）+B（蓝）生成C（青）　（G=B）	
B（蓝）+R（红）生成M（洋红）　（B=R）	
RGB两原色非等量混合公式：	
R（红）+G（绿↓减弱）生成Y→R（黄偏红） 红与绿合成黄色，当绿色减弱时黄偏红	
R（红↓减弱）+G（绿）生成Y→G（黄偏绿） 红与绿合成黄色，当红色减弱时黄偏绿	
G（绿）+B（蓝↓减弱）生成C→G（青偏绿） 绿与蓝合成青色，当蓝色减弱时青偏绿	
G（绿↓减弱）+B（蓝）生成CB（青偏蓝） 绿和蓝合成青色，当绿色减弱时青偏蓝	
B（蓝）+R（红↓减弱）生成MB（品红偏蓝） 蓝和红合成品红，当红色减弱时品红偏蓝	
B（蓝↓减弱）+R（红）生成MR（品红偏红） 蓝和红合成品红，当蓝色减弱时品红偏红	

3．HSB颜色模式 ▶▶▶

　　色泽（Hue）、饱和度（Saturation）和明亮度（Brightness）也许更合适人们的习惯，它不是将色彩数字化成不同的数值，而是基于人对颜色的感觉，让人觉得更加直观一些。其中色泽（Hue）是基于从某个物体反射回的光波，或者是透射过某个物体的光波；饱和度（Saturation），经常也称作chroma，是某种颜色中所含灰色的数量多少，含灰色越多，饱和度越小；明亮度（Brightness）是对一个颜色中光的强度的衡量，明亮度越大，则色彩越鲜艳。HSB颜色模式分析如图8-15所示。

提示

如果初次接触Photoshop，要理清颜色混合之间的关系确实有很大的难度，不过，可以自己动手在Photoshop中制作一个辅助记忆的色相环，形象地描述上述枯燥的公式，例如：R＋B（等量）＝M，为品红，当红色不断减弱时，品红偏向蓝色，红色完全消失时，颜色就变为了纯正的蓝色。

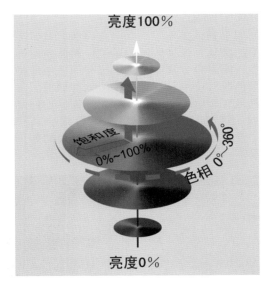

图8-15　HSB颜色模式分析图

技巧

在HSB模式中，所有的颜色都用色相、饱和度、亮度3个特性来描述。它可由底与底对接的两个圆锥体形象的立体模型来表示。其中轴向表示亮度，自上而下由白变黑；径向表示色饱和度，自内向外逐渐变高；而圆周方向，则表示色调的变化，形成色环。

4．Lab颜色模式 ▶▶▶▶

Lab色彩模式是以数学方式来表示颜色的，所以不依赖于特定的设备，这样确保输出设备经校正后所代表的颜色能保持其一致性。其中L指的是亮度，a是由绿至红，b是由蓝至黄，如图8-16所示。

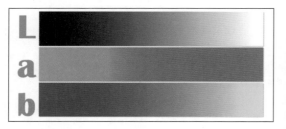

图8-16　Lab色彩模式分析图

> **提示**
>
> Lab 色彩空间涵盖了 RGB 和 CMYK，所以 Photoshop 内部从 RGB 颜色模式转换到 CMYK 颜色模式，也是经由 Lab 做中间量完成的。

5．索引颜色 ▶▶▶▶

索引颜色采用一个颜色表存放并且索引图像中的颜色。如果原图像中的一种颜色没有出现在查照表中，程序会选取已有颜色中最相近的颜色或者使用已有颜色模拟该种颜色。索引颜色只支持单通道图像（8位/像素），因此，可以通过限制调色板、索引颜色减小文件大小，同时保持视觉上的品质不变——比如用于多媒体动画的或者网页，如图8-17所示。

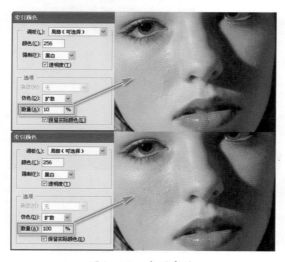

图8-17　索引颜色

> **注意**
>
> 索引颜色模式使用不超过 256 种颜色，这样就有效地控制了图像的大小。

8.3.2　色彩模式转换

为了在不同的场合正确输出图像，有时需要把图像从一种模式转换为另一种模式。在Photoshop中通过执行【图像】|【模式】命令，来转换需要的颜色模式。这种颜色模式的转换有时会永久性地改变图像中的颜色值。例如，将RGB模式图像转换为CMYK模式图像时，CMYK色域之外的RGB颜色值被调整到CMYK色域之内，从而缩小了颜色范围。

> **技巧**
>
> 由于有些颜色在转换后会损失部分颜色信息，因此在转换前最好为其保存一个备份文件，以便在必要时恢复图像。

在将色彩图像转换为索引颜色时，会删除图像中的很多颜色，而仅保留其中的256种颜色，同时产生一个表格。图8-18所示是许多多媒体动画应用程序和网页所支持的标准颜色数。只有灰度模式和RGB模式的图像可以转换为索引颜色模式。由于灰度模式本身就由256级灰度构成，因此转换为索引颜色后无论颜色还是图像大小都没有明显的差别。但是将RGB模式的图像转换为索引颜色模式后，图像的尺寸将明显减小，同时图像的视觉品质也将受损。

图8-18　【索引颜色】对话框

> **提示**
>
> 如果将 RGB 模式的图像转换成 CMYK 模式，图像中的颜色就会产生分色，颜色的色域就会受到限制。因此，如果图像是 RGB 模式的，最好选在 RGB 模式下编辑，然后再转换成 CMYK 图像。

8.4 216网页安全色

当网页使用了合理且美观的网页配色方案时，则网页中的色彩也会受到外界因素的影响，而使每个浏览者观看到不同的效果。这是因为即使是一模一样的颜色，也会由于显示设备、操作系统、显示卡以及浏览器的不同而有不尽相同的显示效果。

为此，对于一个网页设计师来说，了解并且利用网页安全色可以拟定出更安全、更出色的网页配色方案，通过使用216网页安全色彩进行网页配色，不仅可以避免色彩失真，而且可以使配色方案很好地为网站主题服务。

216网页安全颜色是指在不同硬件环境、不同操作系统、不同浏览器中都能够正常显示的颜色集合，这些颜色在任何终端浏览用户显示设备上的显示效果都是相同的。所以使用216网页安全颜色进行网页配色可以避免原有的颜色失真问题，如图8-19所示。216网页安全颜色可以控制网页的色彩显示效果，达到网页的最佳显示。

图8-19 网页安全色

216网页安全颜色在实现高精度的真彩图像或者照片时会有一定的欠缺，但是用于显示徽标或者二维平面效果时却是绰绰有余的。所以216网页安全颜色和非网页安全颜色应该合理搭配使用。

用户不需要特别记忆216网页安全色彩，很多常用网页制作软件中已经携带216网页安全色彩调色板，非常方便。

在网页HTML语言中对于彩度的定义是采用

十六进位的，对于三原色，HTML分别给予两个十六进位去定义，也就是每个原色可有256种彩度，如图8-20所示，故此三原色可混合成1600多万种颜色。

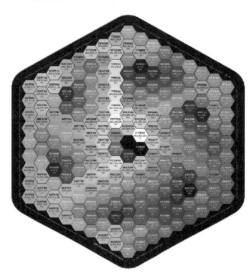

图8-20 216网页安全色间的相互关系

在设计网页时，如果使用的是Dreamweaver软件，在该软件的属性调板上能找到颜色的十六进制代码。

Photoshop是常用的平面设计软件，网页中插图的美化和加工通常是在这款软件中进行的。它的实用频率很高。在【色板】面板菜单中选择【Web安全颜色】、【Web色谱】和【Web色相】命令，载入该调板中的任何色彩在任何计算机中显示都可以保证显示效果是一样的，如图8-21所示。

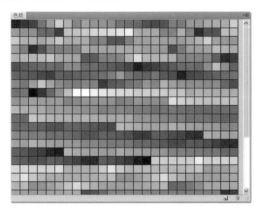

图8-21 Web安全颜色显示

PHOTOSHOP

8.5 网页配色

了解色彩基础知识、色彩模式以及网页安全色之后，就可以利用色彩来设置网页，制作出色彩丰富、变化多样的网页。下面从3个方面详细介绍网页色彩搭配。

8.5.1 网页自定义颜色

一般情况下，访问者的浏览器Netscape Navigator和Internet Explorer选择了网页的文本和背景的颜色，让所有的网页都显示这样的颜色。但是，网页的设计者经常为了视觉效果而选择了自定义颜色。自定义颜色是一些为背景和文本选取的颜色，它们不影响图片或者图片背景的颜色，图片一般都以它们自身的颜色显示。自定义颜色可以为下列网页元素独自分配颜色。

➤➤ **背景** 网页的整个背景区域可以是一种纯粹的自定义颜色。背景色总是在网页的文本或者图片的后面。

➤➤ **普通文本** 网页中除了链接之外的所有文本。

➤➤ **超级链接文本** 网页中的所有文本链接。

➤➤ **已被访问过的链接文本** 访问者已经在浏览器中使用过的链接。访问过的文本链接以不同的颜色显示。

➤➤ **当前链接文本** 当一个链接被访问者单击的瞬间，它转换了颜色以表明它已经被激活了。

制作网页的初学者可能更习惯于使用一些漂亮的图片作为自己网页的背景，但是，浏览一下大型的商业网站，你会发现他们更多运用的是白色、蓝色、黄色等，这使网页显得典雅、大方和温馨，如图8-22所示网页中，主要由白色背景和蓝色、黄色、粉红色以及黑色笔触组成，这能够加快浏览者打开网页的速度。

图8-22 色彩简单的网页

一般来说，网页的背景色应该柔和一些、素一些、淡一些，再配上深色的文字，使人看起来自然、舒畅。而为了追求醒目的视觉效果，可以为标题使用较深的颜色。表8-2所示为经常用到的网页背景颜色。

表8-2 网页背景颜色与文字色彩搭配

颜色图标	颜色十六进制值	文字色彩搭配
	#F1FAFA	做正文的背景色好，淡雅
	#E8FFE8	做标题的背景色较好
	#E8E8FF	做正文的背景色较好，文字颜色配黑色
	#8080C0	上配黄色白色文字较好
	#E8D098	上配浅蓝色或蓝色文字较好
	#EFEFDA	上配浅蓝色或红色文字较好
	#F2F1D7	配黑色文字素雅，如果是红色则显得醒目
	#336699	配白色文字好
	#6699CC	配白色文字好，可以做标题
	#66CCCC	配白色文字好，可以做标题
	#B45B3E	配白色文字好，可以做标题
	#479AC7	配白色文字好看些，可以做标题
	#00B271	配白色文字好，可以做标题
	#FBFBEA	配黑色文字比较好，一般作为正文
	#D5F3F4	配黑色文字比较好，一般作为正文
	#D7FFF0	配黑色文字比较好，一般作为正文
	#F0DAD2	配黑色文字比较好，一般作为正文
	#DDF3FF	配黑色文字比较好，一般作为正文

此表只是起一个"抛砖引玉"的作用，大家可以发挥想象力，搭配出更有新意、更醒目的颜色，使网页更具有吸引力。

8.5.2　色彩推移

色彩推移是按照一定规律有秩序地排列、组合色彩的一种方式。为了使画面丰富多彩、变化有序，网页设计师通常采用色相推移、明度推移、纯度推移、互补推移、综合推移等推移方式组合网页色彩。

1．色相推移　▶▶▶

选择一组色彩，按色相环的顺序，由冷到暖或者由暖到冷进行排列、组合。可以选用纯色系或者灰色系进行色相推移。图8-23所示为红色到黑色渐变为主的颜色过渡网页，是明显的色相推移。

图8-23　红色到黑色渐变

2．明度推移　▶▶▶

选择一组色彩，按明度等差级数的顺序，由浅到深或者由深到浅进行排列组合的一种明度渐变组合。一般都选用单色系列组合，也可以选用两组色彩的明度系列按明度等差级数的顺序交叉组合，如图8-24所示。

3．纯度推移　▶▶▶

选择一组色彩，按纯度等差级数或者比差级数的顺序，由纯色到灰色或者由灰色到纯色进行排列组合，图8-25所示网页的背景就是蓝色的纯度推移，只是该颜色推移并没有将其推移到灰色。

4．综合推移　▶▶▶

选择一组或者多组色彩按色相、明度、纯度推移进行综合排列、组合的渐变形式，由于

色彩三要素的同时加入，其效果当然要比单项推移复杂、丰富得多，如图8-26所示。

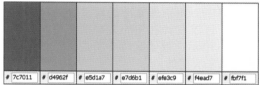

图8-24　浅褐色到白色渐变

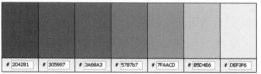

图8-25　蓝色纯度的推移

图8-26　色彩的综合推移

8.5.3 色彩采集

网页中采用色彩采集的方式组合色彩，这通常是构成网页丰富色调的最好方法之一。网页设计使用色彩采集的方法所产生的色彩看起来不仅丰富多彩，而且较为统一、和谐。

在Photoshop中设计并且制作网页时，主要是通过【拾色器】调板来吸取并且设置颜色的，在认识了几种颜色模式之后，下面再来讨论拾色器。

打开【拾色器】对话框后可以看出，RGB和CMYK，以及HSB和Lab 4种颜色模式的数值都在拾色器中。如果想要精确地设置某种颜色的颜色值，可以在其右侧的文本框中输入数字，如图8-27所示，数值区域中的数值是根据当前色的选取来决定的。

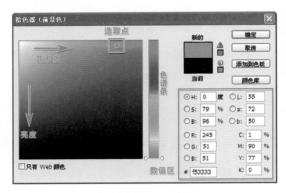

图8-27 【拾色器】对话框

使用【拾色器】可基于HSB（色相、饱和度、亮度）颜色模型选择颜色。当读者在HSB模式中选择颜色时，RGB、Lab、CMYK和十六进制值也会进行相应的更新。

1．在拾色器中使用HSB颜色模式 >>>>

HSB模式是拾色器的默认模式，在HSB模式中使用拾色器，启用H选项，如图8-28所示，以在颜色滑块中显示所有色相。在颜色滑块中选择某个色相时，会在色域中显示所选中色相的饱和度和亮度范围，饱和度从左向右增加，亮度从下到上增加。

启用S选项可在色域中显示所有色相，它们的最大亮度位于色域的顶部，最小亮度位于底部。颜色滑块显示在色域中选中的颜色，它的最大饱和度位于滑块的顶部，最小饱和度位于底部，如图8-29所示。

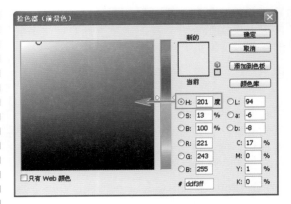

图8-28 启用H选项

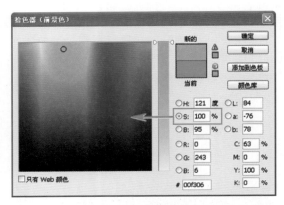

图8-29 启用S选项

启用B选项可在色域中显示所有色相，如图8-30所示，它们的最大饱和度位于色域的顶部，最小饱和度位于底部。颜色滑块显示在色域中选中的颜色，它的最大亮度位于滑块的顶部，最小亮度位于底部。

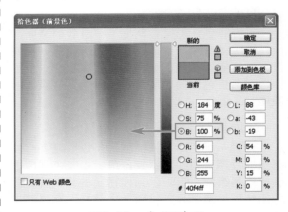

图8-30 启用B选项

2. 在拾色器中使用RGB颜色模式 ▶▶▶▶

在RGB（红色、绿色、蓝色）模式中，颜色滑块显示可用于选中的颜色分量（R、G或B）的色阶范围。色域显示其余两个分量的范围：一个在水平轴上，一个在垂直轴上。例如，如果读者单击红色分量(R)，则颜色滑块显示红色的颜色范围（0位于滑块的底部，255位于顶部）。色域在其水平轴上显示蓝色的值，在其垂直轴显示绿色的值。

启用R选项可在颜色滑块中显示红色分量，它的最大亮度（255）位于滑块的顶部，最小亮度（0）位于底部。在将颜色滑块设置为最小亮度时，色域显示由绿色和蓝色分量创建的颜色。如果使用颜色滑块来增加红色的亮度，可将更多的红色混合到色域中显示的颜色中，如图8-31所示。

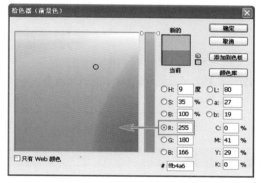

图8-31　启用R选项

启用G选项可在颜色滑块中显示绿色分量，它的最大亮度(255)位于滑块的顶部，最小亮度(0)位于底部。在将颜色滑块设置为最小亮度时，色域显示由红色和蓝色分量创建的颜色。如果使用颜色滑块来增加绿色的亮度，可将更多的绿色混合到色域中显示的颜色中，如图8-32所示。

图8-32　启用G选项

启用B选项可在颜色滑块中显示蓝色分量，它的最大亮度(255)位于滑块的顶部，最小亮度(0)位于底部。将颜色滑块设置为最小亮度时，色域显示由绿色和红色分量创建的颜色。如果使用颜色滑块来增加蓝色的亮度，可将更多的蓝色混合到色域中显示的颜色中，如图8-33所示。

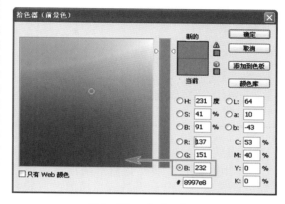

图8-33　启用B选项

3. 在拾色器中使用Lab颜色模式 ▶▶▶▶

使用拾色器可基于Lab颜色模型选择颜色。L值用来指定颜色的亮度，a值用来指定颜色红或绿的程度，b值指定颜色蓝或黄的程度。

启用L选项可在色域中显示所有色相。选择色相的方法是在色域中单击或者在A和B文本框中输入值。颜色滑块显示选中的色相，它的最大亮度位于顶部，最小亮度位于底部，如图8-34所示。

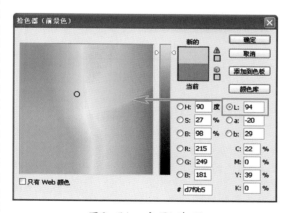

图8-34　启用L选项

启用a选项，并调整颜色滑块以指示色相是红色还是绿色。移动滑块或单击颜色滑块会更改色域中显示的颜色范围。色域还显示颜色的亮度，它的最大亮度位于顶部，最小亮度位于底部。B（蓝色或黄色）颜色分量用蓝色位于左侧、黄色位于右侧的色域表示，如图8-35所示。

图8-35　启用a选项

启用b选项，并调整颜色滑块以指示色相是黄色还是蓝色。移动滑块或点按颜色滑块会更改色域中显示的颜色范围。色域还在垂直轴上显示颜色的亮度，最大亮度位于顶部，如图8-36所示。

图8-36　启用b选项

4．在拾色器中使用Web颜色 ▷▷▷▷

在Photoshop拾色器中可以识别非Web颜色和Web安全颜色。如果选择非Web颜色，则Adobe拾色器中的颜色矩形旁边会显示一个警告立方体，如图8-37所示，此时，可以通过单击警告立方体选择最接近的Web颜色。

在Photoshop拾色器中支持只显示Web颜色，只要启用拾色器左下角的【只有Web颜色】选项，然后选取拾色器中的任何颜色。启用此选项后，所拾取的任何颜色都是Web安全颜色，如图8-38所示。

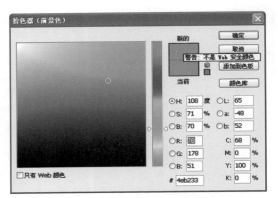

图8-37　非Web颜色

图8-38　启用Web颜色

提示

启用【只有Web颜色】选项后，会看到色域中的颜色都是以色块显示的，这就表示Photoshop拾色器已经将所有非Web的颜色去掉了。

许多网页设计师没有色彩知识，在不懂得色彩组合原理的情况下，设计师如何能为网页配置漂亮的网页色彩？这里提供一种既适合艺术型的网页设计师也适合技术型的网页设计师的一种配色方法——色彩采集法，如图8-39所示。

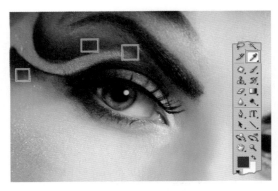

图8-39　色彩采集

色彩采集的方法是选择一些色彩效果好的色彩图片作为色彩采集源，在Photoshop之类的图像软件中用吸取颜色的工具吸取色标，取得色彩的RGB数值，然后在网页安全色中找到相同或者相似色的数值。

例如在Photoshop中利用【吸管工具】在图像中吸取淡粉色后，打开拾色器，在颜色显示区域右侧出现警告图标，如图8-40所示。然后单击该图标就可以将吸取的颜色更换为与之相接近的网页安全色。

继续使用相同的方式采集图像中的颜色，并且将其转换为网页安全色。最后在图像处理软件中，就可以利用十六进制值颜色制作网页了。图8-41所示网页中的部分颜色就是从人物图像中采集的颜色。

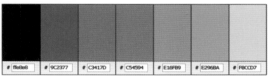

图8-41 使用采集的部分颜色制作网页

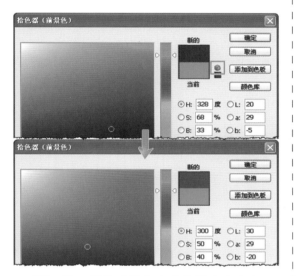

图8-40 将非网页安全色转换为安全色

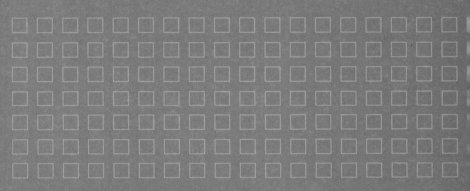

色彩情感解码

在众多网站中，颜色的使用在网页制作中起着非常关键的作用，很多网站以其成功的色彩搭配令人过目不忘。不同的网站有着自己不同的风格和不同的颜色搭配。网页中的色彩能让受众对网站有最直观的了解，也是网站统一风格设计的主要组成部分，这要求设计者不仅要掌握基本的网站制作技术，还需要掌握网站的风格，网页中的色彩系列，色彩配合元素，整体色彩氛围等。

9.1 色彩分析

色彩对人的头脑和精神的影响力，是可观存在的。色彩的知觉力、色彩的辨别力和色彩的象征力与感情，这些都是色彩心里学上的重要问题。下面以色相情感、色调联想以及色彩知觉三方面来分析色彩。

9.1.1 色相情感

不同的颜色会给浏览者不同的心理感受，但是同一种颜色通常不只含有一个象征意义，如表9-1所示。每种色彩在饱和度、透明度上略微变化就会产生不同的感觉。

表9-1 色相情感

色彩	积极的含义	消极的含义
红色	热情、亢奋、激烈、喜庆、革命、吉利、兴隆、爱情、火热、活力	危险、痛苦、紧张、屠杀、残酷、事故、战争、爆炸、亏空
橙色	成熟、生命、永恒、华贵、热情、富丽、活跃、辉煌、兴奋、温暖	暴躁、不安、欺诈、嫉妒
黄色	光明、兴奋、明朗、活泼、丰收、愉悦、轻快、财富、权力、自然、和平、生命	病痛、胆怯、骄傲、下流
绿色	自然、和平、生命、青春、畅通、安全、宁静、平稳、希望	生酸、失控
蓝色	久远、平静、安宁、沉着、纯洁、透明、独立、暇想	寒冷、伤感、孤漠、冷酷
紫色	高贵、久远、神秘、豪华、生命、温柔、爱情、端庄、俏丽、娇艳	悲哀、忧郁、痛苦、毒害、荒淫
黑色	庄重、深沉、高级、幽静、深刻、厚实、稳定、成熟	悲哀、肮脏、恐怖、沉重
白色	纯洁、干净、明亮、轻松、朴素、卫生、凉爽、淡雅	恐怖、冷峻、单薄、孤独
灰色	高雅、沉着、平和、平衡、连贯、联系、过渡	凄凉、空虚、抑郁、暧昧、乏味、沉闷

能够以色相称呼的色系有7种：红色系、橙色系、黄色系、绿色系、青色系、蓝色系和紫色系。在整个人类的发展历史中，红色始终代表着一种特殊的力量与权势。在很多宗教仪式中会经常使用鲜明的红色，且在我国红色一直都是象征着吉祥幸福的代表性颜色。同时，鲜血、火焰、危险、战争、狂热等极端的感觉都可以与红色联系在一起，如图9-1所示。

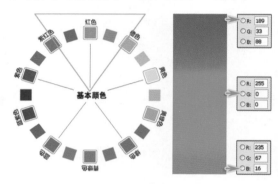

图9-1 色相环中的红色范围

用红色为主色的网站不多，在大量信息的页面中有大面积的红色，不易于阅读。但是如果搭配好的话，可以起到振奋人心的作用。最近几年，网络以红色为主色的网站越来越多。

图9-2所示为某电影的宣传网站。网页背景为朱红色，其饱和度与明度都比较低，并且通过黄色突出网页主题。

图9-2 红色为主的网页

红色在网页中大多用于突出颜色，因为鲜明的红色极易吸引人们的目光。高亮度的红色通过与灰色、黑色等非彩色搭配使用，可以得到现代且激进的感觉。低亮度的红色通过冷静沉重的感觉营造出古典的氛围。

在东方文化中，橙色象征着爱情和幸福。充满活力的橙色会给人健康的感觉，且有人说橙色可以提高厌食症患者的食欲。有些国家的僧侣主要穿着橙色的僧侣服，他们解释说橙色代表着谦逊。橙色通常会给人一种朝气活泼的感觉，它通常可以使原本抑郁的心情豁然开朗，如图9-3所示。

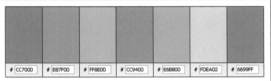

图9-4 橙色为主的网页

在很多艺术家的作品，黄色都用来表现喜庆的气氛和富饶的景色。同时黄色还可以起到强调、突出的作用，这也是使用黄色作为路口指示灯的原因。黄色因为具有以上诸多的特点，所以在人们的日常生活中随处可见，如图9-5所示。

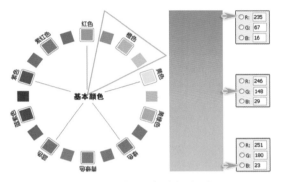

图9-3 色相环中的橙色范围

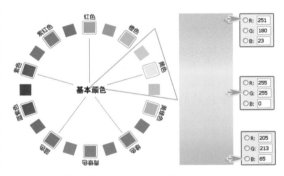

图9-5 色相环中的黄色范围

■ 注意

橙色的波长仅次于红色，因此它也具有长波长导致的特征：使脉搏加速，并有温度升高的感受。橙色是十分活泼的光辉色彩，是暖色系中最温暖的色彩，它使人们联想到金色的秋天、丰硕的果实，因此是一种富足的、快乐而幸福的色彩。橙色稍稍混入黑色或者白色，会成为一种稳重、含蓄又明快的暖色，但混入较多的黑色后，就成为一种烧焦的色，橙色中加入较多的白色会带有一种甜腻的味道。

■ 提示

黄色是亮度最高的色，在高明度下能够保持很强的纯度。黄色的灿烂、辉煌，有着太阳般的光辉，因此象征着照亮黑暗的智慧之光；黄色有着金色的光芒，因此又象征着财富和权利，它是骄傲的色彩。黑色或者紫色的衬托可以使黄色达到力量无限扩大的强度。白色是吞没黄色的色彩，淡淡的粉红色也可以像美丽的少女一样将黄色这骄傲的王子征服。

图9-4所示为某动漫网站的首页效果。网页的主色调采用橙色，其视觉刺激是极其耀眼强烈的。主题部分使用了白色作为点睛，使页面生动的同时又可用于导航链接，从而达到突出主题的效果。

■ 技巧

橙色是可以通过变换色调营造出不同氛围的典型颜色，它既能表现出青春的活力也能够实现沉稳老练的效果，所以橙色在网页配色中的使用范围是非常广泛的。

黄色是在站点配色中使用最为广泛的颜色之一，因为黄色本身具有一种明朗愉快的效果，所以能够得到大部分人的认可。黄色通过结合紫色、蓝色等颜色可以得到温暖愉快的积极效果，具有快乐、希望、智慧和轻快的个性。

　　绿色与人类息息相关，是永恒的欣欣向荣的自然之色，代表了生命与希望，也充满了青春活力，绿色象征着和平与安全、发展与生机、舒适与安宁、松弛与休息，有缓解眼部疲劳的作用。当需要揭开心中的抑郁时，当需要找回安详与宁静的感觉时，回归大自然是最好的方法，如图9-6所示。

　　蓝色会使人自然地联想起大海和天空，所以也会使人产生一种爽朗、开阔、清凉的感觉。作为冷色的代表颜色，蓝色会给人很强烈的安稳感，同时蓝色还能够表现出和平、淡雅、洁净、可靠等多种感觉。低彩度的蓝色主要用于营造安稳、可靠的氛围，而高彩度的蓝色可以营造出高贵、严肃的氛围。蓝色与绿色、白色的搭配在现实生活中也是随处可见的，如图9-8所示。

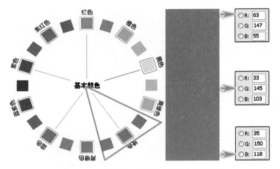

图9-6　色相环中的绿色范围

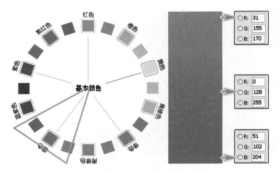

图9-8　色相环中的蓝色范围

　　绿色也是在网页中使用最为广泛的颜色之一。因为它本身具有一定的与健康相关的感觉，所以也经常用于与健康相关的站点。绿色还经常用于一些公司的公关站点或教育站点。

　　图9-7所示为某运动品牌的网站首页。网页背景为绿色调的杂点效果，主体区域采用了绿色到黄色渐变，在递增缓和变化的同时却也体现出页面色彩的层次感。

　　很多站点都在使用蓝色与青绿色的搭配效果。最具代表性的蓝色物体莫过于海水和蓝天，而这两种物体都会让人有一种清凉的感觉。蓝色和白色混合，能体现淡雅、辽阔、浪漫的气氛（像天空的色彩），给人以想象的空间感。图9-9所示为蓝色为主的网页，源于高纯度烘托、微妙的冷暖变化配色上，体现出现代都市张扬时尚的气息，少量的白色块面线型使得这种高纯度高强度的配色变得响亮却也缓和。

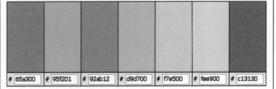

| #65a300 | #95f201 | #92ab12 | #d9d700 | #f7e500 | #fee900 | #c13130 |

图9-7　绿色为主的网页

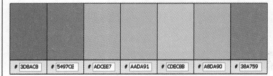

| #3D8AC8 | #5497CE | #ADCEE7 | #AADA91 | #CDECBB | #A8DA90 | #38A759 |

图9-9　蓝色为主的网页

紫色是一种在自然界中比较少见的颜色，象征着女性化，也象征着神秘与庄重、神圣和浪漫。它代表着高贵和奢华、优雅与魅力。另一方面，它又有孤独等意味，如图9-10所示。

黑白灰是最基本和最简单的搭配，白字黑底、黑字白底都非常清晰明了。黑白灰色彩是万能色，可以跟任意一种色彩搭配，也可以帮助两种对立色彩和谐过渡。为某种色彩的搭配苦恼的时候，不防试用黑白灰。

白色给人以洁白、明快、纯真、清洁的感受。图9-12所示的网页以白色作为背景，使色彩较重的绿色产品在页面中尤其显眼，突出主题。蓝色的点缀减少了非色调白色产生的单调感觉。

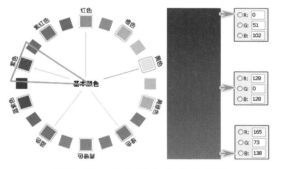

图9-10 色相环中的紫色范围

紫色与红色结合而成的紫红色是非常女性化的颜色，它给人的感觉通常都是浪漫、柔和、华丽、高贵、优雅，特别是粉红色可以说是女性化的代表颜色。图9-11所示的页面具有非常强烈的现代奢华感，时尚张扬的配色组合符合该页面主题所要表达的环境，让人容易记住它。

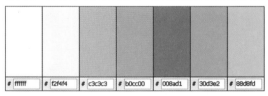

图9-12 白色为主的网页

黑色具有深沉、神秘、寂静、悲哀、压抑的感受。黑色和白色，它们在不同时候给人的感觉是不同的，黑色有时给人沉默、虚空的感觉，但有时也给人一种庄严肃穆的感觉。白色有时给人无尽的希望感觉，但有时也给人一种恐惧和悲哀的感受。要表达的情感具体还是要看与哪种色配在一块。

图9-13所示的网页以黑色作为背景，白色的标题文字、亮眼的绿色与红色搭配在一起，在明度上反差非常大，视觉冲击强烈，主次分

图9-11 紫色为主的网页

明，散发迷人的、高品位的贵族气息，与产品的特性相吻合。黑白两种颜色的搭配使用通常可以表现出都市化的感觉，常用于现代派页面的设计中。

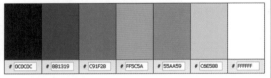

图9-13　黑色为主的网页

灰色是永远受欢迎的色，灰色的使用方法如同单色一样，通过调整透明度的方法来产生灰度层次，使页面效果素雅统一。灰色具有中庸、平凡、温和、谦让、中立和高雅的感觉，如图9-14所示。

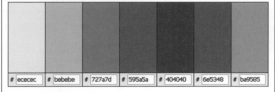

图9-14　灰色为主的网页

在色彩世界中，灰色恐怕是最被动的色彩了，它是彻底的中性色，依靠邻近的色彩获

得生命，灰色一旦靠近鲜艳的暖色，就会显出冷静的品格；若靠近冷色，则变为温和的暖灰色。与其用"休止符"这样的字眼来称呼黑色，不如把它用在灰色上，因为无论黑白的混合、半色的混合、全色的混合，最终都导致中性灰色。灰色意味着一切色彩对比的消失，是视觉上最安稳的休息点。然而，人眼是不能长久地、无限扩大地注视着灰色的，因为无休止的休息意味着死亡。

9.1.2　色调联想

色彩本身是无任何含义的，联想产生含义，色彩在联想间影响人的心理，左右人的情绪，不同的色彩联想给每种色彩都赋予了特定的含义。这就要求设计人员在用色时不仅是单单地运用，还要考虑诸多因素，例如，浏览者的社会背景、类别、年龄、职业等，社会背景不同的群体，浏览网站的目的也不同，而彩色给他们的感受也不同，同时带给客户的利益多少也不同，也就是说要认真分析网站的受众群体，多听取反馈信息，进行总结与调整。

表达活力的网页色彩搭配必定要包含红紫色，如图9-15所示，红紫色搭配它的补色黄绿色，将更能表达精力充沛的气息。较不好的色彩是红紫色加黄色，或红紫色加绿色，并不是说整个网页上不能搭配这两种色彩，而是相对运用的面积上应加以考虑。这两种色彩对比也许暂时给人振奋的感觉，但其实已削弱了网页整体的效果。唯有黄绿色加上红紫色，才是充分展现热力、活力与精神的色彩。

图9-15　红紫色联想

粉红代表浪漫。粉红色是把数量不一的白色加在红色里面，造成一种明亮的红。像红色一样，粉红色会引起人的兴趣与快感，但是以比较柔和、宁静的方式进行。在网页设计中使用浪漫色彩如粉红、淡紫和桃红（略带黄色的

粉红色），会令人觉得柔和、典雅，如图9-16所示。

图9-16　粉红色联想

海蓝色是最为大众所接受的颜色之一。采用这种颜色的色彩搭配的网页可以解释成值得信赖的网页。警官、海军军官或法官都穿着深色、稳定的海军蓝服装，以便在值勤时表现出庄严、支配的权威感。这类组合也带有不可置疑的权威感。图9-17所示的网页中，当用深蓝色作为家具背景时，不仅给浏览者安宁的空间环境，而且表达出沉静、安定的感觉，同时也表现出室内环境的舒适。

图9-17　深蓝色联想

紫色透露着诡异的气息，所以能制造奇幻的效果。各种彩度和亮度的紫色，如果搭配它真正的补色——黄色，更能展现怪诞、诡异的感觉，如图9-18所示。

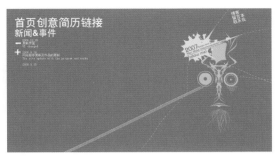

图9-18　紫色联想

在商业活动中，颜色受到仔细的评估，一般流行的看法是：灰色或黑色系列可以象征"职业"，因为这些颜色较不具个人主义，有中庸之感；灰色其实是鲜艳的红色或橘色最好的背景色。这些活泼的颜色加上低沉的灰色，可以使原有的热力稍加收敛、含蓄一些。虽然灰色不具刺激感，却富有实际感，它传达出一种实在、严肃的气息，如图9-19所示。

图9-19　灰色联想

9.1.3　色彩知觉

颜色的搭配可以流露设计者的心情和喜好，同时也会影响到浏览者。作为一名设计者，首先要考虑的是在一副作品当中所要传递的信息，这是设计者的目的所在，是相当重要的，在作品里面要能从表面看出实质，能够使读者退想到一些什么。为此在网页色彩搭配时设计者应该考虑到色彩的象征意义，如图9-20所示。

通过观察这些图片，相信读者或多或少地明白色彩可以使人产生视觉、味觉和心理的不同反应。例如，嫩绿色、翠绿色、金黄色、灰褐色就可以分别象征着春、夏、秋、冬，充分运用色彩的这些特性，可以使设计的主页具有深刻的艺术内涵，从而提升主页的文化品位。

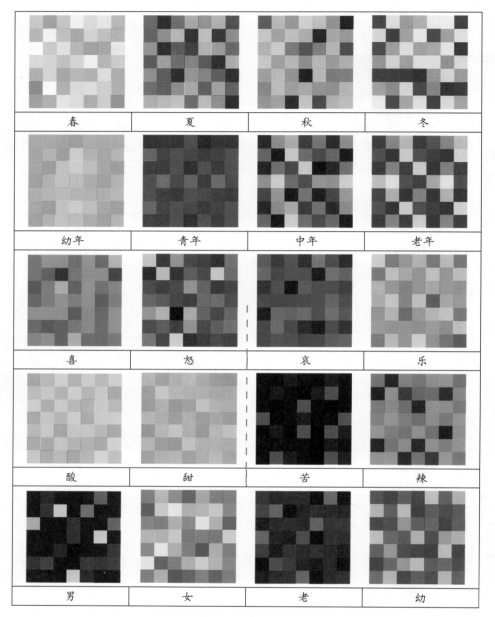

春	夏	秋	冬
幼年	青年	中年	老年
喜	怒	哀	乐
酸	甜	苦	辣
男	女	老	幼

图9-20　色彩知觉

在色彩的运用上，可以采用不同的主色调，因为色彩具有象征性。暖色调，即红色、橙色、黄色、赭色等色彩的搭配，可使主页呈现温馨、和煦、热情的氛围。图9-21所示的网页背景为红色，搭配绿色和黄色，呈现活泼的感觉。

冷色调，即青色、绿色、紫色等色彩的搭配，可使主页呈现宁静、清凉、清爽的氛围，如图9-22所示。

图9-21　暖色调网页

图9-22　清爽的网页

对比色调，图9-23所示的网页即把色性完全相反的色彩搭配在同一个空间里。

图9-23　亮丽的网页

9.2　色彩搭配方式

色彩是很微妙的东西，它们本身的独特表现力可以用来刺激人的大脑，传达信息、情感、思想，使特定的视觉经验趋向于特定性。另外，颜色的色相变化、明度变化、纯度变化，加上色彩对比、色彩比例、面积等各种变化，赋予了色彩变化的不定性，产生了视觉美感。

9.2.1　色彩调和

色彩的美感能提供给人精神、心理方面的享受，人们都按照自己的偏好与习惯去选择乐于接受的色彩。

从狭义的色彩调和标准而言，是要求提供不带尖锐的刺激感的色彩组合群体，但这种含义仅提供视觉舒适的一方面。因为过分调和的色彩搭配，效果会显得模糊、平淡、乏味、单调，视觉可辨度差，容易使人产生厌烦、疲劳的不适应感等。但是，色相环上大角度色相对比的配色类型对眼睛具有强烈的刺激，会造成过分眩目，更易引起视觉疲劳，使浏览者心理随着失去平衡而显得焦躁、紧张、不安，情绪无法稳定。因此，在很多场合中，为了改善由于色彩对比过于强烈而造成的不和谐局面，达到一种广义的色彩调和境界，即色调既鲜艳夺目、强烈对比、生机勃勃、而又不过于刺激、尖锐、眩目，这就必须运用强刺激调和的手法。只有兴奋而没有舒适的休息会造成过分的

疲劳与精神的紧张，调和也就无从可谈。由此看来，既要有对比来产生和谐的刺激，又要有适当的调和来抑制过分的对对比刺激，从而产生一种恰到好处的对比与和谐，最终得到美的享受。

1．面积法 ＞＞＞

将色相对比强烈的双方面积反差拉大，使一方处于绝对优势的大面积状态，造成其稳定的主导地位，另一方则为小面积的从属性质。图9-24所示的页面，虽然是黄色与紫色的补色搭配，但是背景与主体色调中均运用到黄色，而紫色只是小面积的点缀，这样使色彩对比强烈，增强浏览者视觉和心理的震撼力。

图9-24　面积法调和

2．阻隔法 ＞＞＞

在组织鲜色调时，在色相对比强烈的各高

纯度色之间，嵌入金、银、黑、白、灰等分离色彩的线条或块面，以调节色彩的强度，使原配色有所缓冲，产生新的符合视觉感受的色彩效果。

图9-25所示的页面，在亮丽的金黄色背景中，分别在上下两个部分添加暗红色，使整个网页在辉煌中更加稳重。

图9-25　阻隔法调和

3．统调法 ▶▶▶▶

在组合多种色相对比强烈的色彩时，为使其达到整体统一、和谐协调之目的，往往用加入某个共同要素而让统一色调去支配全体色彩的手法，称为色彩统调。图9-26所示的网页是由多种颜色组成的，为了使其协调，分别在绿色与蓝色中添加了白色，并且降低了各种颜色的纯度，只是突出主体的颜色。

图9-26　统调法调和

提示

在使用统调法时，不仅可以通过色相进行统调，还可以使用明度和纯度进行统调，同样也可以达到色彩统一、和谐的效果。

4．削弱法 ▶▶▶▶

使原来色相对比强烈的多方，在明度、纯度两方面拉开距离，减少色彩的同时对比，避免刺眼、生硬、火爆的弊端，起到减弱矛盾、冲突的作用，增强画面的成熟感和调和感。如红色与绿色的组合，因色相对比距离大，明度、纯度反差小，感觉粗俗、烦燥、不安，如图9-27所示。

图9-27　消弱法调和

5．综合法 ▶▶▶▶

将两种以上方法综合使用即为综合法。图9-28所示的页面，当绿色与橙色组合时，用面积法使橙色面积较大，绿色面积较小。同时在背景橙色中加入浅灰色、在主体背景黄色与绿色中加入中灰色，使整个网页色调更加协调。这就是同时运用了面积法和强对比阻隔的结果。

图9-28　综合法调和

9.2.2　色彩对比

色彩是很微妙的东西，它们本身的独特表现力可以用来刺激大脑，传达信息、情感、思想，使特定的视觉经验趋向于特定性。另外，颜色的色相、明度、纯度变化，加上色彩对比、比例、面积等的各种变化，赋予了色彩变化的不定性，产生了视觉美感。

而两种以上色彩组合后，会根据颜色之间的差异大小来形成不同的表现效果。颜色差异越弱，形成色彩调和效果；反之对比越强，形成色彩对比效果。

1．色相对比 >>>>

两种以上色彩组合后，由于色相差别而形成的色彩对比效果称为色相对比。它是色彩对比的一个根本方面，其对比强弱程度取决于色相之间在色相环上的距离（角度），距离（角度）越小对比越弱，反之则对比越强。

>> 零度对比

无彩色对比：虽然无色相，但它们的组合在实用方面很有价值，如黑与白、黑与灰、中灰与浅灰，黑与白与灰、黑与深灰与浅灰等，如图9-29所示。

图9-29　无色彩对比

无彩色与有彩色对比：黑与红、灰与紫，或黑与白与黄、白与灰与蓝等，这种对比效果感觉既大方又活泼，无彩色面积大时，偏于高雅、庄重，如图9-30所示，有彩色面积大时活泼感加强，如图9-31所示。

图9-30　无彩色面积较大的网页

图9-31　有彩色面积较大的网页

>> 调和对比

弱对比类型，比如蓝紫色与紫红色。如图9-32所示，该网页的背景颜色就是蓝紫色到紫红色渐变。

图9-32　弱对比色彩网页

较弱对比类型，比如紫红色与朱红色，如图9-33所示，效果较丰富、活泼，但又不失统一、雅致、和谐的感觉。

图9-33　较弱对比色彩网页

中差色相对比类型，如黄与绿色对比等，如图9-34所示，效果明快、活泼、饱满、使人兴奋，对比既有相当的强度，又不失调和的感觉。

图9-34　中差色相对比

▶▶ 强烈对比

强烈对比为极端对比类型，如红色与绿色、黄色与紫色对比等。图9-35所示为紫色的网页背景与黄色的网页主题。

图9-35　强烈对比色彩网页

2．明度对比 ▶▶▶▶

两种以上色相组合后，由于明度不同而形成的色彩对比效果称为明度对比。它是色彩对比的一个重要方面，是决定色彩方案感觉明快、清晰、沉闷、柔和、强烈、朦胧与否的关键。

图9-36所示分别为蓝色不同明度的对比效果。同样都是以蓝色为主要背景，由于蓝色的明度不同，而形成了两个不同感觉的色彩方案。一个对比较强，给人以明快、清爽的感觉，而另一个对比较弱，给人以和谐、统一的感觉。

3．纯度对比 ▶▶▶▶

两种以上色彩组合后，由于纯度不同而形成的色彩对比效果称为纯度对比。它是色彩对比的另一个重要方面。在色彩设计中，纯度对比是决定色调感觉华丽、高雅、古朴、粗俗、含蓄与否的关键。

图9-37所示的是橙色的纯度对比，但是由于加入较多的灰色，使网页效果更加趋于稳重。

图9-36　明度对比

图9-37　纯度对比

4．色彩的面积与位置对比 ▶▶▶▶

形态作为视觉色彩的载体，总有其一定的面积，如果面积、位置控制不当，即使色彩选择比较适合，同样也不会形成视觉美感。从这个意义上说，面积也是色彩不可缺少的特性。

▶▶ 色彩对比与面积的关系

当网页具有相同面积的色彩时，才能对比出差别，使其互相之间产生抗衡，对比效果才能相对强烈。

随着面积的增大，对视觉的刺激力量加强，反之则削弱，如图9-38所示。因此，色彩的大面积对比可造成眩目效果。对比双方的属性不变，一方增大面积，取得面积优势，而另一方缩小面积，将会削弱色彩的对比。

图9—38　网页中等面积的色彩对比

在网页中，当具有相同性质与面积的色彩时，与形的聚、散状态关系很大的则是其稳定性。形状聚集程度高者受他色影响小，注目程度高。

图9—39所示的页面在使用大面积的绿色背景情况下，只用了少量的红色作为点缀，色彩较集中，达到引人注目的效果。

图9—39　色彩大面积与小面积的对比

▶▶ 色彩对比与位置的关系

由于对比着的色彩在平面和空间中都处于某一位置上，因此，对比效果不可避免地要与色彩的位置发生关联。从这个意义上说，面积也是色彩不可缺少的特性。图9—40所示为无彩色与有彩色的面积对比效果，其中无彩色占有大面积，有彩色只是小面积展示，但是其位置放置在网页的中间区域，这样能够突出该区域的信息内容。

图9—40　色彩对比与位置的关系

5．综合对比 ▶▶▶▶

多种色彩组合后，由于色相、明度、纯度等不同而产生差别，所产生的总体效果称为综合对比。这种多属性、多差别对比的效果，显然要比单项对比丰富、复杂，如图9—41所示。

图9—41　综合对比

9.2.3　色彩呼应

色彩呼应也称色彩关联，当在同一平面、空间的不同位置使用色彩时，为了使其相互之间有所联系避免孤立状态，可以采用相互照应、相互依存、重复使用的手法，从而取得具有统一协调、情趣盎然的反复节奏美感。色彩呼应手法一般有以下两种。

▶▶ 分散法

将一种或几种色彩同时放置在网页的不

同部位，使整体色调统一在某种格调中，如图9-42所示，浅绿、浅红、墨绿等色组合，浅色作大面积基调色，深色作小面积对比色。此时，较深的颜色最好不要仅在一处出现，可适当在其他部位作些呼应，如瓶盖处、花盆中较密集的植物部位以及第一个栏目条等，使其产生相互对照的势态。

图9-42　网页的色彩分散法

注意

色彩不宜过于分散，以免使网页出现呆板、模糊、零乱、累赘之感。

>> 系列法

使一个或多个色彩同时出现在不同的页面，组成系列设计，能够使该网站产生协调、整体的感觉。图9-43所示的网页中使用了由浅红到深红的渐变，不仅能够增强网页的视觉冲击力，使其对该网页记忆深刻，而且能吸引更多浏览者的目光。

图9-43　网页色彩的系列法

9.2.4　色彩重点

在为网页搭配颜色的过程中，有时为了避免整体设计单调、平淡、乏味，需要增加具有活力的色彩，通常在网页的某个部位设置强调、突出的色彩，以起到画龙点睛的作用。重点色彩的使用在适度和适量方面应注意如下内容。

重点色面积不宜过大，否则易与主调色发生冲突而失去画面的整体统一感。面积过小，则易被四周的色彩所同化，不被人们注意而失去作用。只有恰当面积的重点色，才能为主调色作积极的配合和补充，使色调显得既统一又活泼，而彼此相得益彰。图9-44所示的页面，将小面积的绿色绘制成鞋形放置于页面的中心，将会吸引更多浏览的目光。

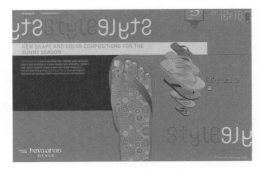

图9-44　重点色的使用面积

重点色应选用比基调色更强烈或有对比的色彩，并且不宜过多，否则多重点即无重点，多中心的安排将会破坏主次。图9-45所示的页面，选用较小面积的红色，与无彩色的白色盘子形成了较强的对比。

图9-45　重点色不宜过多

注意

并非所有的网页都设置重点色彩，为了吸引浏览者的注意力，重点色一般都应选择安排在画面中心或主要地位，并且应注意与整体配色的平衡。

9.2.5 色彩平衡

色彩平衡是网页设计中的一个重要环节。通过网页的色彩对称、色彩均衡以及色彩不均衡的搭配，可以控制网页中颜色的分布，使页面整体达到平衡。

▶▶ 色彩对称

对称是一种形态美学构成形式，是一种绝对的平衡。色彩的对称给人以庄重、大方、稳重、严肃、安定、平静等感觉，但也易产生平淡、呆板、单调、缺少活力等不良印象。

色彩的左右对称：在中心对称轴左右两边所有的色彩形态对应点都处于相等距离的形式。图9-46所示的页面，由深蓝色到浅蓝色的渐变，以水平线为中心对称轴呈左右对称，并且还呈上下对称。

图9-46 色彩的左右对称

色彩放射对称：色彩组合的形象如通过镜子反映出来的效果一样，以对称点为中心，两边所有的色彩对应点都等距，并且按照一定的角度将原形置于点的周围配置排列的形式。

图9-47所示页面中的地球为对称点，两边所有的暗红色条状按照一定的角度排列于地球周围，形成色彩的放射对称。

图9-47 色彩放射对称

色彩回旋对称：回旋角作180度处理时，两边形成螺旋桨似的形态。图9-48所示页面中的紫色弧形，以圆心为对称点，两边形成螺旋桨似的形态，构成色彩回旋对称。

图9-48 色彩回旋对称

均衡是形式美学的另一种构成形式。虽然是非对称状态，但由于力学上支点左右显示异形同量、等量不等形的状态及色彩的强弱、轻重等性质差异关系，表现出相对稳定的视觉生理、心理感受。

图9-49所示的页面色彩构成既有活泼、丰富、多变、自由、生动、有趣等印象，具有良好的平衡状态，因此，最能适应大多数人的审美要求，是选择配色的常用手法与方案。

图9-49 色彩均衡

注意

色彩的平衡包含上下平衡及前后均衡等，都要注意从一定的空间、立场出发做好适当的布局调整。

▶▶ 色彩不均衡

色彩布局没有取得均衡的构成形式，称为色彩的不均衡。在对称轴左右或上下显示色彩的强弱、轻重、大小等方面存在着明显的差异，表现出视觉心理及心理的不稳定性。由于它有奇特、新潮、极富运动感、趣味性十足等特点，在一定的环境及方案中可大胆加以应用，被人们所接受和认可，称为"不对称美"。

图9-50所示的色彩布局没有取得均衡的构成，但是由于设计师在页面左侧采用了红色与绿色的对比，而在右侧采用了橙色与蓝色的对比，并且页面中的图形组合具有趣味性，充实了浏览者的思维，丰富了视觉感受。

图9-50　色彩不均衡

注意

若处理不当，极易产生倾斜、偏重、怪诞、不安定、不大方的感觉，一般认为是不美的。色彩不均衡设计，一般有两种情况，一种是形态本身呈不对称状，另一种是形态本身具有对称性，而色彩布局不对称。

网页设计中的色彩应用

　　网页的色彩是树立网站形象的关键因素之一，成功的网站色彩搭配令人过目不忘。网页设计是一种特殊的视觉设计，它对色彩的依赖性很高，色彩在网页上是"看的见"的视觉元素，它是人们视觉最敏感的东西，也是网站风格设计的决定性因素之一。在网页中，通过色彩可以诱发人们产生多种情感，这样更有助于设计作品在信息传达中发挥感情攻势，刺激欲求，最终达到目的，同时也对整个网站留下了深刻的印象。

　　本章在色彩构成的基础上，分别从网页标准色、色彩在网页中的含义，以及如何在网页中搭配各种颜色，来着重介绍网页中色彩的运用。

10.1 网页色彩分类

在网页中，色彩根据其作用的不同，可以分为3个方面：静态色彩、动态色彩、强调色彩。其中静态色彩和动态色彩各有用途，相互影响、相互协作，处理好色彩之间的关系，才能使页面色彩达到统一和谐的视觉效果。

10.1.1 静态与动态色彩

这里讲的静态色彩并不是静态的色彩的意思，而是结构色彩、背景色彩和表格色彩等带有特殊识别意义的、决定网站色彩风格的色彩。

而动态色彩也不是动画中运动物体携带的色彩，而是插图、照片和广告等复杂图像中带有的色彩，这些色彩通常无法用单一色相去描绘，并且带有多种不同的色调，随着图像图片在不同页面的更换，动态色彩也要跟着改变。

图10-1所示网页中的静态色彩是网页中的信息导航背景颜色和文字颜色；动态色彩是网页中的Banner图片中具有的颜色。

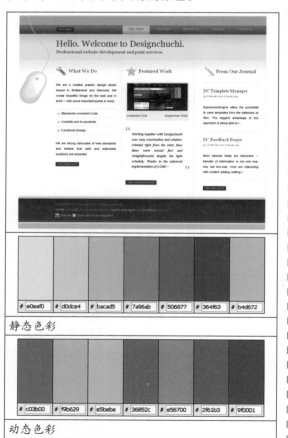

静态色彩

| # e0eaf0 | # d0dce4 | # bacad5 | # 7a96ab | # 506877 | # 364f63 | # b4d672 |

动态色彩

| # c03b00 | # f9b629 | # e5bebe | # 36852c | # e56700 | # 2f61b3 | # 9f0001 |

图10-1　静态与动态色彩

1. 静态色彩 ▶▶▶▶

静态色彩主要是由框架色彩构成的，也包括背景色彩等其他色块形式的色彩。框架色彩是决定网站色彩风格的主要因素，不论插图或者网络广告如何更换，最初和最终给浏览者留下深刻印象的就是框架色彩。

大型站点的装饰很少，大多数色彩是以HTML的形式直接填充在表格里的，十分直接地展示出来。对门户网站来说，静态色彩是网站风格的决定者，有着惊人的魅力和强烈的识别作用，如图10-2所示，该网站就是主要利用静态色彩来完成网页色彩搭配的。其中，静态色彩是网页中的信息导航背景颜色和文字颜色。

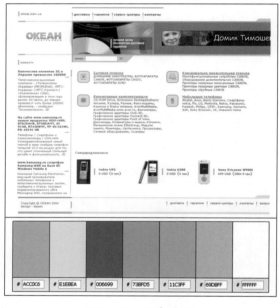

| # ACC0C6 | # E1E8EA | # 006699 | # 73BFD5 | # 11C3FF | # 69D8FF | # FFFFFF |

图10-2　静态色彩

> **提示**
>
> 以静态色彩为主体的网站主要是大型的门户、资讯和电子商务等信息内容型的站点。在大量信息中，为了起到引导阅读的作用，动态色彩需要用跳跃的、引人注目的色彩。

2. 动态色彩 ▶▶▶▶

以动态色彩为主体的网站主要是图片尺寸大、图片信息多的图片展示型的站点，或者是产品网站、彩信网站和虚拟人物等图片多的资讯站点等。图10-3所示的是以产品展示为主的网站，所以动态色彩较为突出、明亮，而静态色彩在该网页中只是辅助作用。

图10-3 动态色彩

　　在分析网站色彩之后，可以看出静态色彩决定了网站的色彩风格和网站给访问者留下的色彩印象。动态色彩则属于即时更换的图片或者广告中带有的颜色。不论动态色彩多么艳丽，也只能针对单独页面起到强烈的视觉引导作用。更换页面后，动态色彩就"消失"了。浏览者离开网站更不会记得动态色彩。

　　这样说并不代表动态色彩不重要，相反，两种色彩都十分重要，各有用途，需要相互协调合作。静态色彩的作用是永久的，动态色彩的作用是即时的。图10-4所示的页面，导航栏目背景的淡紫色渐变为静态色彩，它与产品中的颜色互相融合，使网页有着整体和谐统一的视觉感。

10.1.2 强调色彩

　　强调色彩又名突出色彩，是网站设计时有特殊作用的色彩，是为了达到某种视觉效果才临时显示的色彩（有可能鼠标移走后就消失不见），或者是与页面静态色彩对比反差较大的突出色彩，或者是导航条中带有广告推荐意义

的特殊色彩，或者是在大段信息文字中为了表示重点需要通过不同色彩加注文字等。图10-5所示的页面，在白色调的网页中，红色、橙色、蓝色、绿色与黑色是最为亮丽、与静态色彩对比反差较大的突出色彩。

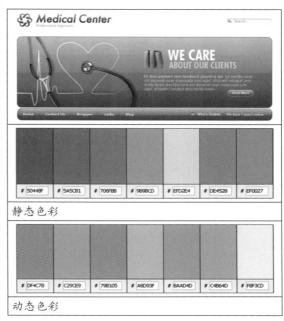

图10-4 静态色彩与动态色彩相结合

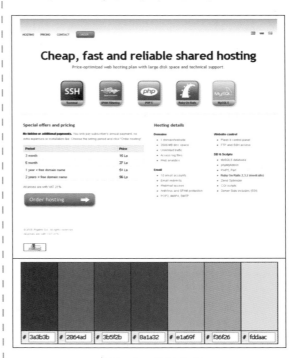

图10-5 强调色彩

强调色彩的作用是强调信息，使它所附载的元素比如导航、表格信息、广告条等的重要性增强。在网站整体设计和网站运作和经营方面，强调色彩有突出贡献和特殊性的作用，图10-6所示的网页，在淡色调网页背景中，为了突出主题，将其背景设置为淡黄色调。

图10-7所示的网页产品展示区域突出。特别是以展示产品为主的网站，经常将网站基本色调设置为无彩色色调，进而突出产品图片。

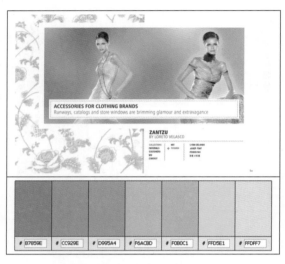

图10-6　突出主题区域

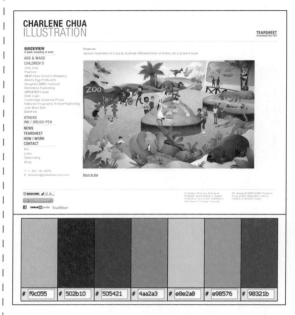

图10-7　突出产品区域

10.2　网页色彩规则

网页的背景、文字、图片等各部分之间的色彩搭配要遵循一定的搭配规则，才能设计出色彩鲜明、性格独特的网页。

10.2.1　网页各要素的色彩搭配

前面学习过色彩的一些基本概念及颜色的一些搭配问题，具体运用到网页中，各要素的色彩还需按照内容决定其搭配，需要大胆进行创新，使网页更美观、舒适，这样可以增强页面的可阅读性。因此，设计者必须合理、恰当地搭配页面各要素间的色彩，设计出既符合浏览者心理感受，又有一定艺术特色的网站。

1. 背景与文字 ▶▶▶▶

如果一个网站使用了背景颜色，就必须要考虑背景颜色与前景文字的搭配问题。一般网站侧重的是文字，所以背景可以选择纯度或者明度较低的色彩，文字用较为突出的亮色。图10-8所示的页面，背景使用了黑色，而文字内容使用了对比强烈的白色，使浏览者一

目了然。

图10-8　深色背景与浅色文字

当然，有些网站为了让浏览者对网站留有深刻的印象，在亮度较高的页面中或者页面的某个部分使用较亮的色块，这样可以吸引浏览者的视线。这时文字就需要使用较暗的色彩，使其与背景分离开来，便于浏览者阅读，如图10-9所示。

图10-9 浅色背景与深色文字

2. LOGO和Banner ▶▶▶▶

LOGO和Banner是宣传网站最重要的部分之一，所以这两个部分一定要在页面上脱颖而出。同样，也可以采用对比的方法，将LOGO和Banner色彩与网页的主题色区分开来。图10-10所示的页面使用了色彩亮丽的蓝色Banner，而由于LOGO中也带有蓝色，所以LOGO放置在白色背景中较为突出，这样能够吸引众多浏览者的目光，使其对该网页留下深刻印象。

图10-10 网页中LOGO和Banner的色彩1

在以灰蓝色为背景的网页中，设计师使用了白色的LOGO和亮丽色彩搭配的Banner，不仅突出了网页的主题，又与背景形成了强烈的对比，产生令人过目难忘的视觉印象，如图10-11所示。

3. 导航与小标题 ▶▶▶▶

导航与小标题是网页的指路灯，浏览者要在网页间跳转，要了解网站的结构、内容，都必须通过导航或者页面中的一些小标题。所以可以使用具有跳跃性的色彩设计导航与小标

题，吸引浏览者的视线，使浏览者感觉网站清晰、明了、层次分明。

图10-11 网页中LOGO和Banner的色彩

图10-12所示的页面，在黑色背景中，分别使用纯度较高的蓝色、紫色、红色以及青色作为导航栏目的背景色，提升了网页的整体活跃性。而图10-13所示的网页则在浅灰色背景中使用了中灰色的小标题，清晰明了，而且具有层次感与整体协调感。

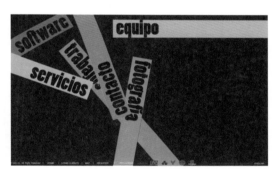

图10-12 跳跃性的导航色彩

图10-13 跳跃性的小标题

4. 链接颜色设置 ▶▶▶▶

一个网站不可能只是单独的一页，所以文字与图片的链接是网站中不可缺少的一部分。这里特别指出文字的链接，因为链接与文字有

所区别，所以链接的颜色不能跟文字的颜色一样。

现代人的生活节奏相当快，不可能在寻找网站的链接上花费太多的时间，所以设置独特的链接颜色，可以让人感觉该网页的独特性，从而便于浏览者查阅。图10-14所示的页面，在黑色背景中使用了绿色发光的白色文字链接，使浏览者在查找相关内容时，一目了然。

图10-14　链接颜色设置

10.2.2　网页色彩搭配规律

打开一个网站，给用户留下第一印象的既不是网站丰富的内容，也不是网站合理的版面布局，而是网站的色彩。色彩对人的视觉效果非常明显，一个网站设计成功与否，在某种程度上取决于设计者对色彩的运用和搭配。因为网页设计属于一种平面效果设计，除立体图形、动画效果之外，在平面图上，色彩的冲击力是最强的，它很容易给用户留下深刻的印象。因此，在设计网页时必须要高度重视色彩的搭配。

1．特色鲜明 ▶▶▶▶

一个网站的用色必须要有自己独特的风格，这样才能个性鲜明。图10-15所示的网页，设计者在用了大面积的绿色这一生机蓬勃的色彩之后，又搭配了面积较小但纯度较高、活泼的红色，红色作为点缀，增强了页面活力，给浏览者留下深刻的印象；图10-16所示的网页中，浅灰色的背景与纯度较高的黄色和绿色，形成较大面积的鲜明对比。

2．讲究艺术性 ▶▶▶▶

网站设计也是一种艺术创作，因此它必须遵循艺术规律，设计者在考虑到网站本身特点的同时，必须按照"内容决定形式"的原则，大胆进行艺术创新，设计出既符合网站要求，又有一定艺术特色的网站。

图10-15　红绿搭配

图10-16　强烈对比

图10-17所示的网页类似于中国国画，写意抽象但又结合时尚的版式，使人感觉比较现代，具有特色；图10-18所示的为使用西方绘画方式而形成的网页，从创作理念、绘画手法的运用以及背景用色上看与中国国画的风格截然不同。

图10-17　网页的艺术性

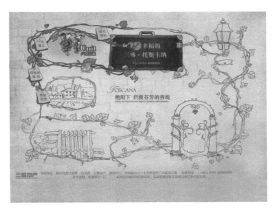

图10-18　使用西方绘画方式而形成的网页

3. 黑色的使用 ▸▸▸▸

　　黑色是一种特殊的颜色，如果使用恰当、设计合理，往往产生很强烈的艺术效果，在如图10-19所示的网页中，大面积的黑色背景与白色、黄色以及绿色相搭配，同时加上一些艺术元素，使作品从效果到内涵变得截然不同。

图10-19　使用黑色的艺术性

4. 搭配合理 ▸▸▸▸

　　网页设计虽然属于平面设计的范畴，但它又与其他平面设计不同，它在遵从艺术规律的同时，还考虑人的生理特点，合理的色彩搭配能给人一种和谐、愉快的感觉。图10-20所示为色彩较少的网页，它以灰色调为主，并结合白色使用，给人以干净、整齐的视觉感受；图10-21所示的网页虽然色彩丰富，但是主色调还是以蓝绿色到白色的渐变为主，标题则以冷色系的绿色、蓝色突出，其中黄色、红色的使用，则在页面中则起到了吸引消费者目光的作用。

5. 背景色的使用 ▸▸▸▸

　　背景色一般采用素淡、清雅的色彩，应避免采用花纹复杂的图片和纯度很高的色彩作为背景色，同时背景色要与文字的色彩对比强烈

一些，图10-22所示的就是以淡雅的色彩为背景颜色的页面；图10-23所示的是超写实风格插画网站，它采用由深色到浅色的背景，呈现出空间感。

图10-20　颜色较少的网页

图10-21　色彩丰富的网页

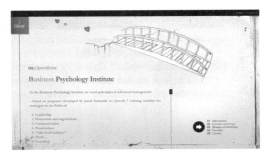

图10-22　以淡色为背景

图10-23　由深色到浅色

10.2.3　网站整体色彩规则

有了好的框架和页面设计，而色彩把握不准，则会导致整个设计失败。色彩，是最先也是最持久地给浏览者以网站形象的因素。

色彩设计中往往存在着两个矛盾的方面：一方面，色彩构思与表现必须充分发挥设计个人的创造才能和气质；另一方面，色彩设计又是系统性、计划性很强的工作，不能单单依靠设计者个人的理解和喜好，而应该被多数人所接受。因此，网站整体的色彩设计要有计划性，这是设计师先理智后感性的思维过程。如果只处理好某一个页面的色彩，是无法形成网站统一的色彩风格的。

1．可读性色彩信息　>>>>

网站是信息的载体形式，色彩设计必须以完成网站的可视性阅读功能为主要目的。白纸黑字的阅读效果为最佳，其他情况下也应尽量以冷色调为主的明亮色调或者浊色调的色彩作为信息背景色彩，使文字色彩与背景色彩有一定的色彩落差。图10-24所示的网页中，白色与浅灰色背景颜色与深灰色文本颜色形成可读性极强显示效果。

2．色彩计划　>>>>

Flash技术的应用使很多原本不可能实现的网站效果可以实现了。在色彩设计上表现为

让浏览者任意选择背景色或者从几套配色方案任选自己喜爱的色彩组合。图10-25所示的网站首页为两种色调，单击左侧整个网页为绿色调，单击右侧整个网页显示为蓝色调。

图10-24　可读性的色彩设计

3．色彩和谐统一　>>>>

为了保证每次配色都能保持色彩的和谐和统一，网站所有色彩均采用类似色调，加了白和灰的柔和色调，给人一种温和、平稳的感觉。没有过大的色彩落差是保持统一风格的主要因素。图10-26所示网站的背景颜色为深灰色，而各个栏目为不同的颜色。单击某个栏目，即可展开该栏目中的内容，以及该栏所显示的颜色。

图10-25　网页配色方案

图10-26　色彩的和谐、统一

10.3 网站色彩分析

在网页设计中合理地使用色彩搭配与严谨地安排网页布局是同等的重要。作为网页设计师来说，做到有针对性的用色是相当重要的。色彩的良好搭配能够树立并提升网站的整体形象。整个网站色彩的使用，不仅需要从首页与内页方面考虑，还应从网站风格、网站主题以及网站产品等方面进行分析。

10.3.1 网站风格与色彩设计

色彩作为网站设计主要体现风格形式的视觉要素之一，对网站设计来说分量是很重的。设计师常常从接到项目单起就在思考使用怎样的色相、色调来烘托信息内容更为合适、更为合理，而当将同样的信息内容交于不同的两位设计师时，做出的网站绝对也不相同，色彩也是一样，即便是相同的色相、色调，通过不同的排版方式、调和与组合，达到的页面效果也会是截然不同的。图10-27所示的两个网站都是绿色调，但是前者卡通形象偏重，后者给人清新、自然的感觉。

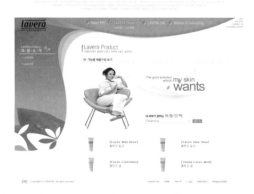

图10-27 同色调不同风格的网页

重视色彩的同时也要重视页面中的其他视觉元素，好的色彩搭配方式对网站设计来说是如虎添翼。如果没有很好的信息结构，只是孤立地看网站配色，最终也无法做出完美和谐的作品。

由色彩设计形成特殊风格的优秀网站是比较多的，浏览者可以任意选择多种色彩组合。图10-28所示的网站，使用绿色的同时，配合使用对比色红色、黄色等，用色十分讲究、风格很有韵味。

图10-28 多种色彩组合

色彩设计既要有理性的一面，还要有感性的一面，设计者不仅要了解色彩的科学性，还要了解色彩表达情感的力度。色彩设计不仅是为了传递某种信息，更重要的是从它原有的魅力中激发人们的情感反应。达到影响人、感染人和使人容易接受的目的。图10-29所示为一种酒的网页，通过人物表情与红色、绿色的运用，来刺激消费者的味觉。如图10-30所示为照片风格的网页显示。

所谓写实风格网站，指的是网页中的产品为真实物的图像。将自己的产品外观、特色、风俗正确、忠实地显示出来，同时网页在色彩搭配上注重如何更好的衬托产品。图10-31所示为两个不同风格的糕点网页。

图10-29 通过色彩刺激受众

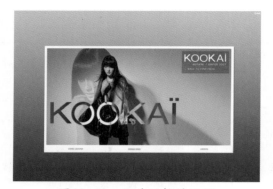

图10-30　照片风格的网页

图10-31　写实风格网站

所谓抽象风格网站，与写实风格相反，根据自己的产品外观、特色、风俗用简单的图像形象在网页中形象地概括表示产品。图像可以稍加夸张、卡通化、生动化等，在颜色上也可以稍加变动，如图10-32所示。

图10-32　抽象风格网站

10.3.2　网站主题与色彩设计

网站的分类多种多样，有公司、政府机构、产品、房产、旅游、购物、娱乐、个人等，因此设计色彩将涉及社会生活的方方面面，那么对于不同类别的网站，则应有不同的侧重点。

在网页设计时，不仅要结合人的个性与共性、心理与生理等各种因素，还要充分考虑到设计色彩的功能与作用，体现最初的设计思维，达到相对完美的视觉和心理效果。因此，在定义网站风格时，应参照一般的色彩消费心理。如餐饮、食品类网页色彩适宜采用暖色系列。图10-33所示的网页采用黄色为背景，并以红色、绿色作为点缀，从而刺激消费者的食欲。而图10-34所示的网页为展示甜点的网站，虽然采用了绿色，但是绿色中包含了暖色调的黄色，使用的红色与紫色更加衬托出甜点的甜度。

图10-33　食品网站

图10-34 甜点网站

图10-35所示的网页为机械产品，采用冷色系列不仅给人以庄重、沉稳的感觉，而且能够表现设计者严谨、科学、精确的设计理念，能够让消费者放心地使用该产品。而电子产品适宜采用偏冷的灰、黑系列，图10-36所示是展示电脑产品的网页，网页中采用了灰色金属质感的肌理作为背景，这样使底纹与产品材质完美结合，有利于表现金属的坚硬感。

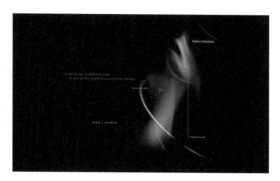

图10-35 机械产品的色彩运用

图10-36 电子产品的色彩运用

儿童用品或者与儿童相关的网页，则适宜采用色彩鲜艳对比强的色调。图10-37所示为儿童摄影网站，使用亮度较高的绿色、红色、蓝色以及黄色，利于体现儿童活泼、欢快的特点。

图10-37 儿童类网页的色彩运用

确定网站的主题色调后，在设计过程中不仅要对文本、图片的色彩谨慎选择，使其网页整体色彩搭配和谐、统一、平衡、协调，而且也要注意各种色彩的面积大小、所占比例等问题，使浏览者在接受网页传达信息的同时也能感受到浏览其网站是一种视觉与精神上的享受。图10-38所示为企业网站中的色彩搭配。

图10-38 企业网站

精彩的网页设计是依靠协调色彩来体现的。色彩的搭配不仅体现着美学的诉求，而且是一种可以强化的识别信号。所以，主体色调一旦确定，就要保持一定的稳定性，用这种色彩来帮助受众识别网站。图10-39所示的网页中选取灰蓝色作为主体色，这正与其宣传产品的色彩相吻合，对于识别和强化网站的产品信息起了很大的作用。

图10-39　协调的色彩

色彩运用于网页中，若要发挥色彩运用的最佳功能，重要的是要准确地传达色彩的情感。图10-40所示的男性服装网页，灰色与黑色的配合运用充分把男性具有的刚强、沉稳、严谨的特点表现出来了，同时色彩也赋予了网页"人格化"的特点。设计者根据网站中所要展示的产品性质，可以有选择性地来决定网站基本色调。

图10-40　男士服饰网站

色彩在网站形象中具有重要地位，通常，新闻类的网站会选择白底黑字，因为人们习惯于阅读这类报纸，所以在潜意识中，这种色彩将新闻信息传达到浏览者脑海的机率最高。网页中的白底黑字，可以使浏览者更方便地阅读该网页中的资讯，如图10-41所示。

图10-41　文字颜色

10.3.3　同色调的不同风格网站

当将同样的信息内容交于不同的两位设计师时，做出的网站绝对不相同，色彩也是一样，即便是相同的色相、色调，通过不同的排版方式调和与组合，达到的页面效果也会是截然不同的。

同一色调中，不同的明度，或者不同的纯度，会产生不同风格的网站。同一色调还可以通过使用不同的面积、与其他颜色搭配，以及主题等各方面因素，而产生不同风格的网站。

1．橙色 ▶▶▶▶

橙色的魅力在于它充满健康、活力，散发无限冲劲。在餐饮方面，橙色还能刺激食欲，所以多数餐饮网站都以橙色调为主。同一色调，与其他颜色搭配，会产生不同的网站风格，如图10-42所示。

图10-42　不同风格的橙色调网站

2．绿色 ►►►►

餐饮网站以鲜艳的绿色调为主，具有自然、健康和清新的感觉。图10-43所示的网页，一个是茶网站，另一个是绿色食品网站。两者虽然都以绿色调为主，但同一色调通过使用面积的不同，风格上也会有所不同。

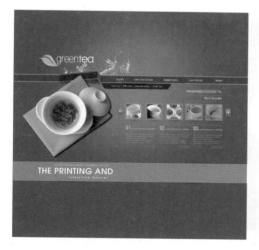

图10-43　不同风格的绿色调网站

3．红色 ►►►►

红色是代表热情的情感之色，能够产生亮丽、活力四射的效果。在红色中适当地加入黑色，由于降低了明度形成了深红色，使红色系中的明度变化，颜色较深沉，传达的是稳重、成熟、高贵的信息。图10-44所示为料理网站和咖啡网站。

图10-44　不同风格的红色调网站

4．土黄色 ►►►►

以温暖的土黄色为基调，给人一种沉稳、高贵之感。土黄色既包含凝重、单纯、浓郁的情感，又象征着希望与辉煌，寓意企业将会飞黄腾达。它接近大地的颜色，比较自然亲切；它踏实、健康、阳光，表示成熟与收获。图10-45所示为同色调的糕点网站和咖啡网站。

图10-45　不同风格的浅灰色调网站

5. 黑色 ＞＞＞＞

以黑色为色调的网站，具有庄重、严谨、沉稳的效果。如果在黑色背景中搭配的红色为深红色，可以使黑色背景的网站产生庄重、稳定的风格。红色面积在黑色背景中所占面积不同和主题不同，网站风格也有所不同，如图10-46所示。

图10-46　不同风格的黑色调网站

企业类网站设计

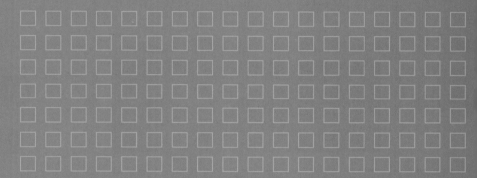

网站是企业向用户和网民提供信息的一种方式，是企业开展电子商务的基础设施和信息平台。企业的网址被称为"网络商标"，也是企业无形资产的组成部分，而网站则是反映企业形象和文化的重要窗口。

本章除了要介绍企业类网站在设计过程中需要注意的原则外，还特别讲解了企业类网站中最常使用的色彩特征，并且以数码产品的企业为例设计出一整套网站图像效果。

11.1　企业类网站概述

　　企业在网络中建立网站是有目的的，有些企业是想借助网站宣传自己的品牌和形象，有些是想展示自身的产品，还有一些企业就是想通过网站销售商品，有的则兼而有之。通过这些信息可以确定企业对网站的要求是在设计方面还是功能方面。根据不同的建站目的，企业网站的设计风格也会有所不同。

1. 明确创建网站的目的和用户需求 >>>>

　　Web站点的设计是展示企业形象、介绍产品和服务，体现企业发展战略的重要途径，因此必须明确设计站点的目的和用户需求，从而做出切实可行的设计计划。要根据消费者的需求、市场的状况、企业自身的情况等进行综合分析，牢记以"消费者"为中心，而不是以"美术"为中心进行设计规划。

　　在设计规划之初，同样要考虑建设建站的目的是什么？为谁提供服务？企业能提供什么样的产品和服务？消费者和受众的特点是什么？企业产品和服务适合什么样的表现方式等。图11-1所示为以展示商品为主的企业网站。

图11-1　以展示商品为主的企业网站

2. 总体设计方案主题鲜明 >>>>

　　在目标明确的基础上，完成网站的构思创意即总体设计方案，对网站的整体风格和特色做出定位，规划网站的组织结构。Web站点应该针对所服务对象的不同而具有不同的形式，有些网站只提供简洁的文本信息，有些则采用了多媒体表现手法，提供华丽的图像、闪烁的灯光、复杂的页面布置，甚至可以下载声音和录像片段。图11-2所示为以文字或图像为主的网站。

图11-2　文字或图像为主的网站

优秀的网站会把图形表现手法和网站主题有效地结合起来，做到主题鲜明突出、要点明确。首先以简单明确的语言和画面体现站点的主题，然后调动一切手段充分表现网站的个性和情趣，体现出网站的特点。

3．网站的版式设计 ▶▶▶▶

网页设计作为一种视觉语言应讲究编排和布局。虽然主页的设计不等同于平面设计，但是它们有许多相近之处，应充分加以利用和借鉴。版式设计通过文字图形的空间组合，表达出和谐与美观。一个优秀的网页设计者也应该知道文字图形落于何处，才能使整个网页生辉，如图11-3所示。

图11-3 不同网站中的版式

多页面站点的编排设计要求页面之间的有机联系，特别要处理好页面之间和页面内秩序与内容的关系。为了达到最佳的视觉表现效果，还需要讲究整体布局的合理性，使浏览者有一个流畅的视觉体验，如图11-4所示。

图11-4 同网站内的不同版式

4. 色彩在网页设计中的应用 ▶▶▶▶

色彩是艺术表现的要素之一。在网页设计中，根据和谐、均衡和重点突出的原则，将不同的色彩进行组合、搭配来构成美观多彩的页面。网页的颜色应用并没有数量的限制，但是不能毫无节制地运用多种颜色，一般情况下首先根据总体风格的要求定出一至二种主色调，如果有CIS（企业形象识别系统）的，更应该按照其中的VI进行色彩运用，如图11-5所示。

图11-5　LOGO与网站色彩的统一

5. 多媒体功能的利用 ▶▶▶▶

网络资源的优势之一是多媒体功能。要吸引浏览者的注意力，页面的内容可以用三维动画、Flash等来表现，如图11-6所示。但是要注意，由于网络带宽的限制，在使用多媒体的形式表现网页的内容时，应该考虑其客户端的传输速度。

图11-6　网站中Banner的动画效果

6. 内容更新与沟通 ▶▶▶

创建企业网站后，还需要不断更新其内容。站点信息的不断更新，可以让浏览者了解企业的发展动态，同时也会帮助企业建立良好的形象。在企业的Web站点中，要认真回复用户的电子邮件和传统的联系方式，如信件、电话垂询和传真等，做到有问必答，最好将用户的用意进行分类，如售前产品概括的了解、售后服务等，将其交由相关部门处理。如果要求访问者自愿提供个人信息，应公布并认真履行个人隐私保证承诺。

11.2 瀚方手机网站首页设计

企业网站是商家用来宣传的最新方式之一，无论是展示企业的何种方面，均需要设计出新颖的网页界面。但是不管网站的内容多么精彩，如果它们很难访问，用户照样会离开，易用性不仅仅牵扯到技术，更多的是良好的Web创作习惯，特别对企业类的网站而言更是如此。

这里设计的是某品牌的手机网站首页，如图11-7所示。在设计过程中，网站的LOGO、网站的整体色调、网页的Banner甚至页面中的细节部分，都需要认真考虑。瀚方首页网站中的整体色调，是根据网站LOGO的颜色制定的，为了突出网站所要展示的内容，从装饰Banner图像，到主题内容的展示，均采用了该品牌的手机。

在制作过程中，首先要制作该网站的LOGO图像，然后根据其中的色调，设置同色系的色彩作为该网站首页中Banner图像以及文字的颜色。最后搭配无色系中的深灰、中灰以及白色，将这些颜色融为整体即可。

图11-7 瀚方手机网站首页效果图

11.2.1 企业标志

STEP|01 在Photoshop中建立550×300像素、分辨率为72像素/英寸的空白文档。选择【椭圆工具】◯，在画布中建立不同直径的正圆路径，如图11-8所示。

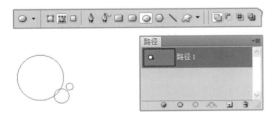

图11-8 建立正圆路径

> **注意**
>
> 创建正圆路径时，其直径的参数无需非常精确，但是三者之间的比例必须有所控制。

STEP|02 使用【路径选择工具】▶，将两个小圆路径剪切至新建"路径2"中。将"路径1"中的路径转换为选区后，在新建"图层1"中填充#4294D3，如图11-9所示。

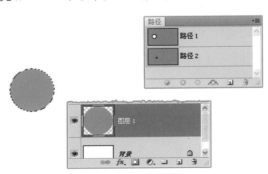

图11-9 填充颜色

STEP|03 将"路径2"转换为选区后，在新建"图层2"中填充相同颜色。使用【椭圆选框工具】在"图层1"中，删除重叠区域，如图11-10所示。

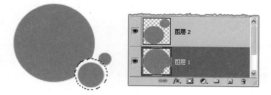

图11-10 修饰正圆

STEP|04 使用【钢笔工具】，建立具有弧度的半圆路径。将其转换为选区后，填充白色，并且设置该图层的【不透明度】为20%，如图11-11所示。

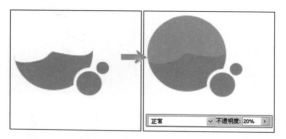

图11-11 绘制半透明半圆

STEP|05 继续使用【钢笔工具】建立半圆环路径，并且转换为选区后在新建"图层4"中填充白色。设置该图层的【不透明度】为80%，如图11-12所示。

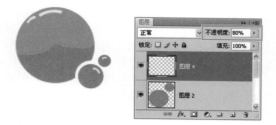

图11-12 建立高光图像

STEP|06 选择【横排文字工具】在大圆图像中输入字母HF，设置文字属性如图11-13所示，并且进行逆时针旋转。

图11-13 输入字母

STEP|07 在"背景"图层上方新建"图层5"，使用【椭圆选框工具】建立椭圆选区后，设置【羽化】参数为2像素。然后填充#C6C6C4，如图11-14所示。

图11-14 制作投影效果

STEP|08 选择【横排文字工具】，分别在正圆右侧输入黑色与蓝色文本，并且设置其文本的属性相同，如图11-15所示。

图11-15 输入文本

STEP|09 显示字母选区后，使用【椭圆选框工具】，通过交叉运算得到弧度选区后，在新建"图层6"中填充白色，并且设置该图层的【不透明度】为50%，如图11-16所示。

图11-16 制作文字高光

文字选区的建立方法是，按住 Ctrl 键单击文本图层的缩览图，即可得到该图层的选区。

STEP|10 至此，网站LOGO制作完成，同时选中【图层】面板中除"背景"图层以外的所有图层，按Ctrl＋G快捷键将其组合至LOGO图层组中，如图11-17所示。

图11-17 管理图层

11.2.2 首页布局

STEP|01 按Ctrl＋N快捷键，创建参数如图11-18所示的空白文档。然后按Ctrl＋R快捷键打开标尺，分别在不同的高度拉出横向辅助线。

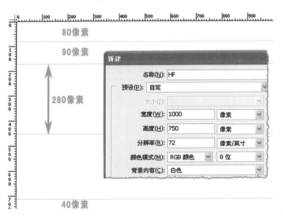

图11-18 创建空白文档

为了精确创建辅助线，可以设置【矩形选框工具】【固定大小】中的高度参数。从而根据建立的矩形选区，建立辅助线。

STEP|02 在"背景"图层中填充深灰色后，新建图层。使用【矩形选框工具】，在高度为90像素的辅助线中建立矩形选区，并且由上至下填充白色到淡橙色渐变，如图11-19所示。

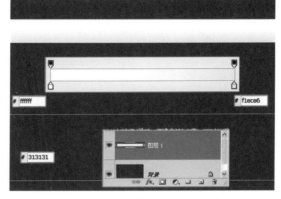

图11-19 建立渐变矩形

STEP|03 在没有标注高度的辅助线之间建立矩形选区，并且在新建图层中，由上至下填充浅灰色渐变，如图11-20所示。

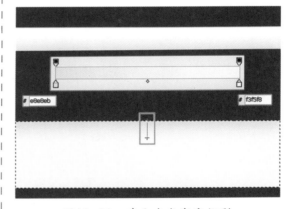

图11-20 建立灰色渐变矩形

STEP|04 在高度为280像素的辅助线中建立矩形选区后，新建图层。选择【渐变工具】，填充蓝色径向渐变，如图11-21所示。

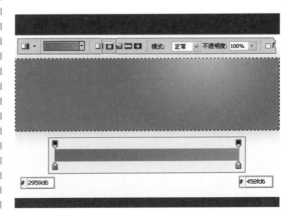

图11-21 建立径向渐变矩形

STEP|05 在【图层】面板中，调整图层上下顺序后，为每个图层建立图层组，并且设置图层组名称，如图11-22所示。

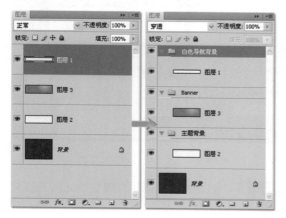

图11-22 调整与管理图层

STEP|06 在"主题背景"图层组中，新建图层。使用【单行选框工具】，在灰色渐变上边缘单击，并且填充白色。复制该图层后，将其移至灰色渐变下边缘，如图11-23所示。

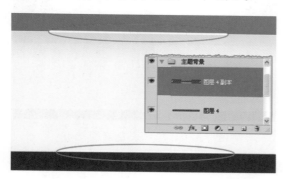

图11-23 建立1像素白色横线

STEP|07 在"白色导航背景"图层组中，新建图层。在画布左上角区域建立330×160像素的矩形选区，并且填充#F6F3EE，如图11-24所示。

STEP|08 继续利用该选区进行1像素灰色描边后，在当前图层下方新建图层。在该选区中填充#C3C3C3，并且执行2像素的【高斯模糊】滤镜命令，如图11-25所示。

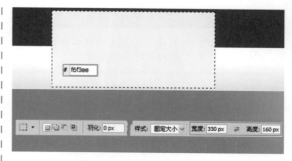

图11-24 建立单色矩形

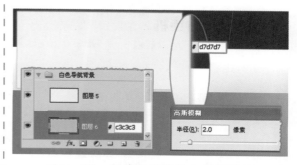

图11-25 制作矩形描边与投影效果

STEP|09 选择【橡皮擦工具】，设置柔化笔触。删除单色矩形下方图像后，在投影图像的上下边缘区域进行涂抹，将其删除，如图11-26所示。

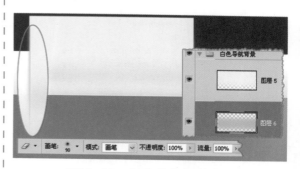

图11-26 制作柔和投影效果

STEP|10 新建"按钮1"图层组，并且新建图层。选择【圆角矩形工具】，在工具选项栏中设置参数如图11-27所示。建立圆角矩形路径后，将其转换为选区，并填充深灰色渐变，如图11-27所示。

STEP|11 保持选区不变，新建图层。进行1像素内部灰色描边后，使用【矩形选框工具】，将上方圆角下方的描边删除，如图11-28所示。

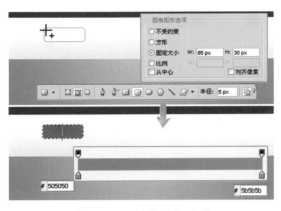

图11-27 制作按钮背景

图11-28 制作按钮高光边缘

STEP|12 调整"按钮1"图层组的上下位置，并且将该组中的图像放置在白色导航背景的上边缘，使其隐藏下方圆角图像，如图11-29所示。

图11-29 调整按钮背景显示位置

STEP|13 至此，网站首页的基本布局制作完成，效果如图11-30所示。

图11-30 首页布局效果

11.2.3 内容添加

STEP|01 打开网站LOGO所在的文档，在【图层】面板中右击LOGO图层组，执行【复制组】命令。在弹出的【复制组】对话框中，设置【文档】选项为HF.psd，将其复制到网页文档中，如图11-31所示。

图11-31 复制LOGO图层组

STEP|02 选中"按钮1"图层组，使用【横排文字工具】输入文字"网站首页"，并且设置文本属性，如图11-32所示。

图11-32 输入并设置文本

STEP|03 复制文本图层后，更改文本颜色为黑色。然后双击按钮背景所在图层，为其添加"白色"颜色叠加样式，效果如图11-33所示。

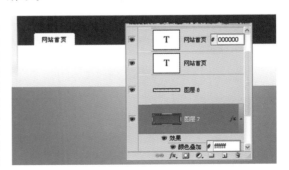

图11-33 制作按钮其他显示效果

STEP|04 复制"按钮1"图层组为"按钮2"，水平向右移动按钮图像。然后更改文本为"公司简介"，如图11-34所示。

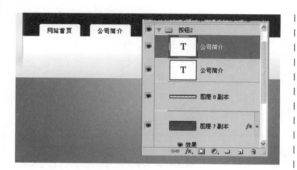

图11-34　复制并编辑图层组

技巧

复制图层组后，水平向右移动按钮图像与左侧相接后，按住 Shift 键，连续按 2 次右方向键，使两个按钮之间间隔 20 像素。

STEP|05　在"按钮2"图层中，隐藏黑色文字所在图层后，隐藏【颜色叠加】图层样式，得到绘制按钮效果，如图11-35所示。

图11-35　隐藏图层与图层样式

STEP|06　通过复制"按钮2"图层组，分别制作"手机展示"、"手机配件"和"特价商品"按钮，效果如图11-36所示。

图11-36　制作其他按钮

STEP|07　双击"白色导航背景"图层组中的"图层1"，启用【投影】选项后，设置其中的参数，如图11-37所示。

图11-37　添加投影样式

STEP|08　打开素材"手机00.psd"，使用【钢笔工具】将手机提取后，将其放置在首页文档中的Banner图层组中，并且进行成比例缩小，如图11-38所示。

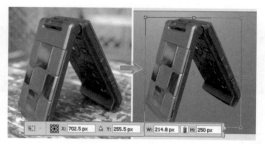

图11-38　导入手机素材

STEP|09　显示手机选区后，创建"色相/饱和度1"调整图层，增加【饱和度】参数值后，创建"曲线1"调整图层，调整曲线如图11-39所示。

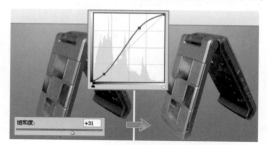

图11-39　调整手机光泽度

STEP|10　为手机所在图层添加【投影】样式后，右击该图层样式，执行【创建图层】命令，得到相关图层的样式图层，如图11-40所示。

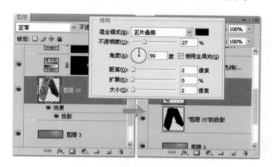

图11-40　创建图层样式并脱离图层

STEP|11 按Ctrl＋T快捷键，进行自由变换，得到阴影效果，如图11-41所示。

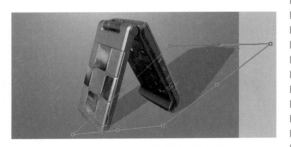

图11-41 自由变换投影图像

STEP|12 使用【横排文字工具】T，分别输入颜色、字体相同，字号不同的文本。并且为上方文字添加【投影】样式，其参数设置与白色导航背景相同，如图11-42所示。

图11-42 输入并编辑文本

STEP|13 在"白色导航背景"图层组中，输入白色字母并设置属性后，为其添加【内阴影】图层样式，参数设置如图11-43所示。

图11-43 输入并设置文本

STEP|14 打开素材"手机01.psd"，在【通道】面板中选择对比强烈的通道复制。通过【色阶】命令与【画笔工具】，调整通道图像为黑白图像。载入该通道选区后，提取手机图像，如图11-44所示。

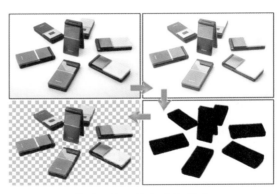

图11-44 提取手机图像

STEP|15 在所有图层上方创建"产品展示"图层组，将手机图像导入该图层组中。按Ctrl＋T快捷键，成比例缩小图像，如图11-45所示。

图11-45 导入并缩小手机图像

STEP|16 新建图层，建立1像素灰色纵向细线后，新建图层，并且在该细线左侧使用【画笔工具】，进行浅灰色涂抹，得到阴影效果，如图11-46所示。

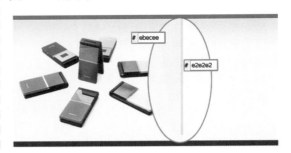

图11-46 制作带阴影的竖线

> **提示**
>
> 网页中的效果都是非常精细的，所以在制作时，可以通过层层叠加的方式，加重显示效果。

STEP|17 打开素材"手机02.psd"，通过【魔棒工具】提取手机图像。将其拖入"产品

展示"图层组后，成比例缩小该图像，如图11-47所示。

图11-47　导入并缩小图像

STEP|18　按Ctrl＋J快捷键复制图层后，以图像底部为中心垂直翻转图像。然后添加图层蒙版，隐藏局部图像后，降低该图层的【不透明度】为70%，如图11-48所示。

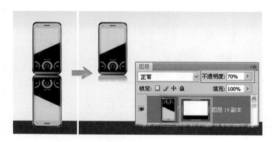

图11-48　制作手机倒影

STEP|19　在倒影下方输入手机型号文本，并设置文本属性后，按照相同的方法，添加其他手机图像，如图11-49所示。

图11-49　手机展示效果

STEP|20　最后在画布底部输入网站版权信息文字，并且设置文本属性，如图11-50所示。

图11-50　输入版权信息

11.3　瀚方手机网站内页设计

　　网站首页的制作，虽然确定了网站中的色调、布局、展示功能、栏目、标志等方面，但是也只是完成网站制作的一部分。整个网站是由首页和多个内页组合而成的，为了更加全面地展示企业的各个方面，网站内页的制作尤为重要。

　　网站内页是在网站首页的基础上加以改变，得到风格相同、局部略有不同的界面，并且在其中按照分类，详细地展示企业的各个方面，如图11-51所示。这里按照手机企业特有的内容，分别制作了"公司简介"、"手机展示"、"手机配件"和"特价商品"4个大方面的网站内页图像效果。当然也可以按照制作好的内页效果，制作更加细致的网站内页。

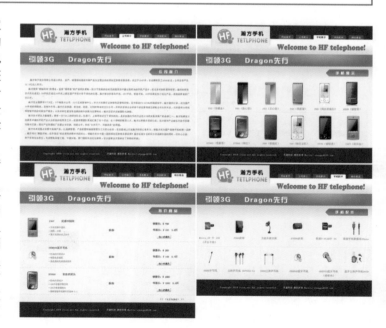

图11-51　瀚方手机网站内页效果

　　由于是在网站首页基础上制作网站内页效果的，所以可以通过修改网站首页图像得到网站内页的布局效果。然后在相同的布局中添加不同的企业主题信息，从而得到不同的网站内页效果。在制作过程中，网页中的文字要尽量遵循网页标准用字来设置，并且在插入图像时，要注意图像与文字之间、图像与图像之间的距离。

11.3.1　网站内页布局

STEP|01　复制网站首页文档为HFNYBJ.psd，删除"产品展示"图层组后，删除Banner图层组中背景和标识语以外的所有图层，得到网站内页基本布局，如图11-52所示。

图11-52　复制文档并删除图层组

STEP|02　选中Banner背景图像，按Ctrl＋T快捷键，将高度缩小至70像素。然后删除文字的图层样式，并且设置文字为通行，如图11-53所示。

图11-53　更改Banner背景与文字

STEP|03　按Ctrl＋C快捷键，打开【画布大小】对话框。向下扩展画布尺寸为800像素，并且填充相同的背景颜色，如图11-54所示。

> **技巧**
>
> 在【画布大小】对话框中，如果设置【画布扩展颜色】为原背景颜色，那么就无须重新填充背景颜色。

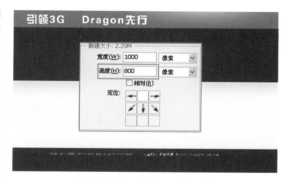

图11-54　扩大画布尺寸

STEP|04　将"主题背景"图层组中的图像，垂直向上移动至Banner背景下边缘。然后使用【矩形选框工具】[::]选中渐变背景中的单色区域，按Ctrl＋T快捷键向下拉伸，如图11-55所示。

图11-55　改变渐变背景单色区域尺寸

STEP|05　调整版权信息文字的上下显示位置后，在所有图层上方新建"主题标识"图层组。使用【钢笔工具】绘制圆角箭头路径后，转换为选区。填充深蓝色渐变颜色，如图11-56所示。

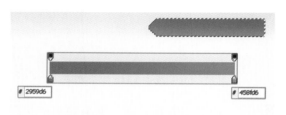

图11-56　制作蓝色渐变箭头图像

STEP|06　为该图层添加深蓝色1像素描边样式

后，使用菜单按钮中高光的制作方法，制作该图像的高光线，如图11-57所示。

图11-57　制作描边与高光效果

STEP|07　使用【横排文字工具】，在蓝色渐变区域输入栏目名称文字"手机展示"，并且设置文本属性，如图11-58所示，完成内页布局的制作。

图11-58　输入并设置文本

11.3.2　网站文字信息网页

STEP|01　复制文档HFNYBJ.psd为GSJJ.psd，隐藏"按钮1"图层组中的白色颜色叠加样式和白色文字，显示黑色文字。然后在"按钮2"图层组中进行反操作，如图11-59所示。

图11-59　改变按钮显示颜色

STEP|02　选中"主题标识"图层组中的文字图层，更改文字与菜单按钮文字相符合，如图11-60所示。

图11-60　更改主题标识文字

STEP|03　选择【横排文字工具】，在主题背景区域中单击并且拖动鼠标，建立文本框，如图11-61所示。

图11-61　创建文本框

STEP|04　将公司简介文本信息复制到其中，得到段落文本。在【字符】面板中设置段落文本属性如图11-62所示，完全显示文本信息。至此，完成"公司简介"网页的制作。

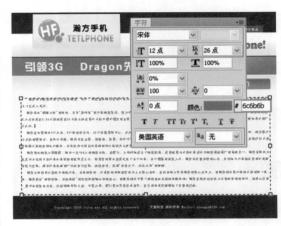

图11-62　输入并设置段落文本

11.3.3　网站图像展示网页

STEP|01　复制文档HFNYBJ.psd为SJZS.psd后，分别更改"按钮1"和"按钮3"图层组中的按钮颜色与文字颜色，得到如图11-63所示的效果。

图11-63　复制网页文档

STEP|02　由上至下，在高度为320像素的位置拉出辅助线后，在所有图层上方新建"产品展示1"图层组，如图11-64所示。

图11-64　添加辅助线

提示

为了方便后期网页的制作，这里在网页中添加的图像与文字，均放置在单色背景区域中。

STEP|03　打开素材CP01.jpg，并且将其拖入网页文档中。使用【魔棒工具】选中背景区域，填充主题背景的单色，形成同背景的图像，如图11-65所示。

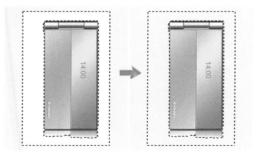

图11-65　改变图像背景颜色

STEP|04　按Ctrl+T快捷键，进行成比例缩小后，在其下方输入该手机的型号与颜色文字，并且设置文本属性，如图11-66所示。

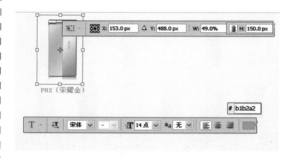

图11-66　缩小图像并输入文本

STEP|05　使用上述方法，分别在同行中放置其他手机图像，并且在其下方输入相关的文字信息，如图11-67所示。

图11-67　添加其他手机图像与文字

STEP|06　分别设置前景色为#E5E6D8、背景色为#FFFFFF。新建图层后，使用【单行选框工具】在文字下方单击填充前景色后，垂直向下移动1个像素，并填充背景色，得到具有凹陷效果的横线，如图11-68所示。

图11-68　绘制凹陷横线

STEP|07　新建"产品展示2"图层组，使用上述方法，添加其他的手机图像与相关的文字信息，如图11-69所示，完成该网页的制作。

图11-69　添加产品图像

STEP|08　复制文档HFNYBJ.psd为SJPJ.psd后，更改按钮效果。使用"手机展示"网页的制作方法，制作"手机配件"网页，如图11-70所示。

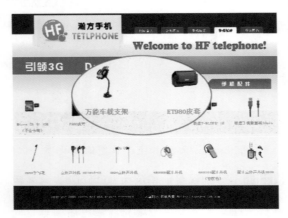

图11-70　"手机配件"网页效果

注意

虽然"手机配件"网页的制作方法与"手机展示"网页相同，但是需要根据使用空间的范围来缩放网页的高度。

STEP|09　复制文档HFNYBJ.psd为TJSP.psd后，更改按钮效果。使用【横排文字工具】，重新输入主题文字，如图11-71所示。

STEP|10　在所有图层上方新建"商品1"图层组，将"手机展示"网页中的某个手机图像拖入该文档中，再次进行成比例缩小，如图11-72所示。

STEP|11　选择【横排文字工具】，在图像右侧分别输入该手机的型号与功能文字，并且设置不同的文本属性，如图11-73所示。

图11-71　复制网页文档

图11-72　缩小图像

图11-73　输入并设置文本

提示

为了突出手机的型号，这里为上方文字启用了【仿粗体】选项。

STEP|12　使用【横排文字工具】，分别在同行的中间与右侧区域输入不同的文字，并且设置文本属性。其中文本的颜色有所不同，如图11-74所示。

图11-74　输入并设置文本

STEP|13　打开素材"按钮.jpg"，并且拖入网

页文档中。将其放置在红色文字下方，并且输入黑色文字，如图11-75所示。

图11-75　导入按钮图像

STEP|14 新建图层，并选择【画笔工具】 ✎ 。在【画笔】面板中设置笔触的参数，得到虚线的笔触效果，如图11-76所示。

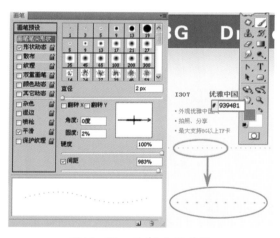

图11-76　绘制虚线效果

注意

当【画笔工具】的选项设置完成后，设置【前景色】为浅褐色。然后按住 Shift 键，绘制水平虚线效果。

STEP|15 分别新建"商品2"和"商品3"图层组，使用上述方法，为其添加商品图像与文字信息。这时发现网页内容超出主题背景，如图11-77所示。

图11-77　添加商品信息

STEP|16 通过【画布大小】命令，向下扩展画布尺寸后，向下扩展主题背景的范围。然后在右下角区域输入代表翻页的数字，并设置文本属性，如图11-78所示，完成网页最后的制作。

图11-78　调整网页尺寸

12

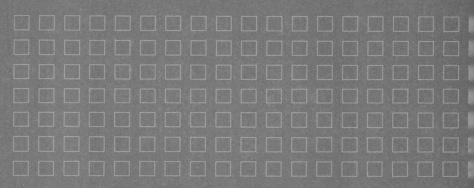

艺术类网站设计

艺术是一种特殊的社会意识形态和特殊的精神生产形态。网站设计最重要的是艺术性的表现，作为艺术网站的设计者，设计出的页面与众不同是最重要的，无论色彩设计或布局都需要新鲜和创意。设计网页时要考虑留白和色彩的均衡，根据一定的内容整理出利落的布局，同时网站的整体完善程度要高。在艺术网站中，需要把动作最小化，使浏览者在平静的气氛中舒适地感受作品。

本章主要讲述艺术网站的分类和网站在设计过程中网页色彩的搭配原则，并以画廊为例，设置出一整套网站效果图。实例效果独特、设计丰富，着重于艺术效果的表现形式。

12.1 艺术类网站概述

　　艺术是人的知识、情感、理想、意念等综合心理活动的有机产物，是人们现实生活和精神世界的形象表现。艺术用形象来反映现实但比现实有典型性的社会意识形态，包括文学、绘画、雕塑、建筑、音乐、舞蹈、戏剧、电影、曲艺、工艺等。根据表现手段和方式的不同，艺术可分为表演艺术、视觉艺术和造型艺术等。

1．表演艺术 ＞＞＞＞

　　表演艺术（音乐、舞蹈等）是通过人的演唱、演奏或人体动作、表情来塑造形象、传达情绪、情感从而表现生活的艺术，代表性的门类通常是音乐和舞蹈，有时将杂技、相声、魔术等也划入表演艺术。网站在设计上，要给观众十分美好的视觉享受和浪漫无比的情怀。图12-1所示的音乐网站和舞蹈网站即表演艺术的一种。

图12-1　音乐网站和舞蹈网站

2．视觉艺术 ＞＞＞＞

　　视觉艺术是用一定的物质材料，塑造可为人观看的直观艺术形象的造型艺术，包括影视、绘画艺术和使用装饰艺术等。在网站设计方面要求视觉表现力和传达能力强，有全局观，注重细节。图12-2所示的摄影网站和绘画网站即视觉艺术。

图12-2　摄影网站和绘画网站

3. 造型艺术 ＞＞＞＞

造型艺术指以一定物质材料（雕塑、工艺用木、石、泥、玻璃、金属等，建筑用多种建筑材料等）和手段创造的可视静态空间形象的艺术，它包括建筑、雕塑、工艺美术、书法、篆刻等种类。网页为了创造良好形象，应遵循设计美学原则和规律来进行设计，使产品具有为人们普遍接受的"美"的形象，取得满意的艺术效果。图12-3所示的建筑设计网站和铜雕网站即为造型艺术。

图12-3 建筑艺术网站和艺术铜雕网站

4. 语言艺术 ＞＞＞＞

文学是以语言为手段塑造形象来反映社会生活、表达作者思想感情的一种艺术。现代通常将文学分为诗歌、小说、散文、戏剧四大类。文学还拥有内在的、看似无用的、超越功利的价值。在网站设计方面页面要有条理性，结构清晰，图12-4所示为文学网站。

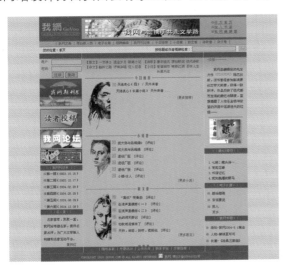

图12-4 文学网站

5. 综合艺术 ＞＞＞＞

戏剧、歌剧是一种综合艺术，在多种媒介的综合中居于本体地位的是演员的表演艺术。艺术的基本手段是动作，包括形体动作、言语动作、静止动作以及多种主观表现手段。网站通过图像表达主题内容，图12-5所示的戏剧网站和歌剧网站分别以抽象图像和实体图像做展示。

图12-5　戏剧网站和歌剧网站

12.2　SD画廊网站首页设计

在现代设计领域中，插画设计可以说是最具有表现意味的，它与绘画艺术有着亲近的血缘关系。它是一种艺术表现形式，网站在设计方面要具有艺术性。本案例是插画画廊网站首页，如图12-6所示。网站采用了清新淡雅的背景色，巧妙地设计网站栏目内容。整体色调为淡黄色，加上少许的红色做点睛色，以达到陪衬、醒目的效果。

在制作过程中，首先制作与网站相符合的图像来衬托网站，使网站的特点鲜明。其次选择图像制作背景时，一般要求该图像颜色单一、色彩清淡，以保证前景色在背景的衬托下能清楚显示。

图12-6　SD插画网站

12.2.1　绘制图像

1.绘制花朵 ▶▶▶▶

STEP|01　新建一个550×454像素、白色背景的文档。新建图层"草图"，使用黑色【画笔工具】✎，绘制草图，如图12-7所示。

图12-7　绘制花朵草图

STEP|02 使用【钢笔工具】 ，根据草图轮廓建立路径。隐藏"草图"图层，如图12-8所示。

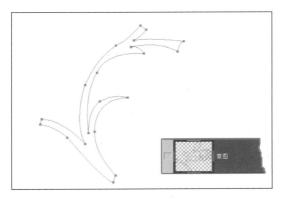

图12-8 建立枝干路径

STEP|03 按Ctrl+Enter快捷键，将路径转换为选区。新建图层"枝干"，填充#CCCCB4颜色。取消选区，双击该图层，打开【图层样式】对话框。启用【描边】选项。设置【描边大小】为3像素，其他参数默认，如图12-9所示。

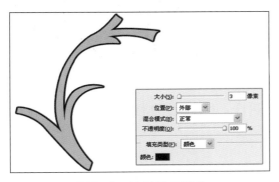

图12-9 绘制枝干图像

STEP|04 使用【钢笔工具】 ，建立叶子形状路径。将路径转换为选区，填充与枝干相同的颜色，并添加相同的描边效果，如图12-10所示。

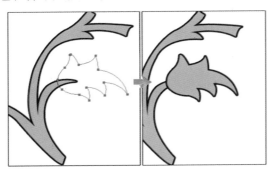

图12-10 绘制叶子

STEP|05 按照上述操作，绘制枝干上其他叶子，如图12-11所示。

图12-11 绘制叶子

STEP|06 使用【钢笔工具】 ，在枝干上建立路径。将路径转换为选区，新建图层"枝干纹"，填充#69847A颜色。取消选区，如图12-12所示。

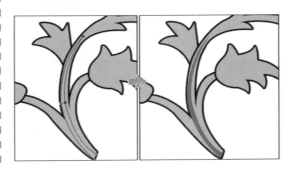

图12-12 绘制枝干纹

STEP|07 使用【钢笔工具】 ，在叶子上建立路径。新建图层"叶子纹"，前景色为#69847A颜色。选择【画笔工具】，设置【主直径】为4像素；【硬度】为100%。单击【路径】面板下的【使用画笔描边路径】按钮 ，添加描边效果，如图12-13所示。

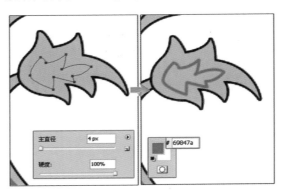

图12-13 绘制右侧叶子纹

STEP|08 按照上述操作建立路径填充选区的方法，绘制左侧叶子纹，如图12−14所示。

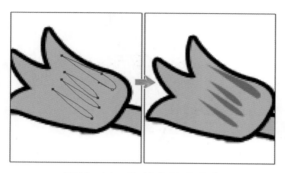

图12−14　绘制左侧叶子纹

STEP|09 显示"草图"图层，设置【不透明度】为10%。使用【钢笔工具】，建立路径。将路径转换为选区，新建图层"花瓣"，填充白色。添加黑色描边，如图12−15所示。

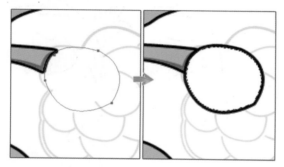

图12−15　绘制花朵图像

STEP|10 执行【选择】|【变换选区】命令，将选区缩小。按Enter键结束变换，填充#FE0204颜色。取消选区，如图12−16所示。

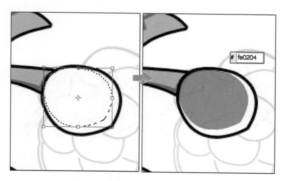

图12−16　绘制花瓣颜色

STEP|11 按照上述方法，分别绘制多个大小不同的花瓣，并使其层叠堆放起来组成花朵，如

图12−17所示。

图12−17　绘制花朵

STEP|12 按照上述绘制叶子的方法，绘制花托，如图12−18所示。

图12−18　绘制花托

STEP|13 完整花朵绘制完成，如图12−19所示。执行【文件】|【保存】命令，保存为"花朵"PSD格式文件。

图12−19　花朵绘制完成

2．绘制花卉 >>>>

STEP|01 新建一个800×800像素、白色背景的文档。按照上例操作，先将图像草稿绘制好，如图12−20所示。

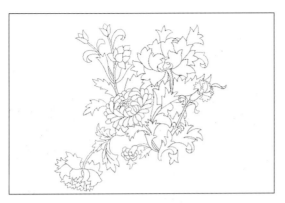

图12-20 绘制草图

STEP|02 按照上述操作方法，使用【椭圆选框工具】，建立选区。新建图层"花蕊"，填充#E0D198颜色。取消选区，如图12-21所示。

图12-21 花蕊面

STEP|03 仍使用【椭圆选框工具】，在花蕊面上建立选区。新建图层"胚珠"，填充#E0D198。启用【描边】选项，添加1像素黑色描边，如图12-22所示。

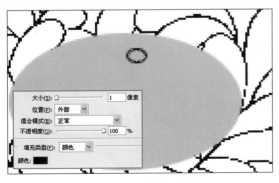

图12-22 建立选区

STEP|04 单击【工具选项栏】上的【从选区减

去】按钮。使用【椭圆选框工具】减去原有部分选区。填充#FD0605颜色，取消选区，如图12-23所示。

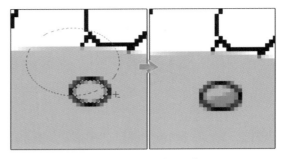

图12-23 绘制胚珠

STEP|05 复制多个胚珠，分布放置。使用【钢笔工具】，建立路径。将路径转换为选区，新建图层"花瓣"。填充#FED500颜色，添加2像素黑色描边效果，如图12-24所示。

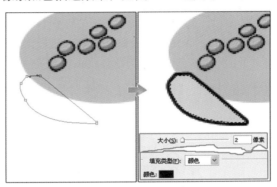

图12-24 绘制花瓣图形

STEP|06 取消选区，使用【钢笔工具】，建立路径。设置前景色为#FED500颜色，选择【画笔工具】，设置【主直径】为2像素，【硬度】为100%。单击【路径】面板下的【使用画笔描边路径】按钮，添加描边效果，如图12-25所示。

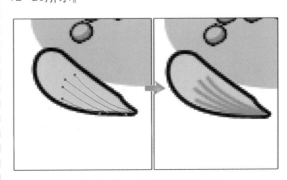

图12-25 绘制花瓣纹理

STEP|07 按照方法，绘制多个花瓣，层叠有序地放置组成花朵，如图12-26所示。

图12-26 绘制花朵

STEP|08 使用【钢笔工具】，在左下角建立路径。绘制花瓣图形，如图12-27所示。

图12-27 绘制左下角花朵图形

STEP|09 配合【钢笔工具】，绘制花枝干，添加2像素黑色描边，如图12-28所示。

图12-28 添加枝干

STEP|10 使用【钢笔工具】，建立路径。将路径转换为选区，新建图层"叶子"。填充5E7C72颜色，添加2像素黑色描边，如图12-29所示。

图12-29 绘制叶子

STEP|11 使用【钢笔工具】，建立路径，将路径转换为选区。填充＃CDCDB3颜色，取消选区，如图12-30所示。

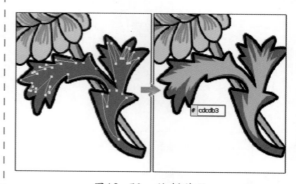

图12-30 绘制花纹

STEP|12 按照上步操作，在叶子上绘制高光图形，如图12-31所示。

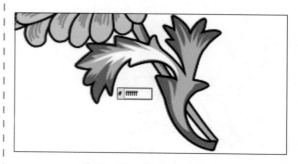

图12-31 绘制叶子高光

STEP|13 按照上述操作，绘制局部叶子。并使用【钢笔工具】，建立路径。运用描边路径的方法绘制叶子茎，如图12-32所示。

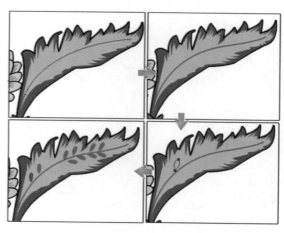

图12-32 绘制叶子

STEP|14 使用【钢笔工具】，建立路径。绘制叶子背部卷叶，如图12-33所示。

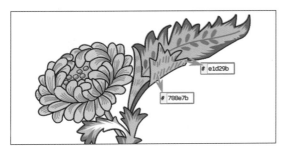

图12-33 绘制卷叶

STEP|15 按照上例方法，绘制多个叶子和花朵，添加花朵和叶子图像，如图12-34所示。

图12-34 绘制下面花卉

STEP|16 配合【钢笔工具】，绘制花朵。颜色设置如图12-35所示。

图12-35 绘制花朵

STEP|17 配合【钢笔工具】绘制含苞待放的花朵，如图12-36所示。

STEP|18 如同上例绘制叶子和枝干的方法，对上面花朵添加叶子和枝干图像，如图12-37所示。执行【文件】|【保存】命令，保存为"花卉"PSD格式文件。

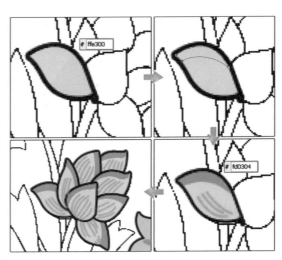

图12-36 绘制含苞待放的花朵

图12-37 绘制上面花卉图像

3. 绘制蝴蝶 ▶▶▶

STEP|01 新建一个550×620像素、白色背景的文档。使用【钢笔工具】，建立蝴蝶轮廓。新建图层"草图"，运用描边路径的方法，绘制蝴蝶轮廓图，如图12-38所示。

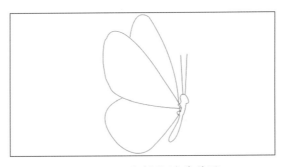

图12-38 绘制蝴蝶草稿图

STEP|02 使用【钢笔工具】，建立路径。将路径转换为选区，新建图层"前翅"。将选区填充为黑色，取消选区，如图12-39所示。

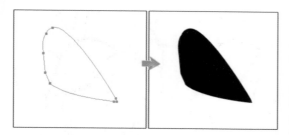

图12-39　绘制蝴蝶翅膀形状

STEP|03　双击该图层，打开【图层样式】对话框。启用【渐变叠加】选项，添加渐变效果。设置参数，如图12-40所示。并启用【描边】选项，添加3像素黑色描边。

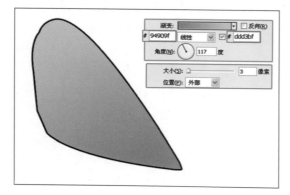

图12-40　添加渐变效果

STEP|04　使用【钢笔工具】，建立路径。新建图层"纹理"，设置前景色为黑色。选择【画笔工具】，设置【主直径】为3像素，单击【路径】面板下的【使用画笔描边路径】按钮，添加描边效果，如图12-41所示。

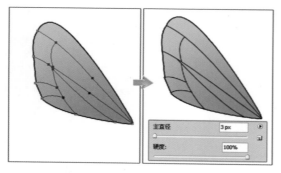

图12-41　绘制蝴蝶翅膀纹理

STEP|05　仍使用【钢笔工具】，在蝴蝶翅膀顶部建立路径。将路径转换为选区，新建图层"鳞片"。填充黑色，取消选区，如图12-42所示。

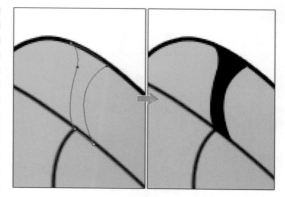

图12-42　绘制蝴蝶蝶翼上鳞片

STEP|06　按照上述操作方法，绘制翅膀鳞片图形，如图12-43所示。

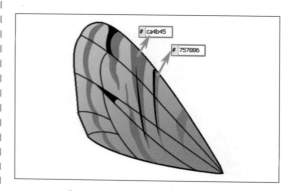

图12-43　绘制蝴蝶鳞片图案

STEP|07　按照上述操作方法，绘制前翅另一只翅膀，如图12-44所示。

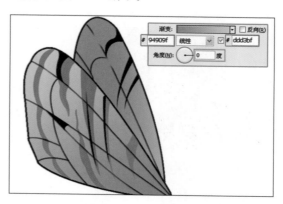

图12-44　绘制翅膀

STEP|08　使用【钢笔工具】，建立后翅路径。将路径转换为选区，填充#FAE9B2颜色，添加【描边】图层样式，如图12-45所示。

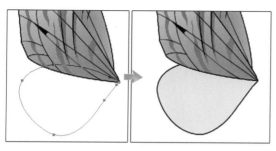

图12-45　绘制蝴蝶后翅形状

STEP|09 使用【钢笔工具】，在后翅图形上建立路径。将路径转换成选区，填充#94909F颜色。取消选区，如图12-46所示。

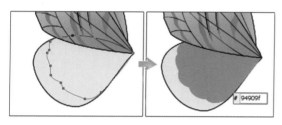

图12-46　绘制图形

STEP|10 按照上述操作，在后翅上绘制图形。并使用【钢笔工具】，建立路径。通过添加描边路径的方法，绘制后翅纹理，如图12-47所示。

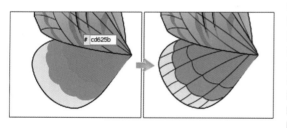

图12-47　绘制蝴蝶后翅纹理

STEP|11 使用【钢笔工具】，创建路径。将路径转换为选区，用填充选区的方法，绘制蝴蝶后翅鳞片效果，如图12-48所示。

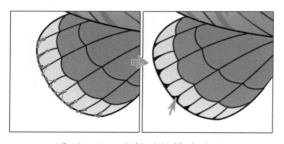

图12-48　绘制蝶翅鳞片效果

STEP|12 使用【钢笔工具】，绘制图形。使用【椭圆选框工具】，在绘制的图形上建立选区，按Del键删除所选区域。绘制后翅美丽的鳞片图形，如图12-49所示。

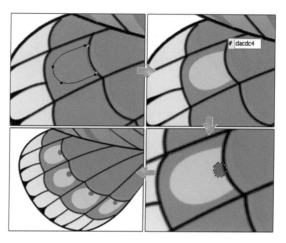

图12-49　绘制蝴蝶后翅鳞片图像

STEP|13 使用【钢笔工具】，建立路径。将路径转换为选区，用填充选区的方法，绘制蝴蝶头部、眼睛、躯干和脚，添加黑色描边效果，如图12-50所示。

图12-50　绘制蝴蝶身体

STEP|14 使用【钢笔工具】，建立路径。将路径转换为选区，新建图层"躯干"，填充任意颜色。双击图层，启用【渐变叠加】选项。参数设置如图12-51所示。

STEP|15 使用【钢笔工具】，在躯干上创建路径。按照绘制蝴蝶翅膀纹理的方法，绘制躯干纹理，如图12-52所示。

STEP|16 按照上述操作方法，对蝴蝶添加触角，如图12-53所示。

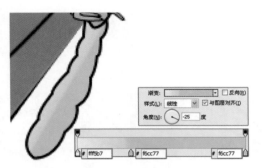

图12-51　绘制躯干

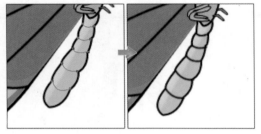

图12-52　绘制躯干纹理线

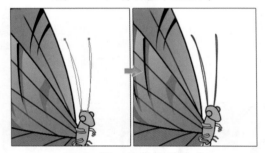

图12-53　绘制蝴蝶触角

12.2.2　自定义图案

STEP|01　新建一个304×264像素、透明背景的文档。打开"花卉"文档，将"背景"和"草图"图层以外的所有图层选中。按Ctrl+Alt+E快捷键，盖印所选图层。并将盖印的花卉图像缩小放置在新建文档中，如图12-54所示。

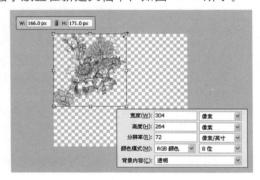

图12-54　新建文档

STEP|02　将图像逆时针旋转90°，按住Alt键依次复制3个图像。上下左右排列起来，如图12-55所示。

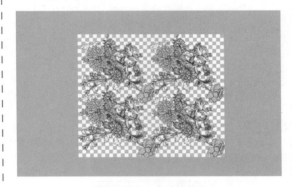

图12-55　复制图像

STEP|03　将所有花卉图像合并，执行【图像】|【调整】|【去色】命令，将彩页图像变成黑白图像，如图12-56所示。

图12-56　将彩页图像变成黑白图像

STEP|04　按住Ctrl键，单击"花卉"图层缩览图。载入花卉图层选区，创建"色相/饱和度1"调整图层，设置参数，如图12-57所示。

图12-57　对图像上色

STEP|05　执行【编辑】|【定义图案】命令，命名"图案1"。单击【确定】按钮即可，如图12-58所示。

图12-58 添加自定义图案

12.2.3 制作画廊首页

STEP|01 新建一个1024×750像素、白色背景的文档。将背景填充#F9F7EA颜色。按Ctrl+R快捷键，显示出标尺，拉出辅助线，如图12-59所示。

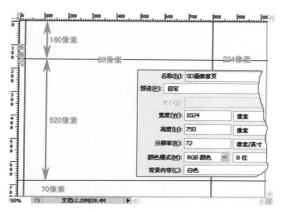

图12-59 新建文档

STEP|02 新建图层"图案"，执行【编辑】|【填充】命令。打开【填充】对话框，在【图案取拾器】中选择"图案1"，单击【确定】按钮，并将该图层的【不透明度】设置为19%，如图12-60所示。

图12-60 添加图案

STEP|03 使用【矩形选框工具】，设置【宽度】和【高度】分别为773和207像素，在画布中单击建立选区。新建图层"白背景"，填充

#FBFAF6，取消选区，如图12-61所示。

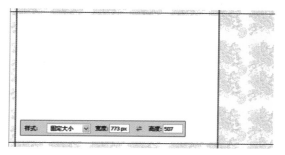

图12-61 绘制白背景

STEP|04 打开"边框1"素材，放置于"白背景"图层上方，如图12-62所示。

图12-62 放置边框素材

STEP|05 载入边框选区，设置前景色为黑色。新建图层"加深边框"，使用【画笔工具】，设置【主直径】为100像素；【硬度】为0%；【描边不透明度】为20%。在边框周围涂抹，如图12-63所示。

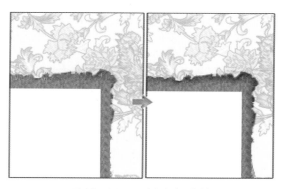

图12-63 加深边框边缘

STEP|06 双击边框图层，打开【图层样式】对话框。启用【投影】选项，设置【投影不透明度】为20%，如图12-64所示。

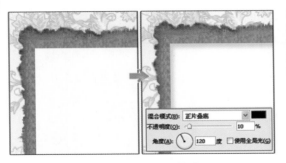

图12-64　添加阴影效果

STEP|07　打开"插画"素材，执行【图层】|
【调整】|【去色】命令。按Ctrl+U快捷键，打
开【色相/饱和度】对话框。启用【着色】选
项，设置参数，如图12-65所示。

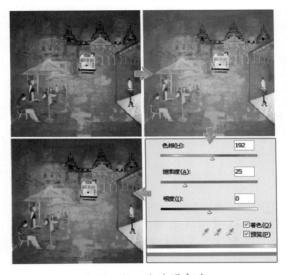

图12-65　更改图颜色

STEP|08　打开"墨迹"素材图片。使用【魔棒工
具】，设置【容差】值为5，在空白处单击，建
立选区，并将选区删除，如图12-66所示。

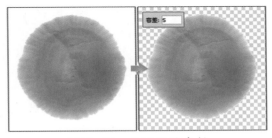

图12-66　抽取墨迹素材

STEP|09　将插画图像放置在墨迹图像文档中，
将鼠标放置在两图层之间单击。创建剪切蒙
版，如图12-67所示。

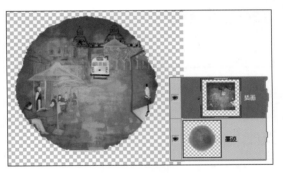

图12-67　创建剪切蒙版

STEP|10　按Ctrl+J快捷键，复制插画图层，载
入墨迹选区，执行【选择】|【变换选区】命
令，在【工具选项栏】上设置【水平缩放】为
80%，如图12-68所示。

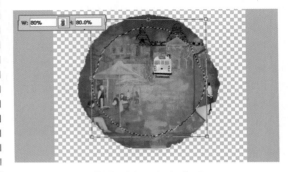

图12-68　缩小选区

STEP|11　按Enter键结束变换，选中"插画副
本"图层。单击【图层】面板下的【添加图
层蒙版】按钮。将副本图像以外的图像遮
盖，如图12-69所示。并设置"插画"图层的
【不透明度】为45%。

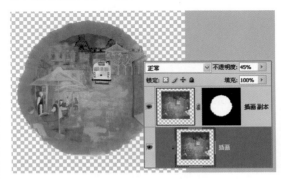

图12-69　绘制墨印效果

STEP|12　按Ctrl+Shift+Alt+E快捷键，盖印图
层，将图像放置到首页文档中。并将图像图层
放置到"白背景"图层上方，创建剪切蒙版，
如图12-70所示。

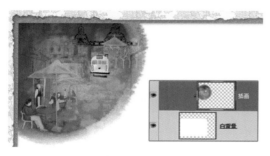

图12-70 将图像放置首页文档

STEP|13 放置之前绘制的"花朵"与"花卉"图像，如图12-71所示。

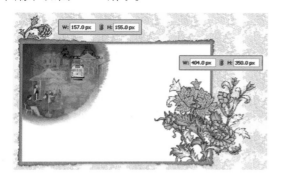

图12-71 放置图像

STEP|14 使用【横排文字工具】，输入SD字母。设置【字体】为"华文行楷"；【字号】为70点，作为网站LOGO，如图12-72所示。

图12-72 LOGO标志

STEP|15 使用【横排文字工具】，输入导航文字。设置文本属性，如图12-73所示。并将"网站首页"文字设置为#D2222A颜色。

图12-73 输入导航文字

STEP|16 使用【横排文字工具】，框内输入宣传语。设置文本属性，如图12-74所示。

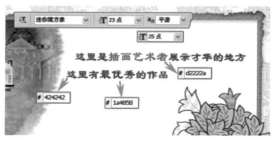

图12-74 输入宣传语文本

STEP|17 使用【横排文字工具】，在边框中央输入"最新动态"及相关文本信息。设置文本属性，如图12-75所示。

图12-75 输入文本

STEP|18 新建图层"线条"，使用【矩形选框工具】，在"最新动态"文字下方建立选区。填充颜色并放置按钮素材，如图12-76所示。

图12-76 绘制线条

STEP|19 使用【横排文字工具】，在框内下面输入版权信息。设置文本属性，如图12-77所示。

Copyright 2007 itzcn.net Inc. ALL rights reserved.
天堂科技 版权所有 Mailto：zhengps@126.com
热线电话：86-010-62771151

图12-77 输入版权信息

12.3　SD画廊网站内页设计

艺术类网站通过作品展示，来取得直观的宣传效果。仅首页空间是不能展示所有作品供浏览者欣赏的，还需要有内页来充分展示作品和提供信息，所以网站内页对于网站来说十分重要。

为了保证内页与首页风格一致，内页在制作时，首先要与首页的结构一致。网页结构是网页风格统一的重要手段，包括页面布局、文字排版、装饰性元素出现的位置、导航的统一、图片的位置等。

SD画廊网站根据内容分类制作出4个内页，如图12-78所示。内页与首页风格和结构一样，只改变局部图像和信息。在背景色的一致性，起视觉流程统一的作用，给观众网上网下一致的感觉。文字方面遵循标准字的应用，注重图像尺寸及图像与图像之间的距离。

图12-78　SD画廊内页

12.3.1　制作画廊简介内页

STEP|01　新建一个1024×836像素的文档，拉出辅助线，如图12-79所示。

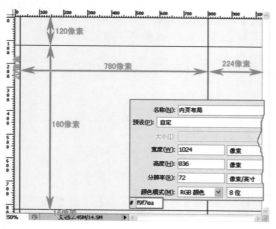

图12-79　新建文档

STEP|02　新建图层"图案"，按照首页填充图案的方法填充背景图案，如图12-80所示。

STEP|03　新建图层"白背景"，使用【矩形选框工具】。设置【宽度】为773像素；【高度】为669像素。在780像素和160像素辅助线内建立选区，填充#FBFAF6颜色。取消选区，如图12-81所示。

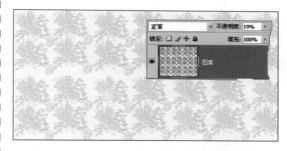

图12-80　图案填充

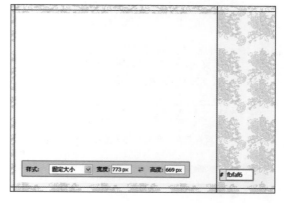

图12-81　绘制白背景

STEP|04 打开"边框2"素材，放置于文档白背景上。并在左上角和右下角分别放置绘制的花朵和蝴蝶图像，如图12-82所示。放置LOGO、导航文本和版权信息，参数设置与首页相同。

图12-82 布局设置

STEP|05 布局绘制完成，添加相应的内容信息。执行【图像】|【复制】命令，将复制的文档命名为"SD画廊简介"。并将导航中的"画廊简介"文本设置为#D2222A颜色，如图12-83所示。

图12-83 复制文档

STEP|06 打开"花卉1"素材图像，放置于文档左侧，如图12-84所示。

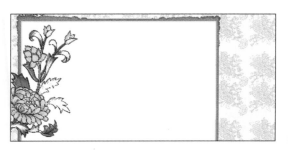

图12-84 放置花卉图像

STEP|07 使用【横排文字工具】 T.，在白背景内上面输入"画廊简介"，并放置"花边"素材。设置文本属性，如图12-85所示。

图12-85 输入文本

STEP|08 使用【横排文字工具】，在白背景内中央拉出文本框，并输入简介相关内容文本。设置文本属性，如图12-86所示。

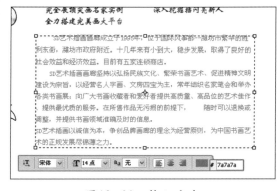

图12-86 输入文本

STEP|09 打开插画图像素材，放置到内页文档中。等比例缩小并放置于白背景内右下角，如图12-87所示。

图12-87 放置图像

12.3.2　制作画坛动态内页

STEP|01　复制"内页布局"文档，命名为"SD画坛动态"文档。按照上述操作，在白背景内放置"花卉2"素材和蝴蝶图像，如图12-88所示。

图12-88　放置图像素材

STEP|02　按照上述方法，将导航中的"画坛动态"文本设置为#D2222A颜色。使用【横排文字工具】，在白背景上输入"画坛动态"，参数与之前相同，如图12-89所示。

图12-89　输入文本信息

STEP|03　使用【横排文字工具】，输入文本信息，并依次放置3个唯美插画，设置相同高度。中间间隔12像素，水平排列起来，如图12-90所示。

图12-90　输入文本和放置图像

STEP|04　设置前景色为#313131颜色，使用【圆角矩形工具】。设置W为41像素；H为13像素；【圆角半径】为2像素。在图像下单击绘制圆角矩形，创建形状图层。使用【横排文字工具】，输入数字。设置文本属性，如图12-91所示。

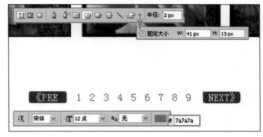

图12-91　制作页码

12.3.3　制作画廊展示内页

STEP|01　复制"SD画坛动态"文档，命名为"SD画廊展示"文档。删除左侧花卉和内容，如图12-92所示。

图12-92　复制文档

STEP|02　在文档左侧放置"花卉3"素材，按照上述操作，更改导航中"画廊展示"文本的颜色，并使用【横排文字工具】，输入文本，如图12-93所示。

图12-93　放置图像

STEP|03 设置前景色为黑色，使用【矩形工具】，设置W为173像素；H为149像素。在画布中单击建立矩形，创建形状图层。复制矩形，并有序地排列起来，如图12-94所示。

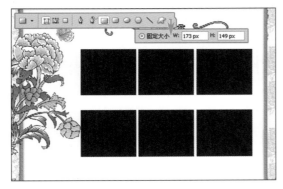

图12-94 绘制矩形

STEP|04 在第一个矩形框内放置图形和文本信息。设置文本属性，如图12-95所示。

图12-95 放置内容信息

STEP|05 按照操作，分别在其他框内放置图形和文本信息，如图12-96所示。

图12-96 放置内容信息

12.3.4 制作联系方式内页

STEP|01 打开"SD画廊首页"文档，执行【图像】|【复制】命令，命名新得到的文档为"SD联系方式"。按照上述操作，更改文本和图像，如图12-97所示。

图12-97 复制文档

STEP|02 使用【横排文字工具】，在白背景上输入姓名、职业等信息文本。设置文本属性，如图12-98所示。

图12-98 输入文本

STEP|03 设置前景色为白色，使用【矩形工具】，设置W为154像素；H为22像素，在姓名文字后面建立矩形，创建形状图层。双击该形状图层，启用【描边】选项，参数设置如图12-99所示。

图12-99 绘制文本栏

STEP|04 分别在职业、联系电话后面添加相同参数的矩形。在注解后面添加W为298像素、H为81像素的矩形，如图12-100所示。

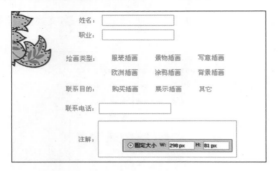

图12-100 添加文本栏

STEP|05 仍使用【矩形工具】，设置W和H为12像素，建立正方形。添加与上述操作相同的描边效果，并启用【内阴影】选项。参数设置如图12-101所示。

STEP|06 使用【椭圆工具】，设置W和H为14像素，建立正圆。添加与上述操作参数相同的【描边】和【内阴影】效果，如图12-102所示。

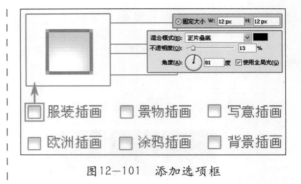

图12-101 添加选项框

图12-102 添加圆形选项框

餐饮类网站设计

餐饮行业是一个竞争激烈的传统行业，在资讯发达的今天，营销策划尤为必要。计算机网络技术的发展为餐饮企业的信息化提供了技术上的支持。餐饮可以通过网站将信息推到受众面前，引导受众参与传播内容，对餐饮产品、品牌、活动产生了解、认同和共鸣，以达到受传双方双向交流的创新思维过程。一个好的网站能将餐饮企业的宣传、营销手段提上一个新的台阶。

本章节不仅讲述了餐饮网站的分类，还结合色彩心理，讲述了餐饮网站最常使用的色彩特征，并以一家美食城为例，设计出一整套餐饮网站效果图。

PHOTOSHOP

13.1　餐饮类网站概述

餐饮企业可以通过网络，将自己的产品、品牌及内容传播给受众，这种优势是其他营销手段所不具备的。但是餐饮种类很多，有的餐饮企业服务销售面广泛，有的餐饮企业是针对某些产品而开设的，这两者是以盈利为目的的。但有的餐饮网站以服务性为目的。因此可根据餐饮企业功能和销售的内容，来设计网站风格。

13.1.1　餐饮门户网站

餐饮门户网站以餐饮业为对象，汇聚了各类餐饮娱乐的相关信息，服务于大众百姓，服务于各餐饮企业，在消费者与餐饮业之间架起了一座沟通的桥梁，促进了餐饮娱乐行业与消费者之间的交流和信任。根据网站主题，餐饮门户网站可分为地域性餐饮网站、健康餐饮网站、餐饮制作网站和综合性餐饮网站。

1．地域性餐饮网站 ≫≫≫

餐饮都有一个地域性，餐饮行业的地域性决定了顾客就餐的本地性。换句话说，餐饮企业的顾客群基本上都在本城市内。地域性的餐饮服务网站如图13-1所示。

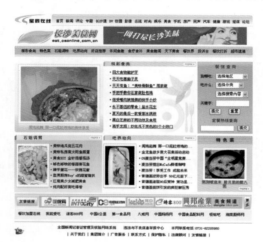 

图13-1　长沙美食网和上海美食网

2．健康餐饮网站 ≫≫≫

健康饮食网是一个以健康饮食为主题的专业美食网站，致力于为大家提供各种健康保健知识、保健常识、饮食健康、养生长寿、心理健康、疾病防治、养生保健、中医养生、健康饮食养生、心理健康、生活保健常识。图13-2所示为健康餐饮网。

3．餐饮制作网站 ≫≫≫

餐饮制作网站侧重于服务，主要向大家提供餐饮的制作方法及技巧。例如甜品美食制作网站和热食制作网站，如图13-3所示。

4．综合性餐饮网站 ≫≫≫

一些餐饮网站在销售产品营利的同时，提供一些与餐饮有关的信息。如提供一些制作餐饮或餐饮文化等方面的内容来服务于大家。图13-4所示为某美食网站。

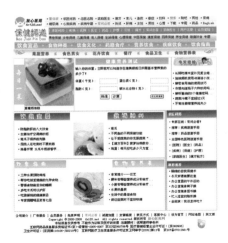
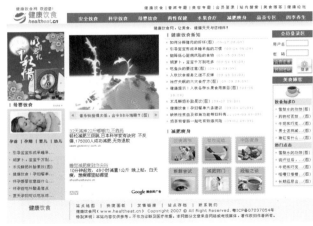

图13-2　健康饮食网站

图13-3　甜品美食制作网站和热食制作网站

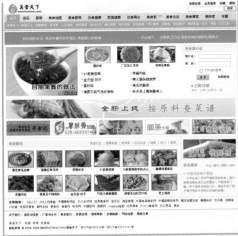

图13-4　美食网站

13.1.2　餐饮网站分类

　　一些餐饮企业或餐饮店面在装修上有自己独特的风格。设计者要根据装修的风格、产品的特色以及饮食文化，定位网站设计风格。在设计方面，还需要符合消费者的心理才能够促进消费者食欲。

1．中式餐饮网站 >>>>

　　中式餐饮以中国的餐食为主，目标消费者多数是中国人。所以网页色调在搭配上大多以传统色调为主，图13-5所示为一个餐饮企业的首页和内页。

图13-5　中式餐饮网站

2．西式餐饮网站 >>>>

　　西餐这个词是由于它特定的地理位置所决定的。人们通常所说的西餐主要包括西欧国家的饮食菜肴，当然同时还包括东欧各国，地中海沿岸等国和一些拉丁美洲如墨西哥等国的菜肴。根据不同国家的风情不同，网页设计风格也会有所不同，例如披萨网站和汉堡网站如图13-6所示。

图13-6　西式餐饮网站

3．糕点餐饮网站 >>>>

　　糕点餐饮主要是蛋糕、起酥、小点心等食物，在外观设计上比较精致美观，网站多数以食物特色而定风格，如图13-7所示。

4．冰点餐饮网站 >>>>

　　冰点饮食主要包括饮料、雪花酪和冰激凌等，网站的设计在风格上一般清爽、淡雅。网站可以展示实体产品或用抽象物概括，在设计方面只要能突出主题即可，图13-8所示为两个冰点餐饮网站。

图13-7 糕点餐饮网站

图13-8 冰点餐饮网站

13.2 制作网站首页

　　餐饮类网站的设计应符合顾客的审美关键，为顾客营造一种宾至如归的感觉。其中网页的主题风格应与网站经营的餐饮产品相匹配。例如，经营西式餐点的网页，可以采用欧洲古典风格的花纹和色调；而经营中式餐饮的网页，则可以通过一些象征中国风格的图形元素突出网页的主题。

　　在设计餐饮类网站时，可以采用的颜色包括粉红色、紫色、金黄色和橘黄色等。粉红色体现出可爱、纯洁和美味的网页内涵，通常用于各种果品点心、儿童食品网站等；紫色象征雍容华贵，通常用于各种高档西餐馆和高档饭店；金黄色可以体现出网页浓郁的中国风情，通常用于各种与中国文化有关的网站，例如中餐馆等；橘黄色表示美味、甜美，通常用于各种饮料生产企业的网页。本章的实例采用金黄色为主色调，辅以褐色等颜色，以突出中餐馆的特点。

　　除了使用金黄色等中国文化特色的色调以外，在设计网站的首页时，还采用了回纹花纹、古典建筑风格的窗格、画卷卷轴等与中国文化相关的图形图像元素，以及大量中餐菜肴的照片，以突出网页的中国特征，如图13-9所示。

图13-9 餐饮网站首页

13.2.1 标志设计

STEP|01 在Photoshop CS5中执行【文件】|【新建】命令，打开【新建】对话框，设置网页文档的【宽度】、【高度】、【分辨率】等属性，建立空白网页文档，如图13-10所示。

图13-10 建立空白网页文档

STEP|02 在文档中新建"背景"图层文件夹，导入色彩渐变的背景图像"backgroundColor.psd"，将其命名为"背景1"，拖入到"背景"图层文件夹中，删除"图层1"，如图13-11所示。

图13-11 导入素材背景

STEP|03 用同样的方式，导入"paperGrain.psd"素材图像，将其命名为"背景2"，拖入"背景"文件夹中，放置在"背景1"图层上方，作为纸张纹理，如图13-12所示。

STEP|04 再导入"topGrain.psd"文档中的回纹纹理，将其拖动到网页文档的顶部，即可完成背景图像的制作，如图13-13所示。

STEP|05 新建"标志"图层文件夹，导入名为"logoBG.psd"的素材文档，设置其中素材图像的位置，如图13-14所示。

图13-12 导入纸张纹理

图13-13 导入回纹纹理

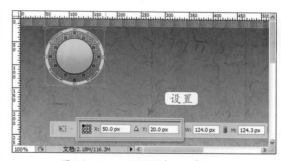

图13-14 设置图标背景位置

STEP|06 选择【直排文字工具】，在【字符】面板中设置文字工具的属性，然后在LOGO背景中输入文本，如图13-15所示。

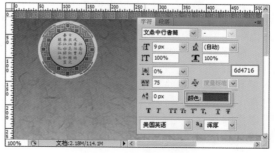

图13-15 设置文本属性

STEP|07 选中该图层,右击图层名称,执行【混合选项】命令,单击【投影】列表项目,在右侧设置【投影】样式的各种属性。然后,再选择【外发光】列表项目,添加【外发光】图层样式,如图13-16所示。

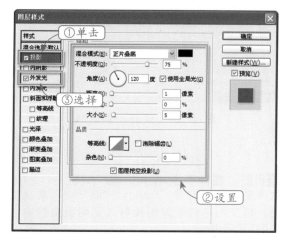

图13-16 设置文本图层样式

STEP|08 选中【横排文字工具】,在【字符】面板中设置文字工具的属性,然后输入网站的名称,如图13-17所示。

图13-17 设置网站名称样式

STEP|09 将光标置于"亦"字之后,换行并选中"江南"二字,设置其文本的属性,如图13-18所示。

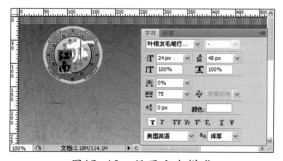

图13-18 设置文本样式

STEP|10 选中"亦江南"图层,右击执行【混合模式】命令,添加并设置【投影】样式。然后,选择【外发光】和【内发光】等列表选项,如图13-19所示。

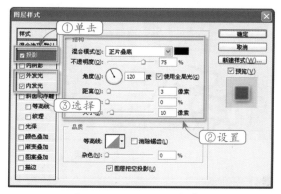

图13-19 添加图层样式

STEP|11 用同样的方式,选择【图层样式】对话框中的【渐变叠加】列表项目,为"亦江南"文本添加【渐变叠加】样式,如图13-20所示。

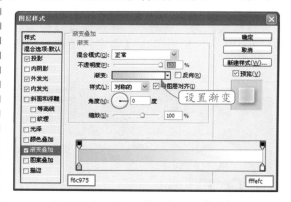

图13-20 添加【渐变叠加】样式

STEP|12 再选择【描边】的列表项目,为"亦江南"文本添加2px的黑色外部描边,即可完成该图层的样式设置,如图13-21所示。

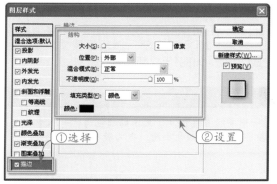

图13-21 设置描边样式

STEP|13 选择【横排文字工具】，输入"－八十年老店－"文本，然后设置其文本样式，如图13-22所示。

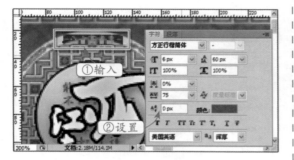

图13-22 设置文本样式

STEP|14 在【工具选项】栏中单击【变形文字】按钮，在弹出的【变形文字】对话框中设置【样式】为"扇形"，然后设置【弯曲】为"+20%"，然后单击【确定】按钮，如图13-23所示。

图13-23 设置文本变形

STEP|15 用同样的方式，添加"－中餐服务连锁－"文本到LOGO底部，然后设置文本变形，完成LOGO，如图13-24所示。

图13-24 设置文本变形

13.2.2 制作导航与Banner

STEP|01 在网页文档中新建"导航条"图层文件夹。然后打开"navigatorBG.psd"素材文档，将文档中的墨迹图像导入到网页文档中，如图13-25所示。

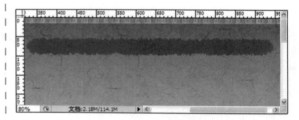

图13-25 导入墨迹图像到网页文档

STEP|02 右击导入的图层名称，执行【混合选项】命令，打开【图层样式】对话框。在左侧选择【投影】列表项目，然后设置投影属性，如图13-26所示。

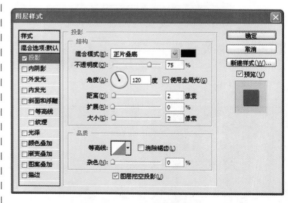

图13-26 设置投影属性

STEP|03 选择【横排文字工具】 T，在【字符】面板中设置文本的样式，然后输入导航条的文本，即可完成导航条的制作，如图13-27所示。

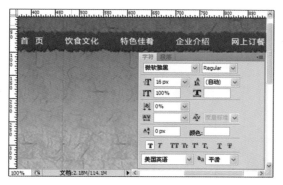

图13-27 设置文本样式

STEP|04 在网页文档中新建"背景图"图层文件夹，然后导入"flower.psd"和"flower2.psd"两个素材图像，移动其在网页文档中的位置，如图13-28所示。

图13-28 导入素材图像

提示

在导入"flower.psd"素材文档后，需要设置其透明度为57%。

STEP|05 导入"delicacies1.psd"素材文档，在【图层】面板中单击【添加图层蒙版】按钮，为图层添加蒙版，如图13-29所示。

STEP|06 选择【画笔工具】，在图层蒙版上绘制黑色和灰色的图像，以覆盖图层中的内容，如图13-30所示。

STEP|07 打开"delicacies2.psd"素材文件，将其中的菜肴和筷子等素材图像导入到网页文档中，如图13-31所示。

图13-29 绘制选区

图13-30 绘制图层蒙版图像

图13-31 导入素材图像

STEP|08 用同样的方式，导入"smoke.psd"素材文档中的烟雾图像，并通过图层蒙版对其进行遮罩处理，如图13-32所示。

图13-32 制作烟雾图像

STEP|09 导入 "butterfly.psd" 素材文档，将其中的蝴蝶图像导入到网页文档中，如图13-33所示。

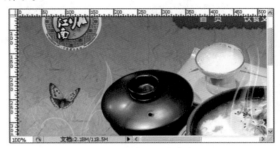

图13-33　导入蝴蝶素材文档

STEP|10 在网页文档中新建 "企业语" 图层文件夹，然后选择【横排文字工具】，在【字符】面板中设置文本的样式，然后输入企业宣传口号，如图13-34所示。

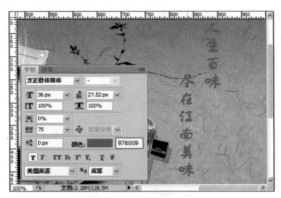

图13-34　输入企业宣传口号

STEP|11 选中企业宣传口号所在的图层，在【图层】面板中右击图层名称，执行【混合选项】命令，然后在弹出的【图层样式】对话框中选择【外发光】列表项目，设置外发光属性，完成Banner，如图13-35所示。

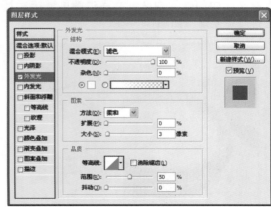

图13-35　添加图层样式

13.2.3　制作内容和版尾

STEP|01 在网页文档中新建 "画布" 图层文件夹，然后打开 "scroll.psd" 素材文档，将其中的两个图层导入到网页文档中，并移动其位置，如图13-36所示。

图13-36　导入素材图像

STEP|02 在 "画布" 图层文件夹中新建 "江南介绍" 图层文件夹，然后选择【横排文字工具】，在【字符】面板中设置字体的样式，输入标题文本，如图13-37所示。

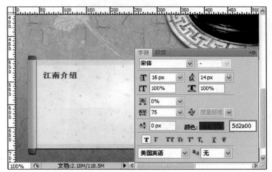

图13-37　输入标题文本

STEP|03 再选中【横排文字工具】，在【字符】面板中设置字体的样式，输入内容文本，如图13-38所示。

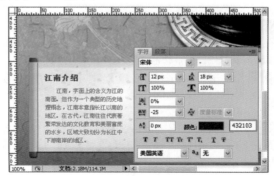

图13-38　输入内容文本

STEP|04　新建"名菜品鉴"图层文件夹，用同样的方式制作栏目的标题文本，如图13−39所示。

图13−39　制作栏目标题文本

STEP|05　导入"蟹粉狮子头.jpg"素材图像，为其添加剪贴蒙版，在蒙版中绘制一个圆形图像，如图13−40所示。

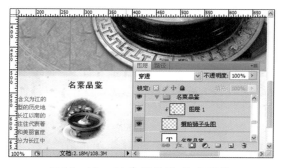

图13−40　制作蟹粉狮子头图像

STEP|06　选择【横排文字工具】，在【字符】面板中设置字体的样式，输入小标题文本，如图13−41所示。

图13−41　输入小标题文本

STEP|07　再次选择【横排文字工具】，在【字符】面板中设置字体的样式，输入菜肴介绍的

文本，如图13−42所示。

图13−42　输入菜肴介绍文本

STEP|08　打开"more.psd"素材文件，将其中的"了解更多"按钮图像导入到网页文档中，并移动至菜肴介绍文本下方，如图13−43所示。

图13−43　导入按钮图像和文本

STEP|09　用同样的方法，制作"响油鳝糊"菜肴的介绍内容，再次导入按钮，如图13−44所示。

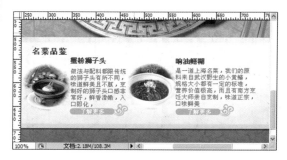

图13−44　制作另一道菜肴介绍

STEP|10　在"画布"图层文件夹中建立"联系方式"图层文件夹，导入"titleBar.psd"素材文件中的图层，并输入文本，设置文本的样式，如图13−45所示。

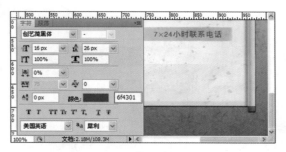

图13—45　输入标题文本

STEP|11　选择【横排文字工具】，在【字符】面板中设置字体的样式，输入联系电话，如图13—46所示。

图13—46　输入联系电话

STEP|12　再次导入"titleBar.psd"素材文件中的图层，输入"点此开始网上订餐"，然后选择【钢笔工具】🖋，绘制一个箭头，设置其颜色为黄褐色（#6F4301），完成主题内容的制作，如图13—47所示。

STEP|13　在网页文档中建立"版权声明"图层文件夹，选择【横排文字工具】，在【字符】面板中设置字体的样式，输入版权信息的内容，如图13—48所示。

STEP|14　选中版权信息中的英文部分，在【字符】面板中设置【字体】为Calibri，完成版权信息部分的制作，如图13—49所示。

图13—47　绘制箭头

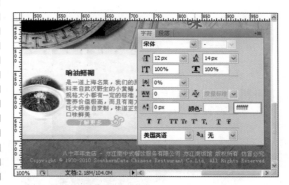

图13—48　输入版权信息文本

图13—49　完成版权信息

13.3　制作企业理念和订餐页

　　企业理念网页和网上订餐网页是由文本内容和表单内容组成的网站子页。在设计这些子页时，可以使用首页中已使用过的一些网页图像元素，以及各种通用的版块内容，包括LOGO、导航条和版尾等。除此之外，还需要为子页设计统一的子页导航条和投票等栏目，以使网页内容更加丰富。

　　子页导航是网站的二级菜单导航列表，其作用是为用户提供网站具体栏目的导航。投票栏目的作用是不定期地提供一些问题项目，供用户选择，使网站的设计者根据用户的意见改进工作，提供更加丰富的内容，同时提高服务水平，如图13—50所示。

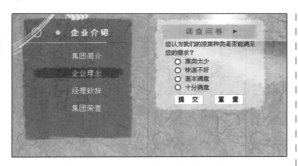

图13-50　子页导航与投票栏目

13.3.1　制作子页导航与投票

STEP|01　新建名为"concept.psd"的文档，设置画布的大小为1003×1270像素，然后使用与首页相同的方式制作网页的背景，如图13-51所示。

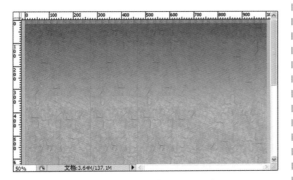

图13-51　制作网页背景

STEP|02　打开"index.psd"文档，从其中导入网页的LOGO、导航条和版尾等栏目，如图13-52所示。

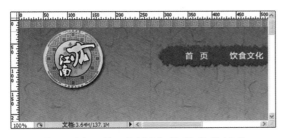

图13-52　导入LOGO和导航条等栏目

STEP|03　分别导入"star.psd"、"subPageBannerImage.psd"、"subPageBannerBG.psd"和"flower2.psd"等素材文档中的图像，制作子页的Banner，如图13-53所示。

图13-53　制作Banner图像

STEP|04　右击从"subPageBannerImage.psd"素材文档中导入的图像图层，执行【创建剪贴蒙版】命令，制作剪贴蒙版，完成Banner的制作，如图13-54所示。

图13-54　制作剪贴蒙版

STEP|05　从"index.psd"文档中导入名为"企业语"的图层文件夹，然后设置其中文本的大小等属性，使其与子页Banner相匹配，如图13-55所示。

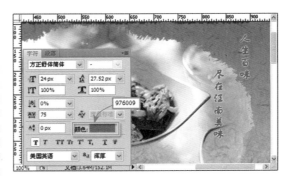

图13-55　设置企业语文本样式

STEP|06 新建"导航条修饰"图层文件夹，分别打开"flower3.psd"和"butterfly.psd"等素材图像，导入其中的花朵和蝴蝶图像，将其移动到网页的左侧，如图13-56所示。

图13-56 导入素材图像

STEP|07 在"导航条修饰"图层文件夹下方新建名为"组4"的图层文件夹，并在该图层文件夹中新建"组4——1"图层文件夹，导入"subNavBG.psd"素材图像，作为子导航条的背景，如图13-57所示。

图13-57 导入导航条背景

STEP|08 在导航条背景的图层上方输入"企业介绍"文本，然后在【字符】面板中设置文本的样式，如图13-58所示。

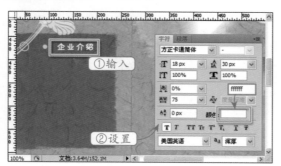

图13-58 制作导航条标题

STEP|09 打开"subNavLine.psd"素材文档，将其中的彩色线条导入到网页文档中，如图13-59所示。

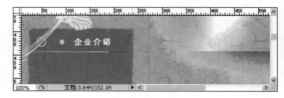

图13-59 导入导航条分隔线

STEP|10 输入子导航条的内容，然后通过【字符】面板设置文本内容的样式，如图13-60所示。

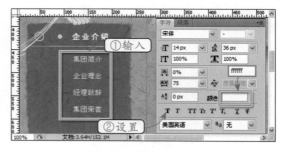

图13-60 输入文本内容

STEP|11 打开"subNavHover.psd"素材文档，将其中的墨迹图层导入到网页文档中，作为鼠标滑过菜单的特效，完成子导航条的制作，如图13-61所示。

图13-61 完成子导航条制作

STEP|12 在"组4"图层文件夹中新建"组4——2"图层文件夹。然后，打开"subVoteBG.psd"素材文档，将其中的图形导入到网页文档中。将图形放置在子导航栏的下方，作为投票栏目的背景，如图13-62所示。

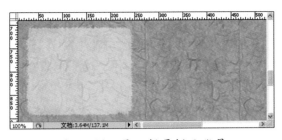

图13-62　导入投票栏目背景

STEP|13　在投票栏目背景上绘制一个箭头，然后再输入投票内容的文本，并设置其样式，如图13-63所示。

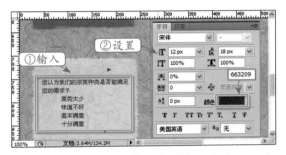

图13-63　制作箭头并输入文本

STEP|14　使用【椭圆工具】 ，在投票项目左侧绘制4个圆形形状，并分别将其转换为位图，作为表单的单选按钮，如图13-64所示。

图13-64　绘制单选按钮

STEP|15　使用【圆角矩形工具】 ，在投票项目下方绘制两个黑色（#000000）的圆角矩形，作为按钮的背景，如图13-65所示。

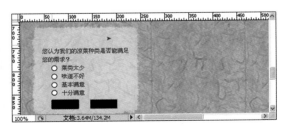

图13-65　绘制按钮背景

STEP|16　在两个黑色圆角矩形上方绘制两个略小一些的圆角矩形，完成按钮的绘制，如图13-66所示。

图13-66　绘制按钮

STEP|17　输入按钮的标签文本，然后在【字符】面板中设置文本的样式，如图13-67所示。

图13-67　输入按钮标签文本

STEP|18　打开"titleBar.psd"素材文档，导入素材图像作为投票栏目的标题背景。然后，输入标题文本，设置标题文本的样式，完成投票栏目的制作，如图13-68所示。

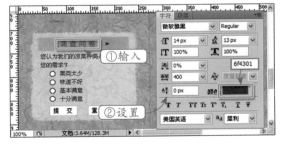

图13-68　制作栏目标题

13.3.2　制作企业理念页

在之前的章节中，已经制作了网站子页中的各种版块内容。本节将根据已制作的版块内容，设计企业理念网页，对餐饮网站进行简要的介绍，如图13-69所示。

图13-69　制作企业理念网页

STEP|01　在"concept.psd"文档中，新建名为"组3"的图层文件夹。然后，导入"subContentBG.psd"素材文档中的图形，作为网页主题内容的背景，如图13-70所示。

图13-70　导入主题内容背景

STEP|02　在"组3"图层文件夹中新建"组3——1"图层文件夹，然后导入"subPageTitle.psd"素材文档中的图标，作为主题内容标题的图标。然后输入标题，设置标题样式，如图13-71所示。

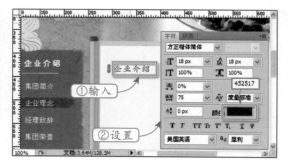

图13-71　设置主题内容标题

STEP|03　用同样的方法，导入"subTitle2BG.psd"素材文件中的图形，作为二级标题的背景。然后，输入二级标题的文本，并设置其样式，如图13-72所示。

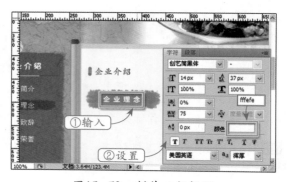

图13-72　制作二级标题

STEP|04　最后，输入企业理念的文本内容，并分别设置其中各种标题和段落的样式，即可完成企业理念网页的制作，如图13-73所示。

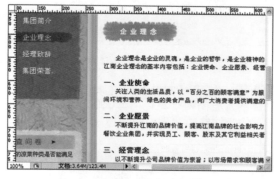

图13-73　制作企业理念文本

13.3.3 制作订餐表单

网上订餐表单网页主要由文本说明、各种输入文本域以及单选按钮和提交按钮组成。通过订餐表单，餐饮网站可以获得用户的需求信息，并根据这些需求为用户提供服务，如图13-74所示。

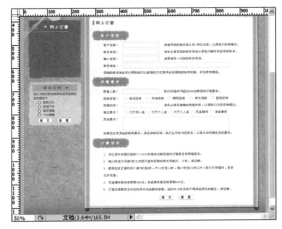

图13-74 制作网上订餐表单

STEP|01 复制"concept.psd"文档，将其重命名为"reservation.psd"文档，然后将其打开，删除"组3"图层文件夹中企业理念的文本内容和二级标题，如图13-75所示。

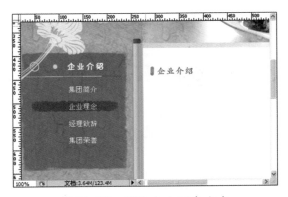

图13-75 删除企业理念文本

STEP|02 将子导航栏的标题和主题内容的标题都修改为"网上订餐"，并删除子导航栏中的内容，如图13-76所示。

STEP|03 在"组3"图层文件夹中新建"客户信息"图层文件夹，然后从"concept.psd"文档中导入主题内容的二级标题和背景，修改二级标题为"客户信息"，如图13-77所示。

图13-76 修改导航标题和内容标题

图13-77 制作主题内容的二级标题

STEP|04 输入客户信息表单中的文本内容并设置样式。然后绘制表单的矩形框，如图13-78所示。

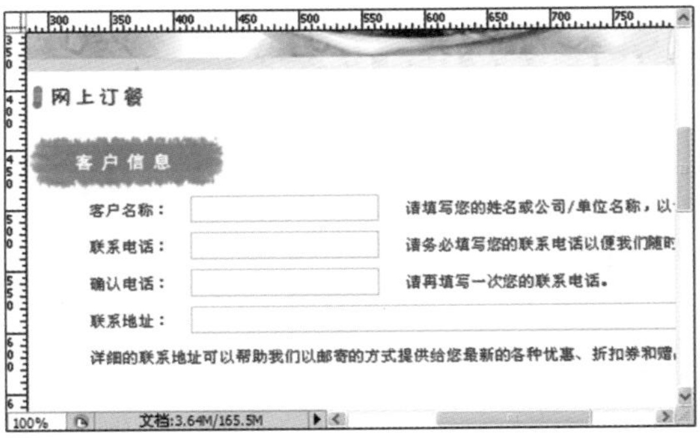

图13-78 制作客户信息表单

STEP|05 新建"用餐要求"图层文件夹，然后用同样的方式在"客户信息"表单下方制作"用餐要求"表单，如图13-79所示。

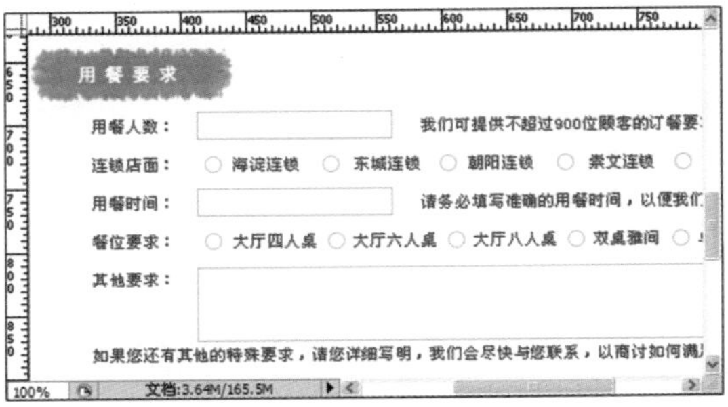

图13-79 制作用餐要求表单

STEP|06 再新建一个"订餐须知"图层文件夹，添加二级标题，然后输入订餐须知的文本，如图13-80所示。

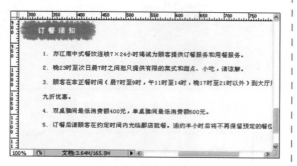

图13-80 制作订餐须知文本

STEP|07 新建名为"按钮"的图层文件夹，将投票栏目中的两个按钮复制到该图层文件夹中，并设置按钮的位置，即可完成网上订餐表单的制作，如图13-81所示。

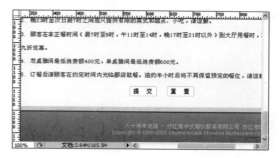

图13-81 制作提交按钮

13.4 制作饮食文化和特色佳肴网页

饮食文化网页和特色佳肴网页与之前设计的两个网站子页相比，更突出地通过图像内容吸引用户的关注，通过大量精美的菜肴照片，提高用户对餐厅的兴趣，吸引用户前来就餐。

饮食文化子页的作用是介绍与餐饮网站相关的各种名菜，通过这些描述，来展示中餐的文化底蕴和餐馆精湛的烹饪技术。制作饮食文化子页时，可以使用之前制作的子页中各种重复的栏目，以提高网页设计的效率，如图13-82所示。

图13-82 制作饮食文化子页

13.4.1 制作饮食文化子页

STEP|01 复制"concept.psd"文档，将其重命名为"culture.psd"文档。然后，修改子页导航条中的文本内容，以及主题内容中的两种标题内容，删除企业理念文本，如图13-83所示。

图13-83 修改子页内容

STEP|02 在"组3"图层文件夹中新建名为"组3——2"图层文件夹，将主题内容的二级标题拖动到该图层文件夹中。然后，在"组3——2"图层文件夹中新建"糟香鲥鱼"图层文件夹，导入"糟香鲥鱼"的图片，如图13-84所示。

图13-84 导入菜肴图像

STEP|03 打开"imageBG.psd"素材文档，将其中的图形导入到"糟香鲥鱼"图片的下方。然后右击"糟香鲥鱼"图层，执行【创建剪贴蒙版】命令，建立剪贴蒙版，如图13-85所示。

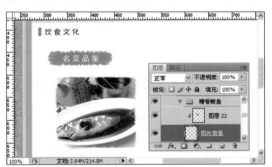

图13-85 创建剪贴蒙版

STEP|04 在图片右侧输入"糟香鲥鱼"文本，然后导入"point.psd"素材图像中的点划线，如图13-86所示。

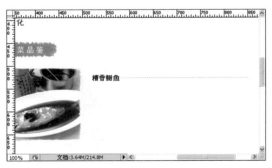

图13-86 导入素材图像

STEP|05 在"糟香鲥鱼"文本下方输入菜肴的介绍文本内容，并导入"colorLine.psd"素材文档中的彩色线条，如图13-87所示。

图13-87 导入素材文档

STEP|06 从"index.psd"文档中导入"了解更多"按钮的文本及其背景图像。然后将"了解更多"修改为"更多简介"，即可完成"糟香鲥鱼"介绍的制作，如图13-88所示。

图13-88 制作按钮

STEP|07 用同样的方式，制作"蟹粉豆腐"和"瑶柱极品干丝"两道菜肴的介绍内容，即可完成饮食文化页面的制作，如图13-89所示。

图13-89 完成饮食文化页制作

13.4.2 制作特色佳肴子页

特色佳肴子页的作用是介绍餐饮企业提供给用户的各种菜肴类型，吸引用户前来就餐。

同时，特色佳肴子页还可以介绍餐馆的价位、形象等信息，从而帮助用户了解餐饮类企业的经营特色，如图13-90所示。

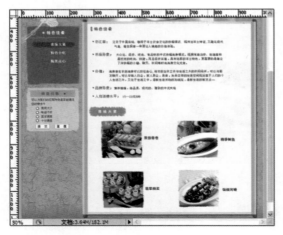

图13-90　设计特色佳肴子页

STEP|01 复制"concept.psd"文档，将其重命名为"delicacies.psd"文档。然后，修改子页导航条中的文本内容，以及主题内容中的标题文本，同时删除二级标题和企业理念文本等内容，如图13-91所示。

图13-91　修改子页内容

STEP|02 在主题内容部分的标题下方输入介绍信息的文本，并对文本进行排版，如图13-92所示。

STEP|03 在"组3"图层文件夹中新建"组3——2"图层文件夹，从"concept.psd"文档中复制一个主题内容的二级标题文本和标题背景，然后将其拖动到介绍信息的文本下方，修改标题文本内容，如图13-93所示。

STEP|04 导入"imageBG.psd"素材文档中的图像，作为菜肴图片列表的背景，将其放置到二级标题的下方，如图13-94所示。

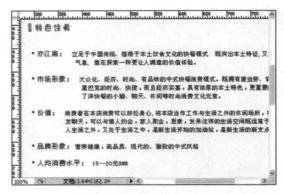

图13-92　输入文本并排版

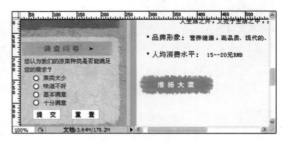

图13-93　添加二级标题

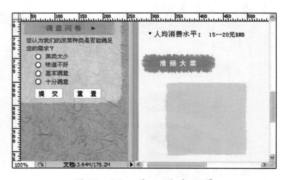

图13-94　导入图片背景

STEP|05 导入"果馅春卷.jpg"素材图像，将其拖拽到指定的位置，并以"imageBG.psd"素材中的图像制作剪贴蒙版，如图13-95所示。

图13-95　制作剪贴蒙版

STEP|06 在图像的右侧输入菜肴的名称，然后在【字符】面板中设置文本的样式，如图13-96所示。

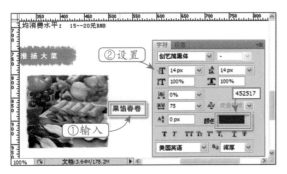

图13-96　设置菜肴名称样式

STEP|07 用同样的方式，制作菜肴列表中的其他项目，即可完成特色佳肴子页的制作，如图13-97所示。

图13-97　制作菜肴列表

14

休闲类网站设计

　　随着生活节奏的加快，人们越来越需要通过休闲来放松与调节身心，从而能够更好地投入工作与学习。休闲的范围非常广泛，只要能够放松身心的活动或者方式均称之为休闲。人们根据自身的性格与爱好，来选择不同的休闲方式。而网络是所有信息的来源，在这里能够找到适合自己的休闲方式。

　　由于休闲分类比较繁杂，而有些行业既属于休闲类，也属于其他类型，所以休闲类的网站具有多样化的效果。本章既全面介绍休闲网站的各种类型，也讲解网站在设计时所需要注意的色彩搭配问题，并且还以休闲类的旅游网站为例，介绍其具体的制作方法。

14.1　休闲类网站概述

　　休闲是指在非劳动及非工作时间内以各种"玩"的方式求得身心的调节与放松，达到生命保健、体能恢复、身心愉悦的目的的一种业余生活。科学文明的休闲方式，可以有效地促进能量的储蓄和释放，它包括对智能、体能的调节和生理、心理机能的锻炼。

1．休闲之时尚生活 ▶▶▶▶

　　休闲，是一种放松身心的途径，而休闲又与时尚相连。网络中各类门户网站中均能够看到休闲与时尚的信息，并且还有特别为时尚生活建立的网站，如图14-1所示。

图14-1　休闲生活与时尚生活网站

2．休闲之旅游 ▶▶▶▶

　　随着生活水平的提高，旅游已经成为人们的一种生活方式。在旅游过程中，可以领略异地的新风光、新生活，在异地获得平时不易得到的知识与快乐。由于各个旅游景点的风景不同，所以需要根据当地景点的特色来决定网站的色调，这样才能够使用户在浏览网站的同时，感受景点的独特之处，如图14-2所示。

图14-2　旅游网站

3．休闲之美容 >>>>

美容也是一种放松身心的方式，无论是女士还是男士。美容不仅针对脸部，还包括全身，并且还有各种方式的SPA养生。通过SPA养生，不仅能够美容美体、瘦身，还能够起到抵抗压力的作用，如图14-3所示。

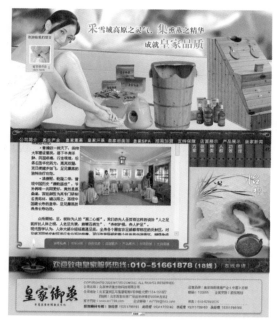

图14-3　SPA养生网站

4．休闲之健身 >>>>

健身已经是人们生活中必不可少的休闲以及排挤压的方式之一，无论是综合性的健身俱乐部，还是专业的健身馆。为宣传健身而建立的网站，需要根据健身项目来决定网站的风格。图14-4所示分别为综合性健身网站与专业瑜伽网站。

图14-4　健身网站

5．休闲之服饰 ▶▶▶▶

说服饰是一种休闲方式，是因为一方面服饰能够装饰人的外表；另外一方面，购物，也就是买衣服也是一种舒缓压力的途径。所以，服饰网站在设计时应以舒适为主，如图11-5所示。

图14-5　服饰网站

6．休闲之家居 ▶▶▶▶

家居是一种另类的休闲方式，只有舒适的环境才能够让紧张的情绪放松下来，而人们越来越重视自身所居住的环境。网络中具有家居信息的网站比比皆是，无论是门户网站中自带的，还是专门介绍家居的网站，当然还有品牌家居的宣传网站，如图14-6所示。

图14-6　家居网站

14.2　美容网站首页设计

美容行业的受众虽然包括女士和男士，但是针对不同的对象，网站的色彩与布局各不相同。男士美容网站布局单一，并且搭配比较中性的色相，这样才能体现男士的阳刚、稳重；而女士美容网站布局灵活，可以搭配各种偏红或者亮丽的色相。

Beauty美容中心网站首页为女士美容网站，该网站的基本色调为紫红色，该色调表达了女士活力，而网站中还搭配了橙黄色，使整个网站更能表达精力充沛的气息，如图14-7所示。在网页布局方面，该网站以拐角型网页布局为基础，并且加以变化，使网页既有展示产品的空间，也使版面更加灵活。

图14-7　Beauty美容中心网站首页

14.2.1　首页布局

STEP|01　在新建的1000×935像素的空白文档中选择【渐变工具】，并且设置渐变颜色如图14-8所示，在整个画布中创建渐变颜色。

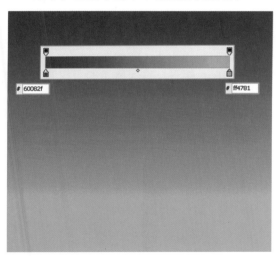

\# 60082f　　\# ff4781

图14-8　创建渐变背景

STEP|02　在画布顶部同一个中心位置，绘制不同尺寸的黑、白两个矩形，形成10像素白色描边的黑色矩形效果，如图14-9所示。

> **注意**
>
> 白色描边的黑色矩形效果不能通过【描边】图层样式与【描边】命令制作，因为这样得到的白色描边具有圆角。

图14-9　绘制导航背景

STEP|03　选择【圆角矩形工具】，设置【半径】为30像素。在黑色矩形右侧绘制白色圆角矩形，如图14-10所示。

图14-10　绘制白色圆角矩形

STEP|04　选择【画笔工具】，并且设置参数如图14-11所示。然后在画布上半部分单击，创建不同颜色的圆点。

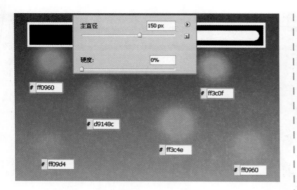

图14—11   绘制圆点

STEP|05   在高度为535像素的位置，绘制高度为270像素、宽度与导航背景相同的白色矩形。然后将选区收缩10像素，填充橙色渐变，如图14—12所示。

图14—12   建立白色描边橙色渐变矩形

STEP|06   选择【矩形选框工具】，在橙色渐变矩形右上角区域，建立450×440像素的矩形选区后，填充紫红色渐变，如图14—13所示。

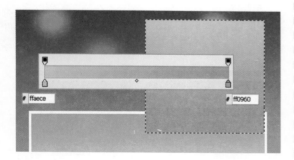

图14—13   绘制渐变矩形

STEP|07   创建图层，并且建立500×330像素的单色矩形。然后将该图层放置在橙色渐变矩形所在图层的下方，如图14—14所示。

STEP|08   继续在新建图层中，按照立方体的造型建立倾斜矩形，作为立方体顶部，形成一个镂空的立方体，如图14—15所示。

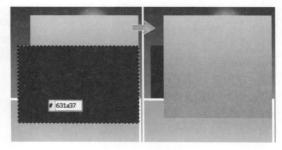

图14—14   绘制单色矩形

图14—15   绘制倾斜矩形

STEP|09   在"背景"图层上方新建图层，使用导航背景的制作方法，绘制具有10像素白色描边效果的褐色矩形，作为网页的版权背景，如图14—16所示，完成网页布局的制作。

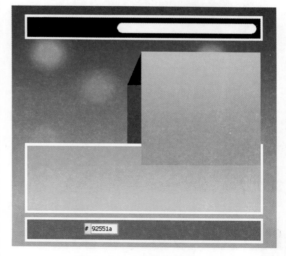

图14—16   绘制版权背景

14.2.2　添加信息内容

STEP|01　选中"导航背景"图层，将素材图像 LOGO.psd中的图像导入画布中，并且将其放置 在黑色矩形的左侧。然后输入网页名称，并设 置其属性，如图14-17所示。

图14-17　制作网站LOGO

STEP|02　选中"圆角矩形"图层，使用【横排 文字工具】在其中输入导航菜单名称，并且 设置其属性，如图14-18所示。然后，在第一 个栏目下方绘制红色线条。

图14-18　输入菜单名称

提示

在输入菜单名称时，要注意名称之间的距离，使 其形成等间距的菜单名称。

STEP|03　在"圆点"图层上方，新建"瓶子" 图层。使用【矩形选框工具】，绘制不同尺 寸、不同颜色的矩形，形成陈列的化妆品瓶子 的效果，如图14-19所示。

STEP|04　显示该图层中的选区，并且在其下 方新建图层，填充＃60062A。然后进行3像素 右下角移动后，设置该图层的【不透明度】为 50%，如图14-20所示。

STEP|05　选中"瓶子"图层，将素材"Banner 图像.psd"中的图像导入画布后，将其放置 在化妆品瓶子上方，完成Banner的制作，如图

14-21所示。

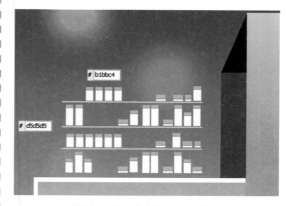

图14-19　绘制化妆品瓶子

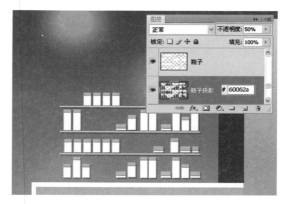

图14-20　绘制化妆品瓶子阴影

图14-21　Banner图像

STEP|06　选择【椭圆选框工具】，在红色渐 变矩形中建立不同尺寸的正圆选区，并且填充 不同的颜色。然后设置相同的【混合模式】选 项，如图14-22所示。

技巧

在绘制正圆图像时，要分别绘制在不同的图层 中，这样才能够在设置图层【混合模式】选项时， 呈现图像叠加效果。

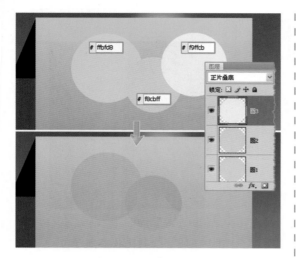

图14-22　建立正圆

STEP|07　在正圆上方分别输入for和you，并设置不同的文本属性。然后为其添加相同的【描边】与【外发光】图层样式，参数设置如图14-23所示。

图14-23　输入并设置文字

STEP|08　选择【横排文字工具】，分别输入文字信息，并且设置不同的文本属性，如图14-24所示。

图14-24　输入文字

STEP|09　继续在文字下方输入数字，并且为其添加【投影】和【描边】图层样式，参数设置如图14-25所示。

图14-25　为数字添加图层样式

STEP|10　将素材"美容图标.psd"、"LOGO.psd"导入画布中，并且放置在红色渐变矩形内。使用形状工具绘制装饰图像，如图14-26所示。

图14-26　导入素材

STEP|11　将素材"花.psd"导入画布，放置在橙色渐变矩形左上角，并为其添加【外发光】图层样式。然后绘制不同颜色的正圆，如图14-27所示。

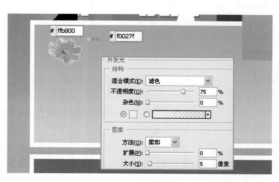

图14-27　导入素材并绘制正圆

STEP|12　在正圆下方输入文字信息后，在其右下角绘制【半径】为30像素的白色圆角矩形，在其内部输入字母，并绘制箭头，如图14-28所示。

图14-28 制作按钮效果

STEP|13 使用【圆角矩形工具】，绘制【半径】为15像素的渐变圆角矩形后，再次设置【半径】为30像素，绘制不同宽度的单色圆角矩形。然后建立1像素的浅褐色细线，如图14-29所示。

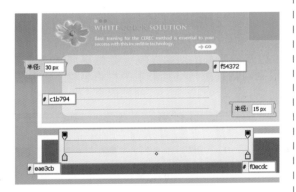

图14-29 制作主题背景

STEP|14 使用【横排文字工具】在紫红色圆角矩形之间输入栏目标题文字后，在细线上方输入小标题文字，并且设置文本属性如图14-30所示。

图14-30 输入文字

STEP|15 在"红色渐变"图层下方新建图层，然后绘制灰色矩形后，设置该图层的【混合模式】为"正片叠底"，形成其阴影效果，如图

14-31所示。

图14-31 制作阴影

STEP|16 在阴影图像下方绘制白色雪花图像后，使用【横排文字工具】，分别输入不同的文字，并且设置不同的文本属性，如图14-32所示。

图14-32 输入文本

STEP|17 双击"时尚妆容"图层，打开【图层样式】对话框。依次启用【投影】、【外发光】、【渐变叠加】和【描边】选项，得到如图14-33所示的效果。

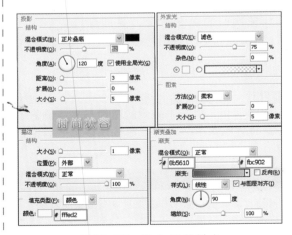

图14-33 添加图层样式

STEP|18 绘制单色圆角矩形后，建立竖直虚线。然后将素材"人物.psd"导入其中后，输入栏目名称，如图14-34所示。

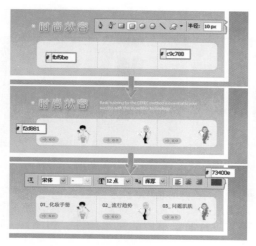

图14-34　制作快速栏目

STEP|19　复制LOGO图像，并将其放置在画布底部的褐色矩形中。然后在该矩形右侧输入版权信息文字，并设置参数如图14-35所示，完成首页的制作。

图14-35　制作版权信息

14.3　美容网站内页设计

美容网站首页主要展示Beauty美容中心的风格，以及所服务的对象范围。要想更加详细地了解该美容中心，则需要通过网站内页来展示。这里根据网站首页导航菜单中的栏目名称，分别设计了"Beauty植物"、"Beauty眼影"、"Beauty腮红"以及"Beauty中心"网站内页。

Beauty网站内页是在首页的基础上设计的，内页布局采用了首页的结构，只是将主题区域拉长，扩大信息的展示区域。而在色彩运用方面，继续延用首页的紫红色，但是为了有所区别，在主题区域分别采用绿色、紫色、橙色与蓝色渐变，使网站内页在视觉上更加丰富，如图14-36所示。

图14-36　Beauty网站内页效果展示

14.3.1　"Beauty植物"网页

STEP|01　复制网站首页文档Beauty.psd为Beauty1.psd，将其中多余的图像与文字删除，并且将导航菜单下方的红色线条移至第二个栏目下方，如图14-37所示。

> **提示**
>
> 网站内页的制作除了可以通过复制首页文档的方法外，还可以通过新建文档，然后将相同的元素复制到其中的方法。

图14-37　复制网页文档

STEP|02　通过【画布大小】对话框，将画布的高度由上至下扩展至1350像素。然后将版权信息所在的图层垂直向下移动后，将"主题背景"图层删除，并且新建图层建立绿色渐变矩形，如图14-38所示。

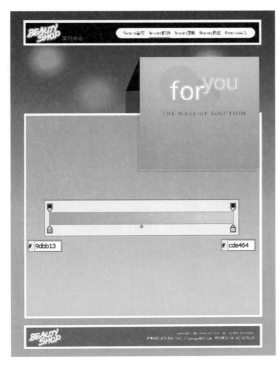

图14-38　制作主题背景

STEP|03　重新建立紫色渐变矩形后，根据矩形更改其他侧栏图像，如图14-39所示。

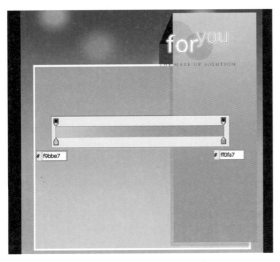

图14-39　制作侧栏背景

STEP|04　在紫色渐变矩形上部，绘制粉紫色的圆角矩形。然后将正圆图像成比例缩小后，更改文字属性，如图14-40所示。

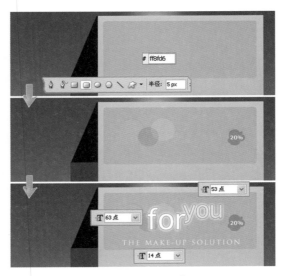

图14-40　更改装饰图像

STEP|05　在绿色渐变矩形水平线下方的右侧区域，绘制暗紫色竖线后，绘制间距为1像素的黑色矩形。然后分别输入栏目名称，并设置文本属性，如图14-41所示。

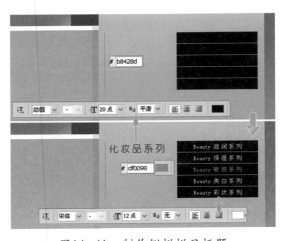

图14-41　制作侧栏栏目标题

STEP|06　继续在其下方绘制粉紫色圆角矩形后，导入素材图像"人物2.psd"至其中。然后分别输入不同的文本，并设置其属性如图14-42所示。

STEP|07　选中首页中侧栏区域中的人物图像、LOGO和数字，复制到内页侧栏底部，完成侧栏区域的制作，如图14-43所示。

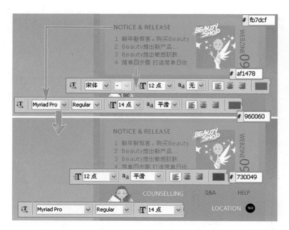

图14—42　制作侧栏栏目

图14—43　复制首页图像

STEP|08　打开素材"内页Banner图像.psd"，将其中的图像同时导入画布中，并且放置在导航背景下方，如图14—44所示。

图14—44　导入Banner图像

STEP|09　使用【横排文字工具】 ，分别输入标识语文本与装饰性文字，并设置不同的文本属性，如图14—45所示。

STEP|10　选中"绿色渐变"图层，使用【圆角矩形工具】 绘制绿色圆角矩形。然后将素材"植物1.psd"导入其中，并且放置在该矩形右侧，如图14—46所示。

图14—45　输入文本

图14—46　制作装饰背景

STEP|11　选择【矩形选框工具】 ，建立宽为1像素的竖直矩形选区后，填充浅绿色。然后在其左侧输入文本，并设置参数，如图14—47所示。

图14—47　输入主题栏目名称

STEP|12　在绿色圆角矩形下方，分别绘制高度为3像素与1像素的黑色线条。然后在两者之间输入首页栏目名称，并设置文本属性，如图14—48所示。

图14—48　制作分隔线

STEP|13　将Banner中的图标图像复制一份，并为其添加【渐变叠加】图层样式。然后在其右侧分别输入不同属性的文本，如图14—49所示。

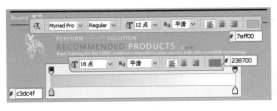

图14-49 制作装饰图像与文本

技巧

虽然网页中的文字众多，但是文本的基本属性相同，只是在颜色与大小的参数上有所不同。而装饰图像的运用，也是重复使用，只要加以复制即可。

STEP|14 在主题的空白区域，使用【矩形选框工具】建立宽度为170像素、不同高度的选区，然后填充不同的单色，形成一组主题背景，如图14-50所示。

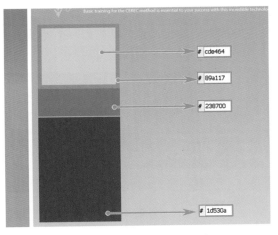

图14-50 绘制主题背景

注意

重叠的矩形形成的描边效果，其宽度为8像素；而矩形之间的间隔为2像素。

STEP|15 将素材图像"植物2.psd"导入矩形框中，在其下方分别输入文本，并设置不同的文本属性。然后为标题文本添加【外发光】和【描边】图层样式，如图14-51所示。

STEP|16 使用上述方法，分别制作橙色与紫色的栏目内容信息，如图14-52所示。

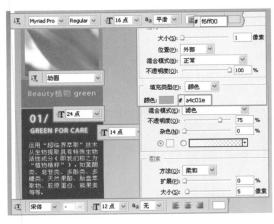

图14-51 添加内容信息

图14-52 主题内容

STEP|17 在其下方左侧导入素材"植物5.psd"后，分别输入不同的文本，作为栏目的标题与正文，并设置不同的文本属性，如图14-53所示，完成"Beauty植物"网页的制作。

图14-53 栏目制作

14.3.2 动画Banner

STEP|01 将网站内页复制一份并且保存，然后在Banner图像区域，创建566×273像素的矩形选区，执行【图像】|【裁剪】命令，将文档尺寸裁剪为切片图像尺寸，如图14-54所示。

图14-54 裁切图像

STEP|02 执行【窗口】|【动画】命令打开【动画（时间轴）】调板，拖动右侧的【工作区域指示器】，设置动画播放时间为2秒，如图14-55所示。

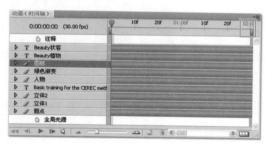

图14-55 设置动画播放时间

STEP|03 在【图层】调板中选中"Beauty妆容"文本图层，当【动画（时间轴）】调板中的【当前时间指示器】指在第一帧时，单击相应图层中【位置】属性的【时间－变化秒表】按钮创建关键帧，如图14-56所示。

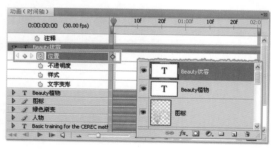

图14-56 创建第一个关键帧

STEP|04 将【当前时间指示器】拖至10f位置后，单击【位置】属性的【添加/删除关键帧】按钮，创建关键帧。然后返回第一个关键帧，并且移动文本位置，如图14-57所示。

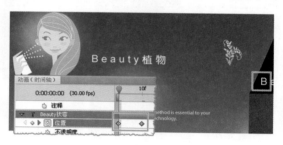

图14-57 创建关键帧并移动文本

STEP|05 在相同的位置创建【不透明度】属性中的两个关键帧，并且设置第一个关键帧的【不透明度】为0%，如图14-58所示。

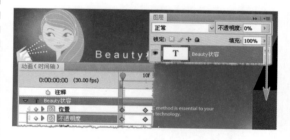

图14-58 创建不透明度动画

STEP|06 分别在1：20f与2秒位置创建【不透明度】关键帧，然后在最后一个关键帧处设置图层【不透明度】为0%，形成文本原地消失动画，如图14-59所示。

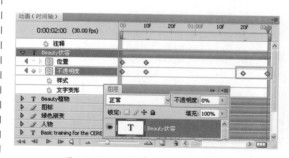

图14-59 创建文本消失动画

STEP|07 使用相同方法，创建"Beauty植物"

文本图层的动画。只是该文本是由左至右移动，完成后动画效果如图14-60所示。

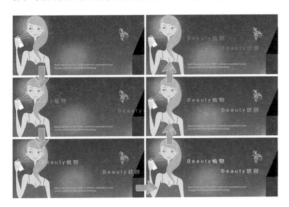

图14-60　文本动画效果

STEP|08　选中"图标"图层，从第一帧处开始创建【不透明度】关键帧，并且设置【不透明度】参数不同，如图14-61所示，形成图标闪烁动画。

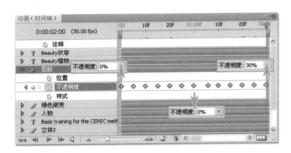

图14-61　创建图标闪烁动画

STEP|09　至此，整个动画制作完成，执行【文件】|【存储为Web和设备所用格式】命令，将时间轴动画保存为GIF动画文件。动画效果如图14-62所示。

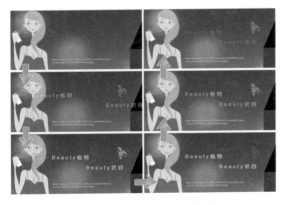

图14-62　Banner动画效果

技巧

每一个关键帧中的【不透明度】参数可以随意设置，只要保持单数关键帧中的【不透明度】参数为较小数值，双数关键帧中的【不透明度】参数为较大数值即可。

14.3.3　商品展示网页

STEP|01　复制网页文档Beauty1.psd为Beauty2.psd，将主题区域中的内容信息删除。然后将导航条下方的红色线条移至第三个栏目下方，如图14-63所示。

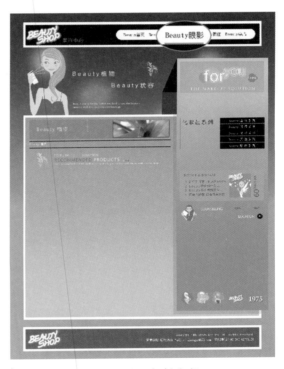

图14-63　复制文档

STEP|02　选择【矩形选框工具】，选中绿色渐变。使用【渐变工具】，建立紫色渐变，如图14-64所示。

STEP|03　更换主题背景颜色、图像以及文字后，双击图标所在图层，打开【图层样式】对话框。重新设置【渐变叠加】样式的颜色参数，如图14-65所示。

STEP|04　使用【矩形选框工具】，建立266×266像素的正方形选区，并填充深紫色。然后进行1像素外部灰色描边后，间隔2像素绘制宽为4像素的白色边框，如图14-66所示。

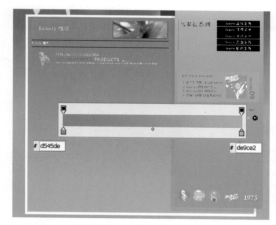

图14-64　填充紫色渐变

图14-65　更改主题栏目色调

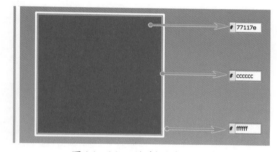

图14-66　绘制边框矩形

STEP|05　在深紫色矩形内部导入素材"眼影.psd"后，在其右侧绘制浅紫色圆角矩形。然后分别输入不同的文本，并且绘制高为1像素的细线，如图14-67所示。

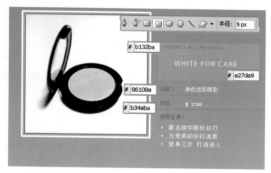

图14-67　添加产品信息

STEP|06　使用【圆角矩形工具】，绘制紫色圆角矩形后，为其添加【外发光】图层样式，并且输入文字与绘制图标，如图14-68所示。

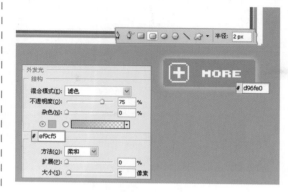

图14-68　制作按钮

STEP|07　使用相同方法，制作其他按钮后，在其下方绘制边框矩形效果，并且导入素材"颜色条.psd"至其中，如图14-69所示。

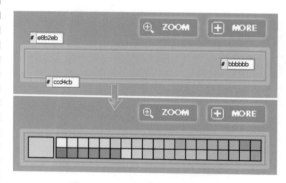

图14-69　制作颜色条效果

STEP|08　继续在其下方绘制不同尺寸、不同颜色的圆角矩形和高为1像素的细线。然后分别输入标题名称与文字信息，如图14-70所示。

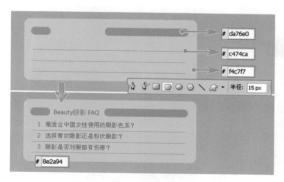

图14-70　制作相关栏目

STEP|09　使用【圆角矩形工具】，绘制浅紫色圆角正方形后，导入素材"口红.psd"至其中。然后输入相关文字，如图14-71所示，完成该网页的制作。

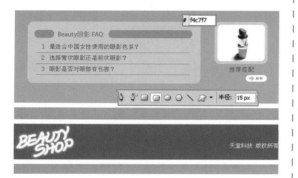

图14-71　添加图像信息

STEP|10　复制文档Beauty2.psd为Beauty3.psd，并且将导航条下方的红色线条移至第四个栏目下方，如图14-72所示。

图14-72　复制文档

STEP|11　删除主题区域中的多余图像与文字元素后，替换主题的渐变颜色为橙色渐变。然后根据该色调重新设置图像颜色，如图14-73所示。

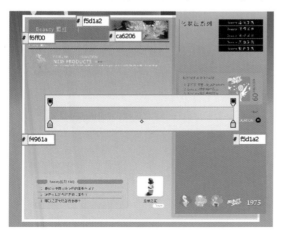

图14-73　更换主题色调

STEP|12　将图标图像的渐变颜色更改为浅褐色渐变后，导入素材"腮红.psd"，并且设置该图层的【混合模式】为"正片叠底"，如图14-74所示。

图14-74　添加主题图像

STEP|13　在主题右下角绘制高为1像素的细线后，输入该产品的相关信息，并设置文本属性，如图14-75所示。

图14-75　输入并设置文本

STEP|14　将浅紫色的元素同时垂直向下移动后，根据主题背景色调重新设置颜色以及相关文字信息，如图14-76所示，完成"Beauty腮红"网页的制作。

图14-76　更改栏目色调与文字信息

14.3.4　文字信息网页

STEP|01　复制文档Beauty3.psd为Beauty4.psd，并且将导航条下方的红色线条移至最后一个栏目下方，如图14-77所示。

图14-77 复制文档

STEP|02 删除主题区域中的多余图像与文字元素后，替换主题的渐变颜色为橙色渐变。然后根据该色调重新设置图像颜色，如图14-78所示。

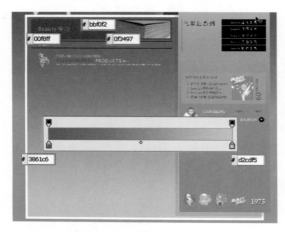

图14-78 更换主题色调

STEP|03 将图标图像的渐变颜色更改为浅褐色渐变后，如图14-79所示。

图14-79 更改图标渐变颜色

STEP|04 选择【横排文字工具】，在主题空白区域单击并拖动建立文本框。输入文字信息后，设置文本属性，如图14-80所示。

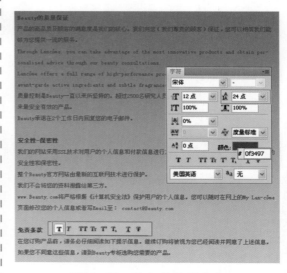

图14-80 输入并设置文本

STEP|05 最后在标题之间绘制高为1像素的细线后，完成"Beauty中心"网页的制作，如图14-81所示。

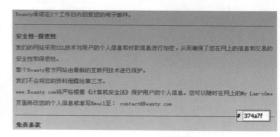

图14-81 制作间隔线

旅游类网站设计

随着社会经济的发展和人民生活水平的提高，越来越多的人选择旅游来缓解疲劳、减轻压力。

由于各个旅游景点的风景不同，所以在建立网站时，需要根据当地景点的特色来决定网站的色调，这样才能够使用户在浏览网站的同时，感受景点的独特之处。

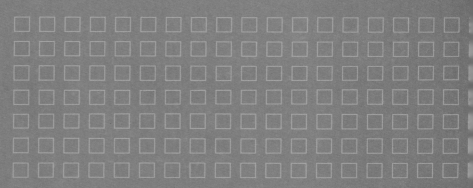

15.1 旅游类网站鉴赏

通常情况下，旅游是从一个地方到另外一个地方。所以旅游网站的建立，是为了吸引更多景点以外的人来到景点。而为了宣传当地景点，在建立网站时，需要尽量展示当地景点的特色。

与旅游相关的并不是只有景点一个环节，还包括交通、住宿与美食等。这些行业同样会借助旅游来宣传自己，这时就可以结合自身特点重点展示。

1. 旅游门户网 >>>>

综合展示各地景点的网站为旅游门户网站，这类网站在色彩搭配上没有特定的色调，而在网页结构布局方面，因为包含大量的旅游信息，所以采用中规中矩的布局，如图15-1所示。

图15-2　田园度假网站进站页

图15-1　旅游门户网站

2. 田园度假网站 >>>>

当以一个特定景点为中心建立网站时，网站中的图片可以使用景点中的风景图片。图15-2所示网站在进站网页中使用了当地景点中的风景作为主体图片，并且还使用了风景中的颜色，作为网站主题色调。

当网站进站页显示完毕后，或者单击网页中的skip文本链接，页面会进入该网站的首页，如图15-3所示。首页与进站页完全不同，首页采用了插画作为网站的风格，而标志背景为木质纹理，处处体现了该网站的主题——田园。

图15-3　田园度假网站首页

3. 滑雪度假网站 >>>>

色彩代表了不同的情感，有着不同的象征含义。滑雪度假网站为了体现其景点特点，在网站色调上采用了浅蓝色、深蓝色与白色搭配，形成冰天雪地的感觉，如图15-4所示。

图15-4　滑雪度假网站首页

该网站内页沿用了首页的色调与布局，只是将Banner区域缩小，扩大了主题展示区域，展示更多的滑雪度假信息，如图15-5所示。

图15-5　滑雪度假网站内页

4．文化旅游网站 ▶▶▶▶

旅游是一种高级的精神享受，是在物质生活条件获得基本满足后出现的一种追享欲求。旅游给大家带来很多见识，增进了对各地的了解，丰富了人文知识。这才是旅游的真谛！所以有些旅游景点以特有的当地文化为宣传点建立网站，如图15-6所示。

图15-6　文化旅游网站首页

既然是以文化为背景，那么网站在色彩搭配方面采用了稳重的墨绿色作为网站主色调。而网页布局则采用了毛笔笔触作为网页Banner与背景的分隔线。特别在网页导航与版尾标志部分采用了墨滴形状作为背景图像。

网站内页在色调与布局上与首页基本相同，只是在主题背景的上边缘同样采用了毛

笔笔触形状，使其与Banner边缘相呼应，如图15-7所示。

图15-7　文化旅游网站内页

5．海边度假风光 ▶▶▶▶

提起海边，马上联想到金色的沙滩、蔚蓝的大海。所以海边度假网站就以沙滩和蓝天作为Banner的背景，并且在主题区域放置了大量的风景区图片，如图15-8所示。

图15-8　海边度假风光首页

该网站中的景点为南方的海边，为了体现南方海边的特点，在网站内页的Banner中分别展示了不同风情的图片，并且以图片中的色调为基础，作为各个内页的基本色调，如图15-9所示。

图15—9　海边度假风光内页

6．航空公司网站 ▶▶▶

　　长途旅游的交通工具主要是飞机，这样可以缩短到达时间，增加游玩的时间，所以航空公司会针对旅游来建立网站。航空公司网站采用了蓝天白云为网页背景，并且以插画形式显示，使浏览者浏览网站时，就可以感受到旅途的轻松，如图15—10所示。

图15—10　航空公司网站首页

7．酒店预订网站 ▶▶▶

　　到异地旅游，特别是长时间旅游，住宿是

非常重要的一环，特别是旅游旺季。所以酒店也提供了网络预定，为旅游者提供了方便。图15—11所示为酒店预定网站首页，以风景图片为网页背景，给人出行的感觉。

图15—11　酒店预订网站首页

8．度假村客房服务 ▶▶▶

　　有些旅游景点包含住宿，而这些住宿地点又在景点中，这样休息的同时还可以欣赏风景，为旅游者提供了方便。所以在建立网站时，就会将景点与客房服务相结合作为一个宣传点。

　　要建立度假村网站，就需要将景点与客房服务同时展示，所以该网站的背景为景点风景图片，如图15—12所示。

图15—12　度假村客房服务网站首页

15.2 旅游网站设计

本例旅游网站为度假村的网站，其主要为游客提供海滨旅游，包括吃、住、行、玩等服务，因此在设计该网站的首页时，可以将一张较大的海边风景作为其背景，这样不但与度假村的主题相符合，还可以给访问者带来视觉上的冲击。

首页以蓝绿为主色调，通过页面图像中的天空、大海、绿树、青草等表现出来，为访问者带来了轻松、愉快、具有活力的感觉。由于大幅的风景图像比文字更加生动、形象，对访问者来说也更具有说服力，因此可以增强访问者想要到此地旅游的欲望。首页以图片展示为主，搭配有少量的文字，这也正符合访问者的心理，如图15-13所示。

图15-13 旅游网站首页效果

15.2.1 设计页面结构

STEP|01 新建一个1003×846像素的透明文档。将"背景图像"素材拖入该文档中，如图15-14所示。

图15-14 拖入背景图像

STEP|02 新建图层，使用【矩形工具】 在文档的右上角绘制一个黑色（#191919）的矩形，然后为该图层添加"描边"样式，如图15-15所示。

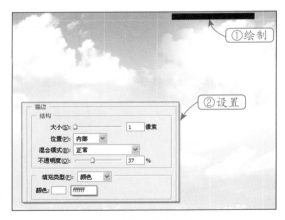

图15-15 绘制矩形

STEP|03 使用【横排文字工具】 在矩形的上面输入"注册"等文字，并设置其【字体】为"微软雅黑"；【大小】为"10px"。然后，在文字与文字之间绘制灰色（#9DA3A3）的分隔线，如图15-16所示。

STEP|04 新建图层，在文档的顶部绘制一个白色的矩形，在【图层】面板中设置其【填充】为"0%"。然后，为该图层添加"外发光"和"内发光"样式，如图15-17所示。

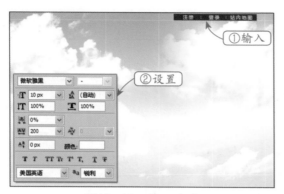

图15-16 输入文字

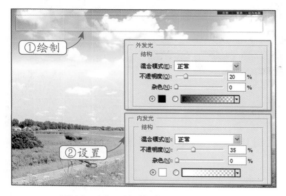

图15-17 绘制透明立体矩形

STEP|05 将"螺丝钉"素材拖入到透明矩形的4个边角上面,然后将这4个图层合并为1个图层,如图15-18所示。

图15-18 拖入螺丝钉

提示

选择多个图层,右击其中任意一个图层,在弹出的菜单中执行【合并图层】命令,即可将这些图层合并为1个图层。

STEP|06 在透明矩形的左部分输入"海天度假"文字,并为图层添加【描边】和【投影】样式。然后,在文字的左上角拖入"树叶"素材,如图15-19所示。

STEP|07 在透明矩形的右部分输入导航文字和英文,并在文字之间绘制灰色分隔线,如图15-20所示。

图15-19 输入LOGO文字

提示

LOGO文字的【字体】为"方正粗倩简体";【大小】为"40px";【颜色】为"黑色(#000000)"。

图15-20 输入导航文字

STEP|08 新建图层,使用相同的方法在文档的中间部分绘制一个透明的立体矩形,如图15-21所示。

图15-21 绘制透明立体矩形

STEP|09 将"大螺丝钉"素材拖入到立体矩形的4个边角上面。然后，绘制一个白色的矩形，并为图层添加【投影】样式，如图15-22所示。

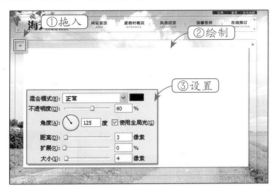

图15-22　绘制白色矩形

STEP|10 将"树叶"素材拖入到白色矩形的右下角，并将该图层创建为剪贴蒙版，如图15-23所示。

图15-23　创建剪贴蒙版

STEP|11 在文档底部的左侧输入LOGO文字，其字体样式与上面的相同，只是大小为"30px"，如图15-24所示。

图15-24　输入LOGO文字

STEP|12 在文档底部的右侧输入版权信息、联系方式等内容，并设置【字体】为"微软雅黑"；【大小】为"12px"；【颜色】为"黑

色（#191919）"，如图15-25所示。

图15-25　输入版权信息

15.2.2　设计页面内容

STEP|01 将"风景"素材拖入到白色矩形的左上角，使其与上边框线和左边框线保持10px的距离，如图15-26所示。

图15-26　拖入风景图片

STEP|02 使用【横排文字工具】在风景图片上面输入"留下一个美好的回忆"文字及英文，并设置文字样式，如图15-27所示。

图15-27　输入文字

STEP|03 在风景图片的下面绘制一个白色（#FFFFFF）的矩形，并为图层添加【内发光】和【描边】样式，如图15-28所示。

图15-28 绘制矩形

STEP|04 将"风景_1"素材拖入到矩形的上面，使其相对于矩形沿水平和垂直方向居中对齐，如图15-29所示。

图15-29 拖入图片

提示

同时选中风景图片和白色矩形这两个图层，并切换到【移动】工具，即可在工具选项栏中设置对齐方式。

STEP|05 使用相同的方法，设计其他3个风景缩略图展示，如图15-30所示。

STEP|06 在白色矩形的右上角拖入"树叶图标"素材，在其右侧输入"新闻公告"的中英文。然后，在同一行的末尾再拖入more图标，如图15-31所示。

STEP|07 新建图层，在标题下面绘制一条灰色（#E3E3E3）的直线。然后，拖入图标素材，并

在其右侧输入新闻标题文字，如图15-32所示。

图15-30 设计风景缩略图

图15-31 新闻公告标题

图15-32 新闻公告内容

提示

在新闻标题文字的右侧可以拖入new图标素材，以表示最新更新的新闻。

STEP|08 使用相同的方法，设计制作客房展览版块的标题，如图15-33所示。

图15-33　设计客房展览标题

STEP|09 新建图层，在标题的下面绘制多个绿色（＃71BA11）的圆形，并在【图层】面板上调整其为不同的填充度。然后，在右侧输入英文，如图15-34所示。

图15-34　绘制圆形

STEP|10 新建图层，绘制两个灰色（＃858682）的小三角形。再新建一个图层，绘制一个灰色（＃F3F3F3）的矩形，并为图层添加【描边】样式。然后，将"客房_1"素材拖入到该矩形上面，如图15-35所示。

图15-35　客户图片

STEP|11 使用相同的方法，制作其他几张客房展示图片，如图15-36所示。

图15-36　制作其他客房展示图片

STEP|12 将"联系客服"和"投诉热线"素材拖入到文档中，并在其上面输入文字。然后，在文字右侧输入电话号码，如图15-37所示。

图15-37　设计联系电话

STEP|13 将"指南针"素材拖入到白色矩形的右下角，在其下面输入"当地地图"和MAP。然后，在其右侧拖入箭头图标，制作其他2个提示图标，如图15-38所示。

图15-38　制作提示图标

15.3　设计度假村概况页和风景欣赏页

　　度假村概况页和风景欣赏页是该旅游网站的两个子页面。度假村概况页是以文字为主介绍度假村的基本情况；而风景欣赏页是以照片的形式向访问者展示旅游地的风景。下面就开始设计这两个子页面。

　　度假村概况页的背景同样使用了一张海边风景图像，但与首页有所区别。页面的LOGO、导航条和底部信息没有太大的变化，只是将修饰LOGO的树叶更改为海星图像。主体内容划分为上左右结构，上面为Banner图像，左侧为二级导航菜单，右侧为度假村的简介内容，如图15-39所示。

图15-39　度假村概况页

15.3.1　度假村概况页设计

STEP|01　新建一个1003×1100像素的透明背景文档。将海边风景图像拖入该文档中，如图15-40所示。

图15-40　拖入背景图像

STEP|02　将与首页相同的内容直接复制到该文档中，如图15-41所示。

图15-41　复制内容

■ 注意

由于页面高度的增加，主体内容中透明矩形和白色矩形的高度也需要随之增加。

STEP|03 将"海星"素材拖入到"海天度假"文字的右上角，为其图层添加【投影】样式。然后，将"海星"图层移动到"海天度假"图层的下面，如图15-42所示。

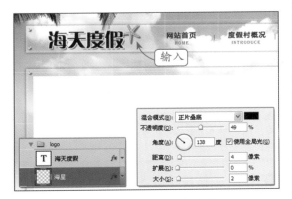

图15-42 拖入海星素材

STEP|04 在白色矩形的上面拖入Banner素材，使其水平居中对齐。然后，在Banner上面输入"带来另外一种生活享受"等文字，如图15-43所示。

图15-43 输入Banner文字

STEP|05 在Banner图像下面的左侧拖入"遮阳伞"素材，并在其右侧制作二级导航菜单，如图15-44所示。

■ 提示

二级导航菜单的子项目文字颜色为灰色（#777777）。

STEP|06 新建"纸"图层，使用【矩形工具】▢在二级导航菜单的下面绘制一个浅黄色（#F8F5EA）矩形，如图15-45所示。

图15-44 输入菜单名称

图15-45 绘制矩形

STEP|07 复制"纸"图层，为矩形填充墨绿色（#60552D），并调整【填充】为"24%"。然后为图层创建蒙版，并从左上角向右下角填充黑白渐变色，使其成为"纸"矩形的阴影，如图15-46所示。

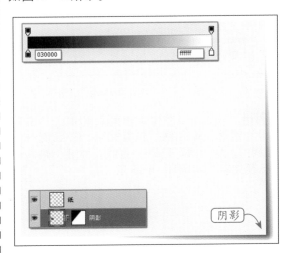

图15-46 设计二级导航菜单

STEP|08 新建图层，使用【钢笔工具】在矩形的上面绘制一个不规则的"胶带"图形，并填充为黑色（#1A2623）。然后，在【图层】面板中调整【填充】为"15%"，如图15-47所示。

图15-47 绘制胶带

STEP|09 将"帽子"素材拖入到浅黄色矩形的右上角，在其左侧输入"客户服务"文字及英文，并为"客户服务"图层添加【描边】样式。然后，在下面输入联系电话等内容，如图15-48所示。

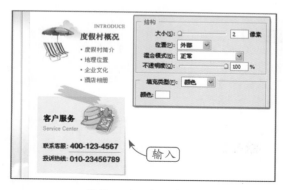

图15-48 版块标题

STEP|10 在Banner图像下面的右侧拖入"位置图标"素材，输入网页位置文字，并绘制一条2像素的灰色（#E9E9E9）直线。然后，输入页面标题文字，如图15-49所示。

图15-49 内容标题

提示

在【字符】面板中，设置网页位置文字【字体】为"宋体"；【大小】为"12px"；【颜色】为"灰色（#777777）"；设置"度假村简介"的【字体】为"微软雅黑"；【大小】为"16px"；【颜色】为"黑色（#000000）"。

STEP|11 在标题下面拖入"度假村简介"素材。然后，输入度假村的简介内容，并设置文字的【字体】为"宋体"；【大小】为"12px"；【行距】为"30px"；【字距】为50等，如图15-50所示。

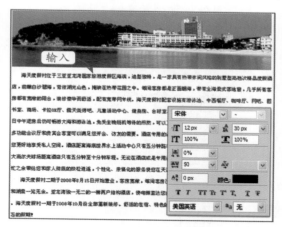

图15-50 输入度假村简介

15.3.2 风景欣赏页设计

风景欣赏页通过图片展示和文字说明向网站访问者介绍旅游地的景区景点。该页面的布局结构与度假村简介页基本相同，不同的是二级导航菜单的子项目及页面主题内容，如图15-51所示。

图15-51 风景欣赏页

STEP|01 新建一个1003×1100像素的透明文档。将与度假村概况页相同的内容复制到该文档中，如图15-52所示。

图15-52 复制内容

STEP|02 在"遮阳伞"图像的右侧输入二级导航条的标题及子项目，并设置文字样式，如图15-53所示。

图15-53 制作二级导航菜单

STEP|03 在二级导航菜单的右侧输入网页位置和页面标题等内容，如图15-54所示。

图15-54 输入文字

STEP|04 在标题下面拖入"风景_1"素材，并为该图层添加【投影】和【描边】样式，如图15-55所示。

图15-55 二级导航菜单

STEP|05 在风景图像的右侧输入"天涯海角"文字及介绍内容，然后设置文字样式，如图15-56所示。

STEP|06 使用相同的方法，在下面拖入其他风景图像，并输入介绍文字，如图15-57所示。

图15-56 输入图像介绍内容

图15-57 设计其他风景图像

15.4 设计温馨客房页和在线预订页

温馨客房页和在线预订页属于该旅游网站的两个子页面。温馨客房页以图像的形式向网站访问者展示豪华海景房；而在线预订页为网站访问者提供一个表单，通过填写并提交该表单可以在线预订客房。下面就开始设计这两个子页面。

从结构布局上来说，温馨客房页与前面介绍的两个子页完全相同。该页面介绍的是客户，因此在主体内容中插入了3张豪华海景房的照片，通过这些照片向访问者展示客房的内部环境，如图15-58所示。

图15-58 温馨客房页

15.4.1　温馨客房页设计

STEP|01　新建一个1003×1100像素的透明文档。将与度假村概况页相同的内容复制到该文档中，如图15-59所示。

图15-59　复制内容

STEP|02　在"遮阳伞"图像的右侧输入二级导航条的标题及子项目，并设置文字样式，如图15-60所示。

图15-60　设计二级导航菜单

STEP|03　在二级导航菜单的右侧输入网页位置和页面标题等内容，如图15-61所示。

图15-61　输入标题

STEP|04　新建图层，在标题的下面绘制一个白色的矩形，然后为该图层添加【外发光】样式，如图15-62所示。

图15-62　绘制白色矩形

STEP|05　在白色矩形的上面拖入"客房_1"素材，并移动素材至适当的位置。然后，将该图层创建为剪贴蒙版，如图15-63所示。

图15-63　创建剪贴蒙版

STEP|06　使用相同的方法，绘制其他白色矩形，拖入素材图像，并创建剪贴蒙版，如图15-64所示。

图15-64　设计其他客房图像

15.4.2 在线预订页设计

在线预订页是该网站的最后一个子页面，用于为网站访问者提供在线预订客房的功能。该页面的主体内容为一个表单，为了填充其右侧的空白区域，特别插入了一些文字及修饰图像，如图15-65所示。

图15-65 在线预订页

STEP|01 新建一个1003×1100像素的透明文档。将与度假村概况页相同的内容复制到该文档中，如图15-66所示。

图15-66 复制内容

STEP|02 在"遮阳伞"图像的右侧输入二级导航条的标题及子项目，并设置文字样式，如图

15-67所示。

图15-67 设计二级导航菜单

STEP|03 在二级导航菜单的右侧输入网页位置和页面标题等内容，如图15-68所示。

图15-68 输入标题

STEP|04 在标题的下面输入"入住日期："文字。然后新建图层，在文字右侧绘制一个白色的矩形，并为图层添加【描边】样式，如图15-69所示。

图15-69 绘制文本框

STEP|05 使用相同的方法，输入其他文字并在其右侧绘制相应的文本框，如图15-70所示。

图15-70 绘制其他文本框

STEP|06 在文本框右侧的空白区域中拖入两张照片。选择照片，执行【编辑】|【自由变换】命令，调整其大小及角度，如图15-71所示。

图15-71 调整图像大小和角度

STEP|07 分别选择这两个照片图层，为其添加【投影】、【内发光】和【描边】样式，如图15-72所示。

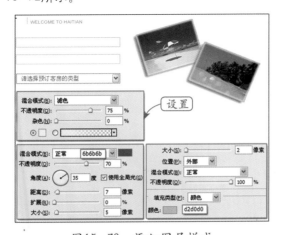

图15-72 添加图层样式

STEP|08 在照片的下面输入〝欢迎在线预订〞等文字，并设置为不同的文字样式，如图15-73所示。

图15-73 输入文字

STEP|09 新建图层，使用【圆角矩形工具】 ▢ 绘制一个半径为〝20px〞的圆角矩形，并填充灰白渐变色。然后，为该图层添加【描边】样式，如图15-74所示。

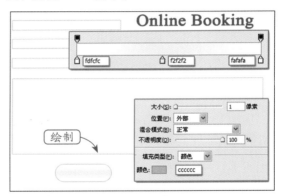

图15-74 绘制按钮

STEP|10 在按钮上面输入〝确认预订〞文字，并设置为14px的宋体。然后，在其右侧绘制一个绿色（＃4DA0AF）的圆形，在圆形上再绘制一个白色的小三角形，如图15-75所示。

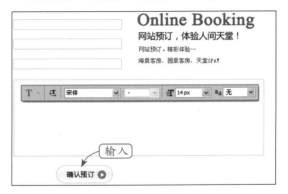

图15-75 输入按钮文字

购物类网站设计

现如今，网上购物不但是时尚达人的购物首选方式，同时也逐渐成为了人们生活中的重要组成部分。在网络上购物既方便，又快捷，同时也给人们带来了很多的乐趣。购物网站能够随时让顾客参与购买，更方便、更详细、更安全。要达到这样的网站水平就要使网站中的产品有秩序、科学化地分类，便于购买者查询。把网页制作得有指导性和更加美观，才能吸引大批的购买者。

本章节讲述了购物网站的分类和网站配色规则，并通过一个购物网站实例，设计出一整套网站效果图。

16.1 购物类网站概述

购物网站就是商家提供网络购物的站点，消费者利用Internet直接购买自己需要的商品或者享受自己需要的服务。网购是交易双方从洽谈、签约以及贷款的支付、交货通知等整个交易过程通过Internet、Web和购物界面技术化模式一并完成的一种新型购物方式。

16.1.1 按照商业活动主体分类

通过购物网站购买自己需要的商品或者服务，从交易双方分类可以是商家对商家、商家对消费者或消费者对消费者。

1. B2B ▶▶▶▶

B2B是英文Business—to—Business的缩写，即商家对商家，或者说是企业间的电子商务，即企业与企业之间通过互联网进行产品、服务及信息的交换。代表网站阿里巴巴是全球领先的B2B电子商务网上贸易平台，如图16—1所示。

图16—1 阿里巴巴中文网站、英文网站和日文网站

2. B2C ▶▶▶▶

B2C是英文Business—to—Consumer的缩写，即商家对消费者，也就是通常说的商业零售，直接面向消费者销售产品和服务。最具有代表性的B2C网站有国内最大的中文网上书店当当网，美国的亚马逊网上商店，如图16—2所示。

图16—2 中文网上书店当当网和美国亚马逊网上书店

3. C2C

　　C2C是英文Consumer-to-Consumer的缩写，即消费者与消费者之间的电子商务。C2C发展到现在已经不仅仅是消费者与消费者之间的商业活动，很多商家也以个人的形式出现在网站上，与消费者进行商业活动。互联网上的C2C网站有很多，知名的网站有易趣网、淘宝网、拍拍网和最近刚刚上市的百度有啊等，如图16-3所示。

图16-3　易趣网和拍拍网

16.1.2　按照商品主体分类

　　一些购物网站是针对某一种或一类商品而设的站点。从销售产品类型分类，可分为电器购物网站、服装购物网站、首饰购物网站等。

1．电器购物网

　　电器购物网主要销售彩电、冰箱、洗衣机、空调、手机、数码相机、MP3、厨卫家电、小家电、办公家电等。图16-4所示的国美电器网站和数码相机购物网。

图16-4　电器购物网站

2．服装购物网 >>>>

服装购物网主要以销售服装为主，可以是男装、女装、内衣、孕婴童、婚纱礼服、运动装、休闲装、家居服、羽绒服、工作服、品牌服装、帽子、围巾、领带、腰带、袜子、眼镜等。图16-5所示的是衣服淘宝网站和品牌服饰网站。

图16-5　服装购物网站

3．食品购物网 >>>>

食品购物网主要以食品为主，可以是休闲食品、水果、蔬菜、粮油、冲调品、饼干蛋糕、婴幼食品、果汁饮料、酒类、茶叶、调味品、方便食品和早餐食品等。例如食品商城网站和水果购物网站，如图16-6所示。

图16-6　食品购物网站

4. 首饰购物网站 ▶▶▶▶

首饰购物网站以首饰产品为主，包括耳饰、头饰、胸饰、腕饰、腰饰等，即所谓的戒指、耳环、项链等，图16-7所示的是两个首饰网站。

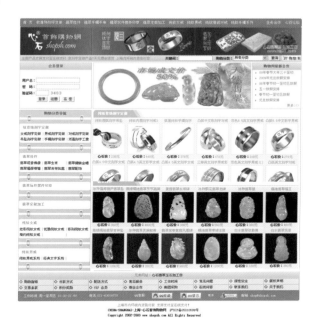

图16-7 首饰购物网站

5. 综合性购物网 ▶▶▶▶

综合性购物网站相当于一个比较大的购物商城，销售产品种类比较多。产品可包括影视、书籍、通信、化妆品、家电、珠宝首饰、钟表眼镜、办公用品、宠物用品、妇幼用品等，如图16-8所示。

图16-8 综合购物网站

16.2　鹏乐购物网站首页设计

购物网站是一个网络购物站点，是做产品的销售和服务性质的网站，如果设计不当就很可能导致客户的流失。确定网站设计风格时，要考虑怎样的设计才能更加有效地吸引住顾客，从而构造一个具有自身特色的网上购物网站。

网站的外观最能决定网站所具备的价值。一个设计精美的网站，产品或服务质量也很有竞争力，所促成的销售量会是很高的。网站色彩也对人们的心情产生影响，不同的色彩及其色调组合会使人们产生不同的心理感受。购物网站以绿色为基调，会给人一种充满活力的感觉。以绿中添加黄色为基调，给人以柔和明快之感，使人充满希望。例如本案例所制作的购物网站首页，以草绿色为色调，如图16-9所示。

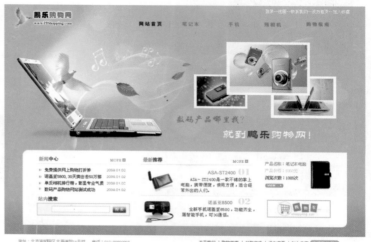

这里的购物网站主要以笔记本电脑、手机和照相机为产品。首页在设计过程中，以3种产品图像做了展示。制作过程中，首要确定的是网页的布局及色调，然后根据色调制作网站背景。

图16-9　鹏乐购物网首页

16.2.1　设置网页布局

STEP|01　新建一个1024×750像素、白色背景的文档。按Ctrl+R快捷键显示标尺，拉出两条水平辅助线，如图16-10所示。

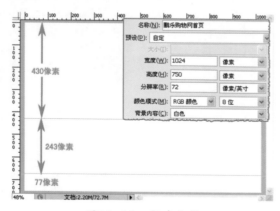

图16-10　新建文档

STEP|02　新建图层"绿背景"，使用【矩形选框工具】，在430像素和243像素范围内建立矩形选区，并填充绿色，如图16-11所示。

图16-11　填充颜色

STEP|03　双击该图层，打开【图层样式】对话框，启用【渐变叠加】选项。设置＃ACDB00-＃ACDB00-＃87B800颜色渐变，参数设置如图16-12所示。

STEP|04　打开PSD格式的"花纹"素材，放置于首页文档中。命名图像图层的【混合模式】设置为"绿色"，如图16-13所示。

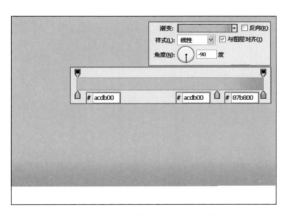

图16-12　添加渐变效果

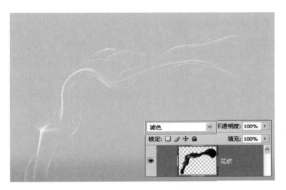

图16-13　绘制背景花纹

STEP|05　新建图层"光晕"，设置前景色为淡绿色（#BEE22D）。用【画笔工具】🖌️，在画布上单击，如图16-14所示。画笔的【大小】、【不透明度】和【硬度】参数根据实际情况而随时更改。

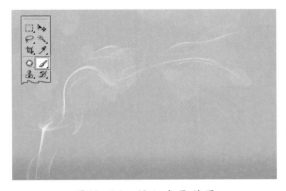

图16-14　添加光晕效果

STEP|06　设置前景为白色，使用【圆角矩形工具】▢，在【工具选项栏】上单击【形状图层】按钮▢；并设置W为920像素；H为218像素；【圆角半径】为10像素。在画布上单击，

建立圆角矩形，如图16-15所示。

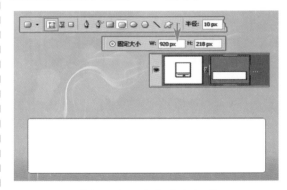

图16-15　建立圆角矩形

STEP|07　使用【直接选择工具】▶和【转换点工具】▶，选中锚点，移动调整，将圆角转换为直角，如图16-16所示。

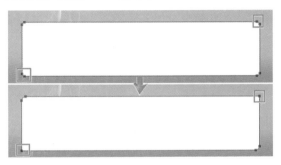

图16-16　调整路径锚点

提示

只有在矢量蒙版处于工作状态下，使用【直接选择工具】▶才能将路径锚点选中。

STEP|08　设置前景色为15%的灰色，使用【矩形工具】▢，设置W为220像素；H为142像素，在画布上单击，建立矩形，并创建形状图层，如图16-17所示。

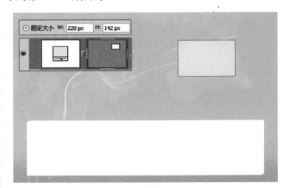

图16-17　创建形状图层

STEP|09 按住Ctrl键单击当前图层蒙版缩览图，载入图像矩形选区。执行【选择】|【变换选区】命令，单击【工具选项栏】上的【保持长宽比】按钮⑧。设置【水平缩放】为110%，选区扩大。按Enter键结束变换，如图16-18所示。

图16-18 扩大选区

STEP|10 在矩形下方新建图层"顶白框"，填充白色，取消选区，如图16-19所示。

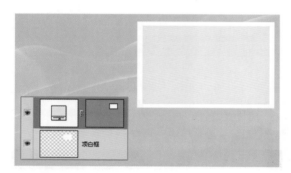

图16-19 绘制相框效果

STEP|11 按照上述方法，分别在该图形左边和右边绘制两个小型相框，如图16-20所示。

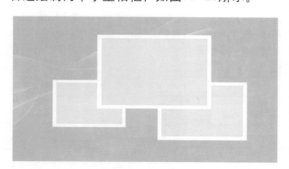

图16-20 绘制相框效果

STEP|12 首页背景及整个布局基本绘制完成，如图16-21所示。

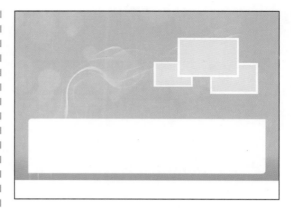

图16-21 首页布局

16.2.2 添加内容

STEP|01 打开标志文档，将标志放置于首页左上角。双击标志所在图层，打开【图层样式】对话框，启用【外发光】选项。设置【外发光大小】为10像素，其他参数默认，如图16-22所示。

图16-22 添加外发光效果

STEP|02 使用【横排文字工具】T，输入"鹏乐购物网"和WWW.PLShoping.com网址。设置文本属性，如图16-23所示。

图16-23 输入网站名称

STEP|03 分别双击文本图层，启用【描边】图层样式，对文字添加2像素白色描边。并添加与标志参数相同的外发光效果，如图16-24所示。

图16-24 添加描边和外发光效果

STEP|04 使用【横排文字工具】，在首页右上角输入小导航"登录 注册 联系我们 设为首页 加入收藏"文本和导航信息。设置文本属性，如图16-25所示。

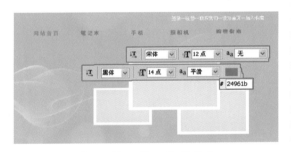

图16-25 输入导航信息

STEP|05 新建图层"导航线"，使用【矩形选框工具】，设置【宽度】为1像素；【高度】为20像素。建立选区，填充墨绿色（#9DC60C），取消选区，如图16-26所示。对"网页首页"导航文字添加【颜色叠加】图层样式，设置为黑色。

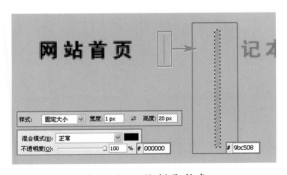

图16-26 绘制导航条

STEP|06 打开电脑素材，将其放置于首页中。按Ctrl+J快捷键复制电脑。并按Ctrl+T快捷键将图像进行水平翻转后垂直向下移动，如图16-27所示。

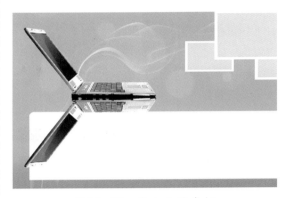

图16-27 放入电脑素材

STEP|07 选中电脑副本图层，使用【矩形选框工具】，建立选区。按Ctrl+Shift+I快捷键反选选区。单击【图层】面板下的【添加图层蒙版】按钮，对图层添加蒙版，将选区以外的副本图像遮盖。设置该图层【不透明度】为10%，如图16-28所示。

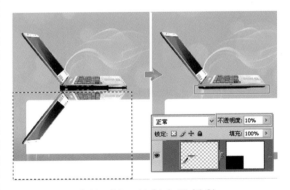

图16-28 绘制电脑倒影

STEP|08 在电脑图层下方新建图层"投影"，使用【钢笔工具】建立路径。将路径转换为选区，填充黑色，如图16-29所示。

图16-29 绘制投影

STEP|09 取消选区，设置该图层的【不透明度】为20%，并使用【橡皮擦工具】 ✏ 进行涂抹。【画笔大小】和【不透明度】根据实际随时更改，如图16-30所示。

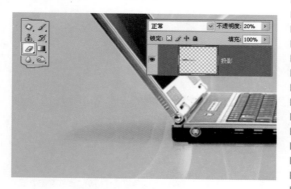

图16-30 绘制电脑投影

STEP|10 打开风景图片，放置于首页文档中。按Ctrl+T快捷键打开变换框，等比例缩小。按住Ctrl键单击调整控制柄，使图像与电脑屏幕重合，如图16-31所示。

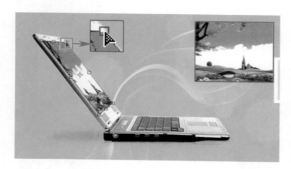

图16-31 添加电脑画面

STEP|11 打开"鸽子"素材，放置于首页文档电脑画面旁边。使用【钢笔工具】建立路径。将路径转换为选区，按Shift+F6快捷键，设置【羽化半径】为20像素，羽化选区，如图16-32所示。

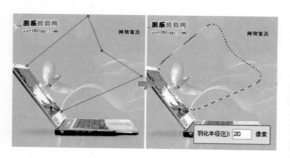

图16-32 建立选区

STEP|12 新建图层"光"，使用【渐变工具】 ■，单击【工具选项栏】上的【线性渐变】按钮 ■，设置透明色到白色渐变。在画布上执行渐变，取消选区，如图16-33所示。

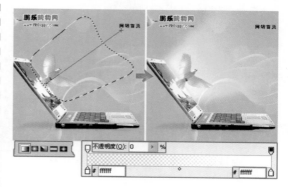

图16-33 绘制光效果

STEP|13 打开"音符"、"绿叶"素材，并放置于首页文档中，如图16-34所示。

图16-34 添加装饰素材

STEP|14 打开"相机"素材，放置于较大的相框图像上。将相机所在的图层放置在该形状相框图层上，并将鼠标放在两图层之间，按住Alt键单击，如图16-35所示。

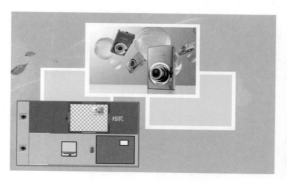

图16-35 放置相机图片

STEP|15 分别打开"手机"、"笔记本"素材，并放置于其他两个相框图像中，如图16-36所示。

图16-36　放置手机及笔记本图像

STEP|16 使用【横排文字工具】，输入宣传语，设置文本属性，如图16-37所示。

图16-37　输入宣传语

STEP|17 使用【横排文字工具】，在画布上色区域左边输入"新闻中心"信息，设置文本属性，如图16-38所示。

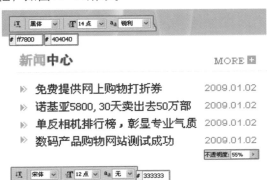

图16-38　输入文本信息

STEP|18 使用【矩形工具】，在信息下方绘制矩形，创建形状图层。添加描边效果，参数设置如图16-39所示。

STEP|19 新建图层"按钮"，使用【圆角矩形工具】，创建圆角矩形形状图层。双击该图层，启用【渐变叠加】图层样式，设置棕色（#773200）到白色渐变。使用【横排文字工具】，输入"搜索"文字，设置文本属性，如图16-40所示。

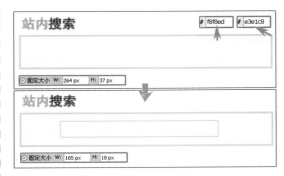

图16-39　绘制搜索栏

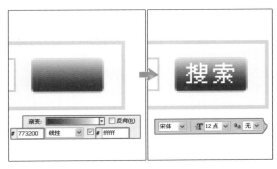

图16-40　绘制搜索按钮

STEP|20 按照上述方法，使用【横排文字工具】，输入"新品推荐"文本信息并放置相关图像信息，如图16-41所示。

图16-41　放置文本及图像信息

STEP|21 使用【横排文字工具】，在首页最下方空白区域输入版权信息，如图16-42所示。

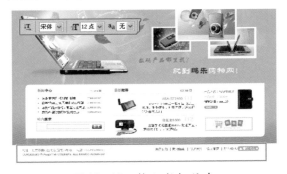

图16-42　输入版权信息

创意+：Photoshop CS5网页设计与配色实战攻略

16.3 鹏乐购物网站内页设计

购物网站以销售产品为主，如果购买者在网站上没有发现他想要的产品，很快就会离开。所以一个好的购物网站除了需要销售好的产品之外，更要有完善的分类体系来展示产品，让顾客对产品结构一目了然，能很轻松地找到他所需的物品和描述。对购物网站来说，网站首页只能显示部分产品，所以购物网站还需要有多个内页来充分展示产品信息内容。

本案例是按照产品类型及服务分4个栏目，即“笔记本”、“手机”、“相机”和“客服中心”。网站内页根据栏目来分配管理产品，顾客可以通过分类体系找到自己的产品及简单描述和价格等信息。在首页基础上稍加改变，制作出一整套内页图像效果，如图16–43所示。

图16–43 鹏乐购物网内页

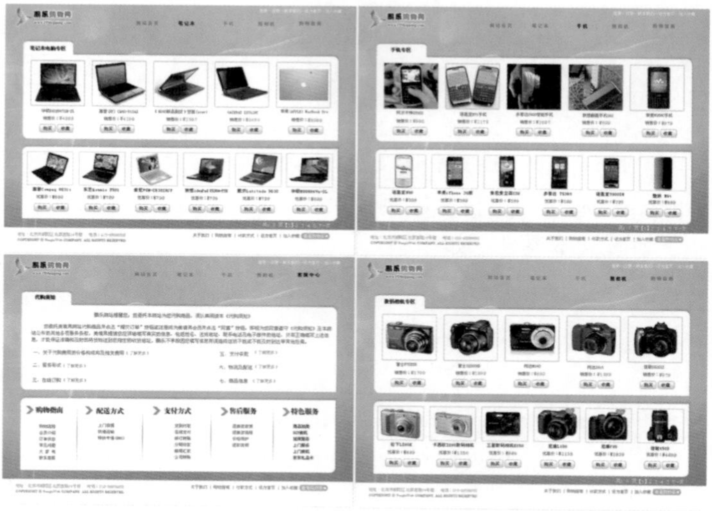

网站内页采用相同的布局设置，在相同的布局上添加栏目信息。以产品为主的内页，均以图像及简单的文字信息展示该页内容。在制作过程中，要注重图像的尺寸大小及图像之间的距离，并在文字方面注重标准字的应用。

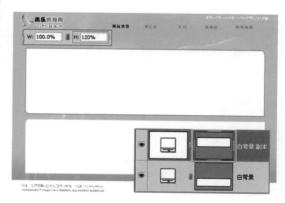

16.3.1 设置内页布局

STEP|01 打开网站首页文档，执行【图像】|【复制】命令，将复制的文档命名为“内页布局”。将标志、背景、导航、版权信息及白色图像以外的信息删除，如图16–44所示。

图16–44 复制文档

STEP|02 选中白色区域图像所在图层，按Ctrl+J快捷键，复制该图像。单击副本矢量形状蒙版缩览图，使其处于工作状态。按Ctrl+T快捷键，水平翻转图像，在【工具选项栏】上设置【垂直缩放比例】为120%。结束变换，如图16–45所示。

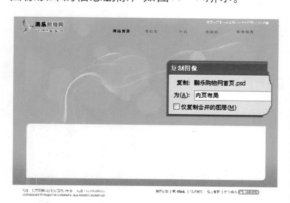

图16–45 复制图像

STEP|03 在副本图像蒙版处于工作状态下，使用【自定形状工具】。在【工具选项栏】上的形状取色器中单击【选项卡】按钮。在副本图像顶端绘制图形，如图16–46所示。

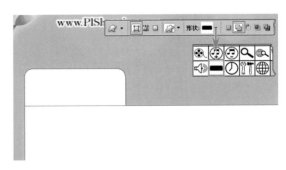

图16-46　添加图像形状

STEP|04 分别对白背景图像及副本图像添加投影。启用【渐变叠加】图层样式，设置【投影的不透明度】为12%；【光源角度】为120°。其他参数默认，如图16-47所示。

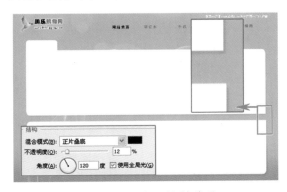

图16-47　添加投影效果

STEP|05 使用【矩形工具】，设置W为156像素；H为137像素。建立矩形，创建形状图层。启用【描边】图层样式，添加描边效果，参数设置如图16-48所示。

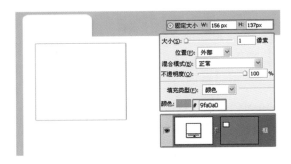

图16-48　绘制矩形框

STEP|06 按Ctrl+J快捷键4次，复制4个矩形框，并将其水平排列起来，如图16-49所示。

图16-49　绘制方框

提示

选中5个方框，单击【工具选项栏】上的【垂直居中对齐】按钮和【水平居中分布】按钮，将框对齐分布排列。

STEP|07 按照上述操作，在下方绘制6个矩形框，添加相同描边效果，设置大小，如图16-50所示。

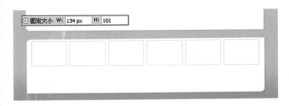

图16-50　绘制矩形框

STEP|08 内页布局基本制作完成，如图16-51所示。执行【文件】|【保存】命令，将"内页布局"保存为PSD格式文档。

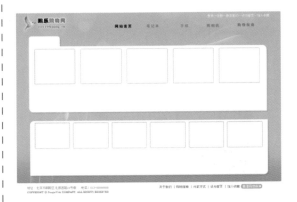

图16-51　内页布局

16.3.2　网站图像展示

STEP|01 执行【图像】|【复制】命令，复制

"内页布局"文档为"鹏乐购物网内页—笔记本"。在导航中，对"笔记本"文字图层添加【颜色叠加】图层样式，将文字设置为黑色，删除"网页首页"文字图层样式，如图16-52所示。

图16-52　复制文档

STEP|02　使用【横排文字工具】，输入"笔记本电脑专区"。设置文本属性，如图16-53所示。

图16-53　输入文字

STEP|03　打开"华硕K40E667IN-SL"电脑图片，放置于文档中，并将图片剪切放置到第一个方框内，如图16-54所示。

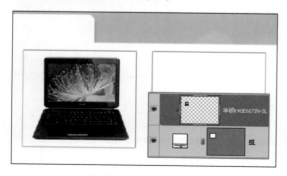

图16-54　放置图片

STEP|04　使用【横排文字工具】，在图像下方输入产品名称及价格，设置文本属性，如图16-55所示。

图16-55　输入信息文本

STEP|05　按照上述绘制搜索按钮的方法，使用【圆角矩形工具】，绘制"购买"和"收藏"按钮。参数设置，如图16-56所示。

图16-56　添加按钮

STEP|06　按照上述方法，放置不同种类的电脑图像，并在图像下方添加相对应的文本信息，如图16-57所示。

图16-57　放置图像及文本信息

STEP|07　使用【横排文字工具】，在文档右下角输入"共8页【1】2 3 4 5下一页"文字，作为页码。设置文本属性，如图16-58所示。

STEP|08　按照上述方法，分别制作以"手机"及"相机"为产品的两个内页，如图16-43所示。

图16-58 绘制页码

16.3.3 网站文字信息

STEP|01 复制"内页布局"文档为"鹏乐购物网内页-客服中心",并将导航中的"客服中心"文字设置为黑色,如图16-59所示。

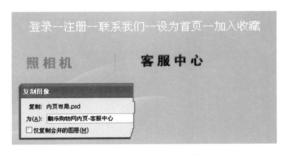

图16-59 复制文档

STEP|02 将所有方框图删除,使用【横排文字工具】 T ,输入"代购须知"文本信息内容。设置文本属性,如图16-60所示。

图16-60 输入代购须知文本内容

STEP|03 使用【横排文字工具】,在条例后面输入"(了解更多)文字"。设置文本属性,如图16-61所示。

STEP|04 仍使用【横排文字工具】,在画布下面白色区域输入"代购指南"等相关信息文本。设置文本属性,如图16-62所示。

STEP|05 按照上述操作,依次输入"配送方式"、"支付方式"、"售后服务"和"特色服务"相关信息,如图16-63所示。

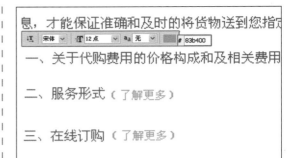

图16-61 输入文本

图16-62 输入文本信息

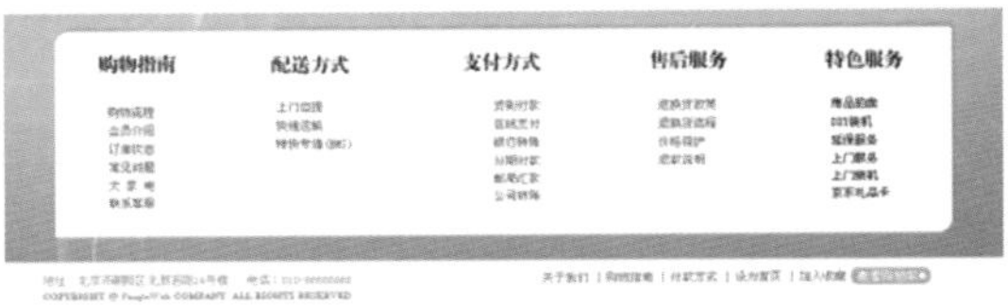

图16-63 输入文本信息

STEP|06 新建图层"符号",使用【自定形状工具】 ,在【工具选项栏】上的【自定义形状"取拾器"】中选择"箭头2",设置前景为绿色(#83B400)。按住Shift键,在画布上拖动建立图像,如图16-64所示。

图16-64 创建符号

STEP|07 使用【钢笔工具】 ,按住Shift键绘制直线路径。选择【画笔工具】 ,设置【硬度】为100%,【主直径】为3像素。新建图层

"分隔线"，如图16-65所示。

图16-65　创建分隔线

STEP|08　分别复制符号和分隔线，按照上述操作放置，如图16-66所示。

图16-66　文本信息内容